全国高等美术院校建筑与环境艺术专业教学丛书　实验教程

社区更新规划设计

孙　玉　主　编
章迎庆　副主编

中国建筑工业出版社

图书在版编目（CIP）数据

社区更新规划设计/孙玉主编．—北京： 中国建筑
工业出版社，2020.12
（全国高等美术院校建筑与环境艺术专业教学丛书．
实验教程）
ISBN 978-7-112-25649-5

Ⅰ.①社… Ⅱ.①孙… Ⅲ.①居住区-建筑设计-高等
学校-教材 Ⅳ.①TU241

中国版本图书馆CIP数据核字（2020）第237340号

　　本书系统阐述了城市社区更新规划设计的基本理论和知识、规划设计原则与方法，以及社区更
新机制和实践。本书结合我国城市社区更新的实际情况，力求体现本领域最新的规划设计理论和方法。
同时，对国外和国内社区更新比较成功和有代表性的案例做了介绍，以利于理论与实践的结合。

　　本书可作为城乡规划、建筑学、环境设计等专业，以及社会学、管理学等相关专业的教材和教
学参考书，也可作为上述相关专业设计人员和管理人员的参考书。

责任编辑：杨　晓　吴　绫　唐　旭
文字编辑：李东禧
责任校对：王　烨

全国高等美术院校建筑与环境艺术专业教学丛书　　实验教程

社区更新规划设计

孙　玉　主　编
章迎庆　　副主编

＊

中国建筑工业出版社出版、发行（北京海淀三里河路9号）
各地新华书店、建筑书店经销
北京雅盈中佳图文设计公司制版
北京京华铭诚工贸有限公司印刷

＊

开本：787毫米×1092毫米　1/16　印张：14³/₄　字数：345千字
2021年3月第一版　2021年3月第一次印刷
定价：48.00元
ISBN 978-7-112-25649-5
　（36581）

前　言

当前，我国城市发展已进入了由"增量"模式到"存量"模式的转变时期，这一转变是根本性的，它将带来从发展思想理念到理论技术的一系列重大变化。城市建设由"增量扩张"到"存量更新"，不可否认，今后我国城市规划建设重心将转向城市更新。

过去三十年，我国城市经历了狂风骤雨式的大变化，城市更新的模式往往是由政府主导或市场主导，自上而下地进行，热衷于大规模大面积的大拆大建，推倒重来，建设周期长，投入大。虽然给城市面貌带来较大改观，但也同时造成城市空间肌理的破坏、历史文脉的割裂、城市活力的丧失等一系列问题。而老旧社区的环境，与居民日常生活息息相关的一些"小问题"长期得不到解决，大大影响了生活"幸福感"。城市日渐变高、膨胀，而人们却时常感觉孤独、渺小，这种巨大的反差给我们带来了反思，如何提升人在城市中的良好生活体验？人们在城市中的归属感、城市历史文脉的包容性传承、城市品质和活力的提升等问题都值得深思。城市建设的重心，已由大规模的城市更新转向更加注重发展内涵的社区更新，这一转变，不仅是建设空间和尺度的变化，更代表着城市规划建设的价值观向人本价值的回归。因此，探索适应新时期我国城市更新的理论和方法成为当务之急。正是在这一背景下，社区更新的理论与实践近几年来成为规划建设领域的热点。

近年来在国家"存量规划"大背景下，不少城市提出了城市更新发展战略，开启了一场全社会共同参与的城市实践行动。为进一步加强城市更新理念的推广，激发社会公众参与社区公共空间更新的积极性，实现共建、共治、共享城市治理的创新思路，上海市规划和国土资源管理局组织开展了"行走上海2016——社区空间微更新计划"专项活动。"社区空间微更新计划"是应对上海这个国际化大都市发展的新机遇和土地资源日渐约束的新挑战，采用"逆生长"的发展模式，尝试探索的一条创新型社区更新路径。微更新着力在存量空间上，关注空间重构、社区激活、生活方式转变、空间品质提升、城市魅力塑造等方面，打造更有安全感、归属感、成就感和幸福感的社区公共空间。近两年的实践证明，这种"渐进式"（piece-by-piece）和"插入式"（plug-in）的微更新，"小设计，大作用"，是打造"小而美"的社区环境和城市"抗衰老"的"良药"。

高等院校城乡规划学、建筑学和环境设计等专业以及社会学、管理学等专业本科课程体系中均设有住区规划、社区规划等相关课程，所用教材大多沿用"居住区"规划设计理论和方法体系，这套体系源于苏联，对当今城市住区建设更加注重人文关怀、人居环境，以及组织社区化、管理自治化等新趋势缺乏论述，对目前规划理论和方法由"增量"的新区规划模式转向"存量"的老旧区更新规划模式缺乏适应。因此，亟待新的教材弥补这一缺陷。本教材的目的在于按照相关专业的教学要求，在系统讲授社区更新规划的基本理论和知识的同时，归纳总结社区更新规划的新理论和新方法，尤其是结合近年国内外社区微更新的理论与实践，力求为高校相关专业提供适应规划建设新时期要求的教材。书中每章结尾均列有思考题目，帮助学生复习和拓展思考。同时，第五章专门介绍了国外和国内社区更新比较成功和有代表性的案例，以利于教材的理论与实践相结合。

本书可作为高等院校城乡规划学、建筑学和环境艺术等专业学生相关课程教材和参考用书，也可作为城市规划设计、建筑设计、建设管理，城市社会、社区工作者，以及相关领域的读者的参考用书。

本书由孙玉主编，章迎庆副主编，负责全书编写。其他编写者为：

第一章　甘逸君；

第二章　甘逸君；

第三章　甘逸君、孟君君、田辛；

第四章　吴颖馨；

第五章　甘逸君、孟君君、田辛、吴颖馨。

本书编写过程中，上海同济大学建筑与城市规划学院杨辰副教授提供了宝贵意见，上海大学美术学院建筑系李峰清老师、李洋杨、叶菲菲同学，瑞士 playze 建筑设计事务所上海工作室何孟佳先生，中国建筑上海设计研究院有限公司朱中原先生提供了宝贵资料，在此，谨表示诚挚的谢意！

孙玉

2020 年 10 月 3 日

目　录

前言

第一章　社区更新概论…………………………………………………………… 1
　第一节　社区与社区规划………………………………………………………… 1
　　一、社区的定义………………………………………………………………… 1
　　二、社区规划与社区规划师…………………………………………………… 2
　第二节　从城市更新到社区更新………………………………………………… 5
　　一、城市更新…………………………………………………………………… 5
　　二、社区发展…………………………………………………………………… 6
　　三、社区更新…………………………………………………………………… 7
　　四、目前我国社区更新中存在的主要问题…………………………………… 19

第二章　社区更新的构成体系…………………………………………………… 25
　第一节　社区更新的构成要素…………………………………………………… 25
　　一、物质要素…………………………………………………………………… 25
　　二、非物质要素………………………………………………………………… 29
　第二节　社区更新的主要模式与基本策略……………………………………… 30
　　一、社区更新的主要模式……………………………………………………… 30
　　二、社区更新的基本策略……………………………………………………… 33

第三章　社区更新规划设计……………………………………………………… 37
　第一节　社区空间组织的更新与保护…………………………………………… 37
　　一、社区用地功能置换的策略………………………………………………… 37
　　二、社区空间肌理的织补与形态的重塑……………………………………… 40
　　三、小结………………………………………………………………………… 42
　第二节　社区道路交通改善……………………………………………………… 43
　　一、社区道路交通改善的基本原则…………………………………………… 43
　　二、目前我国社区的道路交通普遍存在的问题……………………………… 43
　　三、社区交通改善的设计方法………………………………………………… 44
　　四、小结………………………………………………………………………… 50
　第三节　社区建筑更新…………………………………………………………… 51
　　一、社区老旧建筑的概念及建筑更新的相关理论…………………………… 51

二、社区建筑存在的主要问题 ·· 55

三、社区建筑更新改造的探索及相关案例 ·················· 59

四、社区建筑更新方法 ·· 66

五、小结 ·· 92

第四节　社区公共服务与市政设施更新 ······················· 92

一、社区公共服务与市政设施的定义 ······················· 92

二、社区公共服务与市政设施更新的相关理论及典型案例 ··· 93

三、社区公共服务与市政设施的研究进展及存在的问题 ······· 97

四、社区公共服务与市政设施更新改造原则 ············· 100

五、社区公共服务设施更新方法 ······························· 101

六、社区市政设施更新方法 ······································· 109

七、小结 ·· 110

第五节　社区环境与景观优化提升 ······························· 111

一、社区环境与景观相关概念 ··································· 111

二、社区环境与景观的相关理论、发展以及趋势 ······· 111

三、国内社区环境与景观现状问题 ···························· 113

四、社区环境与景观更新设计方法 ···························· 117

五、小结 ·· 155

第四章　社区更新机制与流程 ······································· 159

第一节　社区更新机制 ··· 159

一、社区更新机制的发展历程 ··································· 159

二、社区更新治理组织 ·· 162

三、社区更新治理模式 ·· 163

第二节　社区更新治理的模式与经验 ···························· 166

一、美国经验 ·· 166

二、日本经验 ·· 168

三、中国台湾地区经验 ·· 170

四、新加坡经验 ··· 172

第三节　社区更新规划的基本流程 ······························· 175

一、社区更新规划的基本方法 ··································· 175

二、社区更新规划的工作过程 ··································· 175

三、社区更新规划的流程小结 ··································· 183

第五章　社区更新实践案例 ··· 185

第一节　社区空间重塑与文化传承——广州市永庆坊微改造 ····· 185

一、区位及简介 ··· 185

二、永庆坊改造背景 ·· 185

三、改造前概况 ··· 186

四、永庆坊改造概况 ································· 186

五、永庆坊微改造主要内容 ····················· 187

六、小结 ··· 189

第二节　社区更新模式探索——北京劲松北社区更新 ······· 190

一、项目背景 ······································· 190

二、项目区位 ······································· 190

三、存在的问题 ····································· 190

四、更新模式 ······································· 190

五、小结 ··· 193

第三节　社区适老化更新改造——上海市鞍山三村适老化更新
　　　　改造 ··· 194

一、项目背景 ······································· 194

二、项目区位 ······································· 194

三、存在的问题 ····································· 195

四、鞍山三村适老化综合改造设计的基本原则 ········· 195

五、更新内容 ······································· 196

六、鞍山三村适老化更新改造策略 ················· 196

七、小结 ··· 198

第四节　社区综合改造——上海市静安区彭浦镇美丽家园
　　　　永和三村 ··· 198

一、项目区位及改造背景 ····························· 198

二、项目改造前状况及存在的问题 ··················· 199

三、永和三村更新改造的规划构思 ··················· 200

四、永和三村更新改造的设计方法 ··················· 200

第五节　"共建共享"生态社区建设——德国柏林公主花园 ······ 208

一、案例背景 ······································· 208

二、案例区位 ······································· 209

三、改造方法 ······································· 209

四、案例总结 ······································· 212

第六节　城市触媒与社区复兴——美国纽约曼哈顿高线公园 ······ 213

一、项目区位及改造背景 ····························· 213

二、项目改造前状况及存在的问题 ··················· 213

三、高线公园更新改造的规划构思 ··················· 214

四、高线公园更新改造的社会效应 ··················· 216

五、纽约高线公园更新带来的启示 ··················· 218

六、小结 ··· 219

参考文献 ··· 220

第一章
社区更新概论

第一节　社区与社区规划

一、社区的定义

社区，源于德文 gemeinschaft，最早由德国社会学家 F·滕尼斯于 1887 年在其专著《礼俗社会与法理社会》(*Gemeinshaft ungese Uschaft*) 中提出，英文译作 *Community and Society*。他将社区与社会进行了区分，认为社区是基于家族血缘关系而结合成的社会联盟。在我国，"社区"的概念由社会学家吴文藻在 20 世纪 30 年代提出。社会学家费孝通先生于 1933 年将英文"Community"翻译为"社区"，《观察社会的视角——社区新论》一书中将其定义为"聚集在一定地域范围内的社会群体和社会组织，根据一套规范和制度结合而成的社会实体，是一地域社会生活共同体"[①]。

经过社会和各学科的不断发展，社区的概念又拓展了很多。尽管各个学科对"社区"的定义各不相同，但基本都包括了居民、地域、文化、设施和社会组织等构成要素，也都强调了社会心理因素（即社区内部成员的认知、归属感和认同感）的重要性。

城市规划中的"社区"与社会学中的"社区"不同。社区是特定地域内的人之间的一种亲密的人际关系，是由社区居民广泛积极参与和维护的生活共同体，也是具有相似文化特征和生活方式的社会群体的共同生活空间。从地域角度来看，可将社区划分为城市社区和乡村社区。城市社区是专指以第二、第三产业为基础，人口规模大且分布集中，社会结构复杂的社区；乡村社区则是指一定乡村地域上具有相对稳定和完整的结构、功能、动态演化特征以及一定认同感的社会空间，是乡村社会的基本构成单元和空间缩影。[②]

城市社区的经济和政治活动趋于集中，以工业、商业和服务业为主。因此，人们的生活和工作场所较为集中。城市社区的人口密度普遍高于乡村社区。城市社区一般具有政治、经济、文化、教育、服务等多种功能，能够满足社区成员的需求。较大的城市社区通常具有明显的功能特征和复杂的社会结构。

城市社区按主要承载功能，可分为居住社区、商业社区、工业社区等。居住社区是指以一定的人口和用地规模为基础，并集中布置居住建筑、公共建筑、景观绿地、道路以及其他各种公共设施，被城市道路或自然界限（河流等）所包围的相对独立的地区，以居住功能为主，零售商业、生活性功能服务为辅。商业社区主要承载的是城市的商业贸易功能，多为城市的商业中心或副中心，以办公、文化娱乐、金融服务等功能为辅。工业社区是工业企业较为集中的社区，社区居民主要为企业员工及其家属，同时具备了足够满足社区居民需求的基础及公共服务设施。此外，还有政治社区、金融社区、大学社区等许多承载城市不同功能和需求的社区。而本书中的"社区"主要是指城市居住社区，即城市中具有相似文化特征和生活方式的一定规模的人口，在特定区域聚居而形成的具有居住功能的空间。

二、社区规划与社区规划师

1. 社区规划

霍华德在 19 世纪末提出的"田园城市"设想是社区规划的起源。社区规划伴随着近代城市规划理念与理论的发展而逐渐成形。

社区规划是以社区为单位的规划。就城市规划学科本身来说，在社区规划中主要需解决的是用地、建筑和空间三方面的问题。除此之外，社区规划中还需考虑的相关内容有社区发展动力源、社区类型、规划与实施过程、人群需求特征等问题。同时，由于社区规划的地域性和时效性，社区规划应根据社区实际情况采取特定的工作方式，制定有针对性的规划流程、规划方案与实施计划，并定期修编。

社区规划是一种以参与为主的规划。在街镇、村社或者在城市、区县等更大尺度上同样需要社区规划，各层级各有侧重，相互对接才能形成上下呼应、左右联动，提升规划的效率并保障规划的落地。

社区规划的"过程"重于"结果"，需要重视并运用社会与空间的互动机制。规划师需要关注规划作为一种行动过程，包括社区主体性、自组织能力、社区集体行动、多元协作等；关注规划作为一种社会过程，包括关系网络、社区共识、地方依赖、文化包容、归属感等。社区规划强调实践指向，提高规划的可行性需要与之匹配的方案并全程参与规划的实施。

社区规划不同于传统的住区规划，打破了"见物不见人"的局限，用系统和发展的视角关注社区社会、经济、空间、文化、制度等多方面的动态平衡，强调社区作为居民生活共同体和精神命运家园，通过各方主体共同参与，实现社区的全面可持续发展。③与原有住区规划的理念相比，社区规划在社区的地域界定、规划工作方式、核心内容、规划目标、关注层面，以及社区成员的参与度和规划师的角色上存在明显的区别（表 1.1.1）。

住区规划与社区规划的比较④ 表 1.1.1

	住区规划	社区规划
地域界定	与行政区划没有直接关系	与行政区划有直接关系
工作方式	自上而下	自下而上与自上而下结合
人群参与度	居民参与度很小或不参与	在一定程度和限度内进行居民参与
核心内容	社区物质环境设施的规划、更新完善	以促进社区健康发展为主要目标
规划目标	以提升社区环境品质为主要目标	以促进社区健康发展为主要目标

续表

	住区规划	社区规划
关注层面	社区物质环境及设施； 社区成员的活动方式	社区成员间的互动； 社区成员与社区物质环境设施之间的互动； 社区组织运行
规划师角色	置身社区之外的理性规划者	与社区成员有一定的沟通，比较深入了解社区成员的需求，同时抱持规划师的理性

2. 社区规划师

"社区规划师"作为社区规划过程中的一个重要角色，于 20 世纪 60 年代伴随欧美社区规划的兴起而产生。目前，关于"社区规划师"还没有形成统一的定义。社区规划师的由来、工作重点和内容在不同国家和地区都各有不同。

美国社区规划师按聘请职能划分可以分为规划师（Planner）、理事（Commissioner）和专务（Officer）。实际上，各类专务人员都可以成为社区规划师。他们的工作内容十分广泛，包括各类需要解决的社区需求，相当于"社区经纪人"[⑤]的身份。"社区经纪人"并不作为社区规划主导者而存在，而更表现为一种协助指导者、中介者。"社区经纪人"需要在了解服务或指导的社区的发展与规划的相关事务并具备相关技能的基础上，负责协调各个不同部门的工作，指导规划团队开展工作，并且专业的机构或专家在社区规划中约执行七成以上的工作。在美国有着许多丰富的非政府机构和社区企业，它们在为居民和社区提供发展资金和服务的同时，也离不开"社区经纪人"这个关键角色的支持（图 1.1.1）。

英国社区规划有沟通多层次领域、促进合作关系的作用。政府负责推进，真正参与规划的有整个社区、社区理事会（Community Council）、志愿者、专业机构、企业和商会等。[⑥]

在法国，无论是政府层面还是社区层面都尚未发现有正式命名的"社区规划师"，但因法国的"政府—民众"两股力量抗衡的局势一直是其国家特色，这二者的合作协商也一直贯穿了法国的城市更新。

日本是一个地震多发的国家，因为地震后的救援而延伸出了社区营造。因此，救灾和社造的结合，发展出了许多救灾和社区营造相关的组织。日本现在的社区营造主要是从商业、乡村回归、教育、老人服务等多方面去探讨社区营

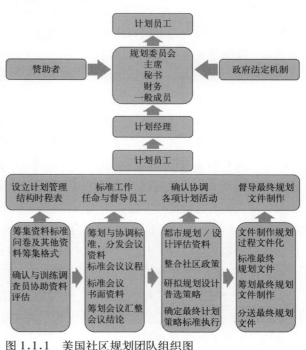

图 1.1.1　美国社区规划团队组织图
（根据《伙伴：邻里——公司合作模式的社区复苏实例》改绘）

3

造模式的多样性，并从宏观层面上去观察社区及政府组织层面是如何看待社区营造的。日本社区事业支持中心（CBS）坚持"以公民为主体，以商业方式解决社区问题"。CBS通过动员社区居民、企业、地方政府、社会组织等利益相关者，利用社区资源更有效地解决社区问题，并以此应对日益多元化和复杂的区域问题。

我国台湾地区的社区规划开始于20世纪80年代末，兴起于20世纪90年代。当时由于环境改善和自下而上参与的需要，为了对社区提供专业指导并一起以伙伴关系协助共同推动社区环境的改善计划，逐渐确立了"社区规划师"（Community Planner）制度。1994年，台湾提出"社区总体营造"。1999年，正式推动社区规划师制度。社区规划师是介于政府和民众之间相对独立的个体，需保有一定的自主性，且需保持本土化特色，对当地地域特色和社区文化有一定了解且能够及时为居民提供咨询，并协助提出社区发展的策略建议。经过一段时间的发展，台北都市发展局于2001年提出"社区营建师"（Community Architect）计划，招入一群具有高度热忱且走入社区的空间专业者，如同地区环境的医生一样，就近为社区环境进行诊断工作，并协助社区民众提供有关建筑与公共环境议题的专业咨询，亦可协同社区推动地区环境改造与发展策略，以提升社区公共空间品质与环境景观。

台湾"社区规划师"最大的特点是除了要具备相当的专业知识外，还要对项目社区有深厚的感情。台湾地区的社区规划师有3个基本特征。一是"服务性"。指有充足的爱心与热情来服务社区。二是"公共性"，指其介于政府和居民之间，要有坚定的专业操守，保证其自主性和专业性是以处理"公共事务"为意志，而非个人利益问题。三是"当地性"，这是台湾社区规划师有别于其他地区规划师最重要的一点，其要求聘任的社区规划师"最好是本社区土生土长"，至少也是"在社区居住了很多年"的建筑师。这样，规划师除了对物质空间更加熟悉外，对当地居民真正的需求和情感也更加了解，对沟通中的很多问题往往可以看清本质，能深刻发掘居民的真正需求。

在借鉴中国台湾、日本等地区的社区营造经验后，中国大陆地区结合自身情况开始在一些城市进行社区更新、微更新的计划和试点。深圳市规划国土委也推行了顾问规划师制度，其主要职责为：宣传解释规划国土政策，解读相关规划，组织开展对社区干部的规划国土知识培训工作，培育社区居民的规划公众参与意识；听取社区的意见和建议，跟踪了解规划国土政策、规划的实施情况，提出改进工作的建议；收集和整理社区反映的问题，跟踪解决并及时向社区反馈；为社区提供规划技术咨询服务，帮助社区提高规划建设水平；推动市重大项目、规划国土重点工作在基层落实。《规划师》杂志曾在2013年总213期进行了专题讨论"社区规划师制度探讨"，《城市中国》杂志在2016年12月也策划了主题为"社区规划师微更新中的沟通与协作"的讨论。到2018年1月11日上海杨浦区正式推出"社区规划师"制度，我国大陆地区的"社区规划师"工作步入正轨。

学界结合了国内外"社区规划师"的经验，总结出社区规划师应具备的3个身份特征：

1）社区规划师应该是能够研究分析的"研究者"，以访谈和调研，深刻了解民众的需求和建议，并研究收集数据资料。

2）社区规划师应该是具备设计能力的"设计师"，以研究结果来确定设计目标和策略，做有根据的设计。

3）社区规划师应该是热心社区的"社会工作者"，以设计来解决民众最关切的城市问题，实现社区综合提升。

思考题：

　　1. 什么是社区？社区按主要承载功能划分可分为哪几种类型？

　　2. 城市社区和乡村社区有何不同？

　　3. 社区规划主要解决以及需要考虑哪些问题？社区规划与传统的住区规划有何不同？

　　4. 社区规划师需要具备哪些基本特征？

第二节　从城市更新到社区更新

　　自 20 世纪以来，在快速城市化的推动下，我国各地城市先后展开了许多大规模的城市更新运动。过去的城市更新的模式往往是由政府主导或市场主导，自上而下地进行，热衷于大规模大面积的大拆大建，推倒重来，建设周期长，投入大。虽然给城市面貌带来较大改观，但也同时造成城市空间肌理的破坏、历史文脉的割裂、城市活力的丧失等一系列问题。进入 21 世纪，我国城市发展已进入了由"增量"模式到"存量"模式的转变时期，这一转变是根本性的，它将带来从发展思想理念到理论技术的一系列重大变化。城市建设由"增量扩张"到"存量更新"，以往大规模拆迁改造的模式已经难以为继，社区更新逐渐成为新时期城市建设的重点。城市建设逐步摆脱规模扩张和"大拆大建"的模式，转而注重通过存量更新的方式来提升空间环境品质和城市发展内涵。目前城市建设更加重视激活社区活力、提升空间品质、丰富社区功能、传承社区历史、塑造社区形象，更加强调公众参与和低影响的微治理。社区更新对城市建设的意义逐渐凸显。

　　从城市更新到社区更新，不仅是从宏观城市到微观社区的空间范畴和尺度的变化，更代表着城市规划从城市的发展向人本价值的回归。[⑦]

一、城市更新

　　城市更新是一种将城市中已经不适应现代化城市社会生活的地区作必要的、有计划的改建活动。第一次城市更新研讨会于 1958 年 8 月在荷兰召开，会议对城市更新作了相关阐述：生活在城市中的人，由于对自己的住宅、社区及周边的环境或出行、娱乐等其他生活活动有各种不同的需求，从而开始更新改造自己所居住的房屋，对逐渐衰退的住宅、街道、公园等环境的改善有要求并进行改造，以形成舒适的生活环境和美丽的城市形象。所有这些城市建设活动都是城市更新。

　　20 世纪 60~70 年代的美国大规模城市更新运动（Urban Renewal）是现代意义上城市更新的开端。当时的更新是以清除贫民窟为目标，致力于解决高速城市化后由于种族、宗教、收入等差异而造成的居住分化与社会冲突问题。虽然城市更新综合了改善居住、整治环境和振兴经济等目标，比过去仅仅是优化城市布局、改善基础设施的"旧城改造"囊括了更多的内容，但是其所引发的社会问题也相当多，特别是由于对有色人种和贫穷社区的拆迁有失公平，使"旧城改造"受到了社会的严厉批评而不得不终止。美国的大规模城市更新在20世纪80年代后就已经停止，总体上进入了渐进的、以社区邻里更新为主的小规模再开发阶段。20世纪90年代后城市更新具有了改善内部环境之外的更高要求，即如何通过各种方式来提升城市的竞争力以谋求更高的竞争能级。这样的城市更新被更确切地称为"城市复兴"（Urban Renaissance）。2002年英国伯明翰召开的城市峰会提出了城市复兴、再生和持续发展的主题，认为城市复兴旨在再造城市活力，重新整合各种现代生活要素，使城市重获新生。[8]

根据西方城市更新的历史和经验，陈占祥先生在20世纪80年代初将城市更新定义为城市的"新陈代谢"过程。在这个过程中，更新的方式涉及很多方面，不仅仅是拆除和重建，还包括历史街区的保护和旧建筑的修复。吴良镛从城市"保护与发展"的角度，在20世纪90年代初提出了城市"有机更新"的概念。它的目的是对城市的历史环境进行更新，但这个概念强调的是城市的物质环境，相关的经济、社会和文化方面的内容涉及较少。2000年以来，学者们开始关注城市建设的综合性和整体性，将城市更新分为"重构"更新和"调整"更新。

随着我国城市发展逐渐从增量模式向存量模式转变，城市更新正在成为城市发展的主要模式。当前，我国的城市更新已经进入了一个有机更新的新阶段。从传统的物质层面、拆旧建新的城市更新，逐渐发展到注重传承、适应新时代需求的城市有机更新。与此同时，城市更新模式也逐渐由粗放的"大拆大建"转变为精细化的微更新；从关注重大产业项目到关注老旧小区改造等民生问题，更多的是关注提高居民的获得感和幸福感。

二、社区发展

社区发展（Community Development）的概念于1915年由美国社会学家F·法林顿在《社区发展：将小城镇建成更加适宜生活和居住的地方》一书中提出。[9]

对于社区发展，各界的共识是社区发展是一种过程（Sander，1958；Warren，1978），"通过人民自己的努力与政府当局合作，以改善社区的经济、社会和文化环境，把社区纳入国家生活中，从而对推动国家进步做出贡献"（联合国，1963）。

社区发展是一种为加强社区的内在关系而作的有计划的且持续的努力。社区发展是指政府有关组织和居民整合社区资源，发现和解决社会问题，改善社区环境，提高社区生活质量的行动。其目的是通过塑造居民社区归属感、认同感和共同体意识，加强社区参与、培育互助与自治精神；通过增强社区成员凝聚力，建立新型和谐的人际关系，建设精神文明社区。

社区发展主要由四个部分组成：社区的主体——社区成员；社区共同意识的培养——有关社区互动的社区道德规范及控制力量；社区组织管理机制的完善——维系社区内各类组织与成员的关系的权利结构和管理机制；物质环境与设施的改善——社区的自然资源、公共服务设施、道路交通、住宅建筑等硬件环境（图1.2.1，表1.2.1）。[10]

社区发展的基本内容⑪　　　　　　　　　　　　　　　　　　　表 1.2.1

社区发展要素	类型	主要内容
主体	社区成员	人口自然信息、社会信息、生活水平
隐体	共同意识	保护意识、社区互动、社区服务、社区保障
载体	物质空间	物质生态环境、设施设置及使用情况
连体	社区组织	行政组织、社区组织、自治组织、管理运作

对城市规划而言，从社区发展系统全局了解其他三方面的形成与发展，是为了使社区的环境设施的更新能更充分地满足社区成员的实际需求，与社区成员、社区组织、社区共同意识协调并进。

社区，尤其是老旧社区，是城市更新的主要研究对象之一。基于社区发展的更新，不仅限于物质层面还有社区共同意识和社区管理体系等要素的改善和发展，这样的更新才能渗透到根本，满足社区在发展中日益变化的需求，切实提升居民的幸福感。所以，社区更新是城市更新的重要内容之一，其类型主要侧重于"调整型"更新。

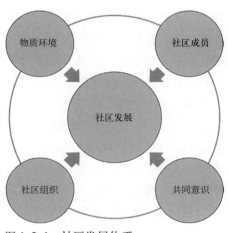

图 1.2.1　社区发展体系

（资料来源：《从居住区规划到社区规划》赵蔚、赵民，2002）

三、社区更新

1. 社区更新的定义

"更新"，是更换或更改而去旧建新。一般认为，城市中由于发展而产生了新的需求时，为了满足它而进行相关必要的调整或变化就称为城市"更新"。吴良镛在《北京旧城与菊儿胡同》中表达了更新所包含的三方面内容

其一是改造、改建或再开发（Redevelopment），指比较完整地剔除现有环境中的某些方面，目的是为了开拓空间，增加新的内容以提高环境质量。在市场经济条件下，对旧城物质环境的改造实际上是一种房地产开发行为；

其二是整治（Rehabilitation），指对现有环境进行合理的调节利用，一般指作局部的调整或小的改动；

其三是指保护（Conservation），是指保护现有的格局和形式并加以维护，一般不许进行改动。

社区更新是城市更新的延伸和中微观层面的探索，是城市更新回归基层社区的规划和实践过程。城市建设逐渐摆脱规模扩张和"大拆大建"的模式，更加注重通过存量更新提升空间环境质量和城市发展内涵。当前城市更新的理念是在"逆生长"模式下，更加注重空间重构和激活社区，关注生活方式和空间品质，注重激发空间活力，注重历史传承和魅力塑造，重视公众参与和社会治理，强调低影响和微治理的效果。最终目标是创建一个温暖、有归属感、

有人情味的可持续社区。[⑫]

2. 社区更新的产生

过去，我国城市更新"重改造、轻整治"，忽视了社区本身的更新机制以及对社区文脉和肌理的保护。老旧社区的环境和与居民日常生活息息相关的一些"小问题"长期得不到解决，大大影响了生活的"幸福感"。

社区更新可以说是城市更新发展的延伸。作为城市更新的一种更加具体的形式，对于20世纪50年代明确提出的城市更新理论，它是伴随着社区衰退为满足经济和社会发展变化而提出的改善城市衰退地区发展的策略，主要针对城市发展过程中的城市衰退或不适应当前城市发展的现象而采取的有意识的干预与改进措施，主要包含物质层面更新（主要为城市外观改变）和非物质层面更新（主要为城市社会、经济的变化），两种更新相辅相成促使城市新陈代谢，达到城市综合机能的改善。

研究学者将"社区衰退"分为三种类型：分别是社区物质性老化、社区功能性衰退和社区结构性衰退。社区物质性老化，指社区单元楼的建筑结构和服务设施超过了其使用年限，建筑物出现老化、破损的现象。主要表现为外观破旧简陋，设备陈旧、老化，使整个社区呈现退化及衰败现象。社区功能性衰退，指社区及城市在发展过程中，因某些原因使其居住、服务功能不能完全满足社区居住人群的需要。主要表现为社区各项功能在作用时，出现不协调、不配套，导致社区功能失调的现象。社区结构性衰退，指社区在自身及城市在发展过程中，因某些原因（多为市场经济原因及经济结构的调整）使其居住功能、社区布局不符合城市发展需要或出现阻碍社区发展迹象的情况。这类型衰退客观上要求社区结构、布局跟随城市发展作出相应的调整。社区物质性老化是一种绝对的衰退，是有形的磨损；而社区功能性衰退和社区结构性衰退属于相对性的衰退，属于无形磨损。后两类社区衰退是由于在社区未达到最后使用年限、自然老化之前，社区功能与新的发展要求不相适应。[⑬]

社区更新的产生主要是为了解决城镇化进程中的历史遗留问题和满足随社区快速发展而不断变化的居民的需求。社区更新是在城市现代化与可持续发展要求下，针对不符合可持续发展要求的社区开展更新建设。社区更新可合理配置区域自然资源与人文资源，使社区内部环境与外部环境协调发展，进而改善社区的落后面貌，塑造舒适的人文社区景观。

3. 国内外社区更新发展历程

①西方国家社区更新发展历程

西方国家旧城更新运动产生较早。在城市更新的实践上，第二次世界大战后，西方国家出现住房紧缺现象，各个国家普遍展开大规模的改造活动，即"城市更新"运动，然而这种大规划改造的弊端越来越明显：对历史性城市不可逆的破坏、城市中心区衰败、城市"士绅化""贫民窟"蔓延等现象层出不穷。

从理论研究来看，20世纪60年代后，许多学者对这种现象进行了反思，并纷纷开始关注"人的尺度"在城市建设与城市改造中的重要影响。芒福德（Mumford.L.）的《城市发展史》与雅各布斯（Jacobs.J.）的《美国大城市的死与生》（图1.2.2）中对大规模的城市改造表示反对，并认为这种方式破坏了城市的有机机能和多样性。克里斯托弗·亚历山大

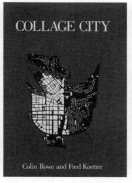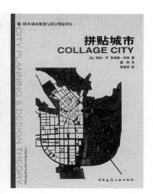

图 1.2.2　简·雅各布斯与《美国大城市的死与生》　图 1.2.3　《拼贴城市》
（资料来源：百度图片）　　　　　　　　　　　　　（资料来源：百度图片）

（C. Alexander）在《城市并非树型》中表示大规模推倒重建的模式完全否定了城市的文化价值，破坏了城市肌理和历史文脉。柯林（Colin Rowe）在《拼贴城市》（图 1.2.3）中认为城市规划是在历史的记忆和渐进的城市积淀中所产生出来的城市背景上进行的，而"有机拼贴"的方式更容易实现和调整城市建设的目标。

　　1987 年的柏林国际建筑展览会（IBA）[⑭] 的主要内容为"新建"（Neuabau）和"旧建筑改造"（Altbau）两个部分，并提出了"批判的重构"（kritische Rekonstruktion）和"谨慎的更新"（Behutsame Stadtemeuerung）两个指导性原则。此项展览注重的是加强对历史传统的尊重，尤其是对地方的文化脉络的继承，追求多样的发展，又一次引起了世界建筑领域的轰动，掀起了柏林国际建筑展览的第二次高潮[⑮]。

　　1994 年，乔恩·朗（Lang J.）在其著作《城市设计：美国的经验》中提出了"渐进式城市设计"和"插入式城市设计"，对城市的环境品质提升有着很大的影响。

　　2000 年，"新城市主义"的创始人之一，彼得·卡尔索普（Peter Calthorpe）的《区域城市：终结蔓延的规划》从区域角度来考虑城市更新，认为社区参与城市更新十分重要，并总结出老社区和新郊区有相同的区域特性。提出通过以"人的发展和人的尺度""多样性与协调""可持续性、保护和更新"为原则的填充开发和更新改造，能形成可步行的镇中心、土地与空间混合使用的街区和公共空间。

　　从实践方面来看，1970 年后的日本"造街运动""社区营造条例"得益于非营利性组织在更新中作为多方角色的有效沟通纽带。1990 年以来的新加坡社区更新计划经验表明精英主导下的公众参与型社区更新并不必然带来矛盾冲突。20 世纪 90 年代，美国推行了"一体化规划"和"6 号希望工程"，改变了单一的住房更新的方式，将环境改善、社区发展、城市复兴等统一于社区更新中。之后为了改进公共住房供应量减少、新贫困聚集等问题，改进为"选择性邻里"计划。[⑯]

　　东伦敦的开创性项目"每人每日（Every One Every Day）"[⑰] 以略微不同的方向推行超本地（Hyper-Local）的发展模式，来促进社会凝聚力和经济机会。该项目位于伦敦最贫困的自治市，旨在确保大量由社区组织的社会活动、培训和商业发展机会，不只需要穿越城市才能获得，更能在参与者家附近获得。

巴塞罗那备受推崇的"超级街区（Superblocks)"，其更新不仅仅是将汽车从城市里搬走，更旨在鼓励居住在无车区的人们将日常社交生活扩展到更安全、更干净的街道，并在容易到达的范围内鼓励增加零售、娱乐和其他服务。

2019年，巴黎市长伊达尔戈把"15分钟城市"纳入连任竞选宣言。自2014年上任以来，她一直在领导一场彻底的城市交通文化的大改革，并且已经禁止污染严重的车辆进入，禁止塞纳河岸外的车辆进入，并为树木和行人收回道路空间。她认为巴黎需要采取进一步的措施重塑自己，让居民可以在自家门口15分钟范围内满足他们的所有需求——无论是工作、购物、健康，还是文化需求。

现在，人们不再满足于无条件地接受"自上而下"的规划，而要求不仅要对规划的制定提出意见，更需要直接参与其全过程当中。

根据相关文献，可以将西方社区更新大致分为三个阶段：

第一个阶段，从第二次世界大战结束到20世纪60年代。这段时间由于战后人口恢复增长，退伍军人需要安置，西方国家便在旧址进行大规模以推倒重建为主的更新。

第二个阶段，20世纪60~80年代。社区环境改善，中产阶级从市中心往环境更好的郊区转移，这被称为城市社区郊区化。

第三个阶段，20世纪90年代至今。随着人们生活水平的提高，社区更新也从纯粹物质、空间的更新转向居住品质提升、社区复兴，开始强调社会、经济、文化、环境对社区的综合影响。

总的来说，西方社区更新是从单一的物质空间转向空间、经济、社会多维度综合发展；从为贫困者提供基本住宅保障，转向将中产阶级纳入混合居住的发展；从政府主导到私人部门、社会力量、社区居民多方合作的转变。国外的社区更新诞生于众多学者对大规模重建式城市更新的批判与反思。从理论研究来看，国外着重强调"人的尺度""多样性""可持续性"的社区更新原则，而"渐进式"和"插入式"的更新方式的提出也产生了广泛的影响。同时，国外在社区更新方面的诸多实践经验也值得我们学习和继续研究。

②我国社区更新发展历程

中国的城市社区更新的早期研究的主要代表是吴良镛先生的"有机更新"理论。他在《北京旧城与菊儿胡同》中主张城市建设应遵循城市的内在秩序与规律，以适当的规模、合理的尺度处理各种关系，并指出要进一步探索小规模改造与整治方面的研究，探索小而灵活的城市更新。

在"有机更新"理论的基础上，方可先生提出小规模改造理论。其他学者也对我国的城市更新改造工作进行了探讨，指出了大规模城市改造的盲目性，主张城市改造中应保护好的部分，改善和改造质量差的部分。张杰早前认为小规模改造具有"人的尺度"；王英首先提出了小规模保护更新的概念。20世纪末，虽然在理论研究中对小规模更新及其优势进行了充分的论述，但受时代背景和理论研究深度的影响，实践内容并不多。

2012年，仇保兴在"国际城市创新发展大会"上提出"重建微循环"理论，要树立"小就是美,小就是生态"的观点,倡导"有机更生",积极拓展"微空间",努力发掘城市空间利用效率。至此,"微更新"理论开始渗透到城市更新的研究领域,国内学者对这一理论进行了探讨。他们认为,微更新是城市与社会互补的有效途径,也是高质量、精细化城市建设的必由之路。学者们还认为微更新的推进不仅要关注公共空间、人群活动和社会文化,更要关注设施的增设与城市功能之间的联系。《时代建筑》还以"城市微更新"为主题,从多个角度探讨了城市微更新状态及实践中遇到的问题,肯定了城市微更新的发展前景。

近年来,学界对"社区更新"的关注度急剧上升,CNKI中文数据库中,截止至2020年9月已有近千篇与社区更新相关的文章(图1.2.4)。

从实践方面来看,曹杨新村步行街"低强度改造",内容包含扩展公共空间、增设公共设施、拓展绿地空间等(图1.2.5)。四平社区"微创"设计(图1.2.6),包括在垃圾房前的空地上设置色彩缤纷的跳步游戏;通过墙绘、废弃零件再利用等打造温馨城市;将内部家居空间置于室外,形成使路人愿意在此稍坐片刻进行休息的积极空间。

上海启动的"行走上海2016——社区空间微更新计划"(图1.2.7),对老旧小区、街道、弄堂、公共设施等多个项目进行微更新。典型的有石泉街道水泵房微改造,目前已作为社区网络信息化中心投入使用;浦东新区塘桥金浦小区广场微更新改造,通过公共艺术介入,改善公共空间环境品质,进而实现居民生活空间和社交空间关系的微更新、微改善;塘桥南泉

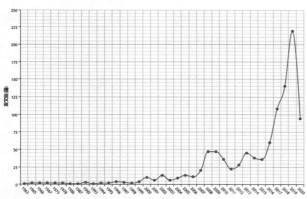

图1.2.4 社区更新模式主题年度发展趋势图

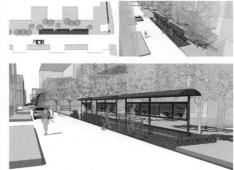

图1.2.5 曹杨新村杏梅园报栏改造设计
(资料来源:上海大学美术学院建筑系)

图1.2.6 四平空间创生行动
(资料来源:百度图片)

图1.2.7 "行走上海2016"
(资料来源:百度图片)

休闲广场微更新改造，通过完善配套服务设施，以满足居民更高的居住要求。

2018 年《上海市城市总体规划（2017–2035 年）》发布，更加强调"社区"这一城市基本空间单元的建设，以 15 分钟社区生活圈组织紧凑复合的社区网络，促进生活、就业、休闲相互融合，提升市民的幸福感。同年，上海还出台了《上海 15 分钟社区生活圈规划导则（试行）》，指导以居住功能为主的地区和街坊的社区规划工作。

深圳"趣城"系列规划以对传统城市规划进行修正和补充，给城市公共空间带来微型趣味空间。致力于通过"见微知著""四两拨千斤"的模式，解决城市空间活力问题，并提升公共空间品质。

广州更将"微改造"模式写入了《广州市城市更新办法》，旨在对建成区中存在安全隐患的建筑，实施局部拆建、整治的"微改造"，缓解、消除安全隐患；充分挖掘老城区的潜在资源和优势，保护和修缮文物古迹、工业遗产，延续历史文脉，保存城市记忆。[18]

浙江省于 2019 年提出"未来社区"概念，并印发《浙江省未来社区建设试点工作方案》全面启动未来社区建设。浙江未来社区是以满足人民美好生活向往为根本目的的人民社区，是围绕社区全生活链服务需求，以人本化、生态化、数字化为价值导向，以未来邻里、教育、健康、创业、建筑、交通、能源、物业和治理等九大场景创新为引领的新型城市功能单元。

2019 年 10 月 24 日，成都市正式发布了全国首个市级城乡社区发展治理总体规划《成都市城乡社区发展治理总体规划（2018–2035 年）》。规划提出转变营城理念，注重以人为本，以人的感受、人的需求、人的发展为出发点进行规划，强调城市的宜居性和人文尺度，不断满足人民群众对美好生活的向往，提升社区居民的获得感和幸福感。

我国的社区更新可以分为以下两个阶段：

20 世纪 70~90 年代，社区更新以解决民生需求为主。按照"相对集中，成片改造"的原则，在适当改造增加面积的同时，完善配套设施。末期，随着住房的商品化，市场力量开始介入，地方政府为了追求经济发展，也支持大面积集中改造"重构型"更新模式。

20 世纪 90 年代末至今，社区更新的主体逐渐多元化，逐渐走向"政府扶持、企业运作、社区居民参与"的新阶段。需要注意的是，我国目前对于城市社区更新的相关实践对社区居民本身的多样化需求鲜有关注，仍存在公共资源配置不合理、住区缺乏可识别性，导致居民没有归属感等问题。

4. 社区更新的价值观

社区更新是在大拆大建的城市更新基本结束之后，城市为了重塑自己而采取的进一步措施。例如《上海市城市总体规划（2017–2035 年）》就展现了一个令人向往的创新之城、人文之城、生态之城，由注重经济导向，转变为更加突出以人民为中心的价值导向。社区更新应更加关注"人"的需求，将在社区生活、工作、学习、观光等不同人群对于社区发展的愿景，真正反映和具体落实到更新中。

①社区的生态与可持续

21 世纪初，生态住区理念逐渐开始变成指导现代住区规划的重要理论，也对社区更新产生了较大的影响。以人为本、生态优先，人与自然相协调是社区更新的主流价值观。社区更新需以生态学和可持续发展观作为指导，以节约资源和保护环境为目标，利用先进的生态技术措施合理利用资源，营造舒适宜居、人与自然和谐共生的社区环境。

②社区空间公正

以人为主是社区公平、空间公正的社区更新的指导理念，即在公正原则下建立社区与其生活场所的发展与管理。社区空间的资源公正是每一个居民（包括外来租客或特殊群体）都能享有公正的社区空间，获得与城市居民平等共享城市服务与基础设施的权利。

这种"公平公正"有三层含义：首先是"起点公平"，也称为机会公平或形式公平，即为全体居民享有同等的接受教育、共享医疗等公共服务与基础设施的权利，这意味着社区更新要建立在以公平为原则的公共配套制度基础之上，保证居民公平获得公共服务的可能性；二是"过程公平"，是指在社区公共设施的供给过程中，居民在获得这些公共服务时所付出的成本基本公平；三是"结果公平"，是指居民普遍能享有同等数量和质量的社区配套服务。

在这三个层次的公平中，起点公平是制度基础，过程公平是质量保障，结果公平是最终目标，三者彼此紧密联系。结果公平不能脱离形式公平而存在，而形式不公平带来的结果公平也不是真正意义上的社会公平。两者之间可能存在冲突，片面追求结果公平可能会损害形式公平，而单纯的形式公平并不能自然地实现结果公平。过程公平介于两者之间，是社会公平不可或缺的部分——形式公平离开了过程公平可能造成结果不公平，而对结果公平的追求离开了过程公平则有可能造成对个人权利和自由的侵犯。过程公平的重要性主要表现为其现实性，即在社会制度安排中通过过程调解的手段，在不过分损害形式公平的基础上，最大限度地追求结果公平，并不断地向理想的公平形态靠拢。

③以人为本的社区时空

社区更新的以人为本主要体现在通过更新，让居民可以在自家门口的一定时空范围内满足他们所有需求——无论是工作、购物、健康，还是文化需求。

在巴黎"15分钟城市"的推广中，Carlos Moreno（巴黎第一大学教授）认为，"有六个方面能让都市人快乐，即有尊严地居住、在适当的条件下工作、（能够获得）食物等日常供给、福利、教育和休闲。要提高生活质量，就应减少获得这几方面服务的可达半径。"要将生活所需带入每个社区，就意味着更彻底地整合城市功能结构。而对于生活质量的提升需要我们在"时间"与"空间"这两个重要概念中建立更多的联系，也意味着需要改变我们与时间的关系，尤其是与机动性相关的时间。

社区更新所期望的为社区时空做出的改变包括鼓励人们将日常社交生活扩展到更安全、更干净的街道，并在容易到达的范围内鼓励增加零售、娱乐和其他服务；促进社会凝聚力和经济机会，确保大量由社区组织的社会活动、培训和商业发展机会，不止需要穿越城市才能获得，更能在参与者家附近获得。

遵从时序城市主义——即从居所出发，通过骑行、步行到达较近的商业与其他设施的概念——在一些荷兰城市，例如格罗宁根、乌德勒支的城市规划设计已经成为公认的标准。

雅各布斯，在《美国大城市的死与生》中提到，社区的邻近度会让外来者感受到亲切的在地化以及安全感。她写道：一个社区，不仅包含着建筑物之间的联系，更多的应该是一个社会关系彼此联结的网络、一个可以感受到同情心与充满人情味的环境。

④社区的场所品质与经济收益

追求效率和利润是市场经济的本质属性,效率优先是市场的基本特点,对效率的高度追求可以使资本、资源实现最优配置,因此效率对于社会整体发展具有积极的意义。

场所品质与经济收益之间的关联不容忽视。更好的邻里社区意味着更好的商业。基于更为有效的居住密度、社区可达性和多样性、街道连通性和安全性而达成的高密度住区及相关联的步行性提升,相伴而来的是多种经济效益,如更高的本地收入和就业率、房产价值与租金收入、零售商业、聚集经济、节省公共支出等。

精心设计的建筑、空间和场所,产生出多样性的价值和效益,有的是直接有形的经济收益,有的则是间接无形的长期效益,比如公共健康改善和犯罪率降低。场所品质与经济成效之间的关联也非常显著,高品质的场所可吸引更多的人和更多的活动,从而使得社区、商业以及邻里经济更为强大。

社区应该为城市日益增长的人口营造场所,让他们得以居住在安全、富有吸引力且可负担得起的本地区域之中,并能够通过适宜行程的步行、自行车骑行或公共交通满足大部分日常所需。

5.社区更新相关理论

①有机更新理论

20世纪60年代,西方学者开始从不同角度,对以大规模改造为主要形式的"城市更新运动"进行反思。美国建筑师沙里宁(E. Saarinen)提出了有机疏散理论,他认为,城市是一个有机体,城市内部秩序跟生命有机体内部秩序是一致的。

吴良镛教授在熟悉国外城市更新理论的基础上,结合北京旧城改造实践项目首次提出了有机更新。"有机更新"理论认为城市和其中的建筑等,是如同生命体一样有机联系的,在城市建设过程中,应当按照其内在规律进行,顺应城市肌理,采用适当的规模和尺度,在改造中注意处理好当下与未来的关系,改造区的环境需要与城市整体环境相适应,探求的是一种可持续的城市发展模式。

在老旧社区更新中,"有机更新"的理论主要应该体现在:注重于城市环境的协调,社区与周边城市在空间、功能上相融合,保留老旧社区的传统肌理的同时,确保城市整体面貌的协调;按照社区内不同年限、形式和功能的建筑与空间价值,进行小规模、渐进式的重点更新,通过各类针对性治理措施,来确保社区建筑、环境的良性循环、可持续发展。

②可持续发展理论

可持续发展理论(Sustainable Development Theory)是指既满足当代人的需要,又不对后代人满足其需要的能力构成危害的发展,以公平性、持续性、共同性为三大基本原则。可持续发展理论的最终目的是达到共同、协调、公平、高效、多维的发展。

城市可持续发展理论主要涉及资源和环境、城市生态、经济发展、城市空间结构、社会学这五个方面,理论强调系统的协调、环境的可承载能力以及系统的更新。《中国21世纪议程》中提出了人居环境的可持续发展,主要是指以人为核心,在实行生态可持续的基础上,实现经济的持续发展，实现社会、经济、环境三个效益统一的目标。

社区更新也应该以可持续发展的主要理念：以人为本、生态优先、人与自然相协调、发展与环境相协调为主要的价值观与指导思想。

③人居环境理论

人居环境是人类工作劳动、生活居住、休息游乐和社会交往的空间场所。人居环境科学是以包括乡村、城镇、城市等在内的所有人类聚居形式为研究对象的科学。它着重研究人与环境之间的相互关系，强调把人类聚居作为一个整体，从政治、社会、文化、技术等各个方面，全面地、系统地、综合地加以研究，其目的是要了解、掌握人类聚居发生、发展的客观规律，从而更好地建设符合于人类理想的聚居环境。

第二次世界大战过后，伴随着西方城市开展的紧张的战后修复与重建工作，希腊学者道萨迪亚斯首次提出了"人居环境"理论，是对人类与其聚居环境的综合思考。同时美国也开始关注了人类聚居和自然环境的关系，在其国家环境法中制定了相关法规条例，针对人居环境保护与开发提出了具体要求。直至 20 世纪 80 年代，联合国设定了人类住区建设目标以及人居环境的发展方向，在住区中更多体现了可持续的特征，也使得"人居环境"理论研究从那时起稳定不断地发展。

吴良镛教授是国内"人居环境"概念的主要倡导者，他于 1993 年提出发展"人居环境学"，于 2001 年发表《人居环境科学导论》。他将"人居环境"描述为：人居环境是人类居住的地方，包括区域、建筑等，是一个复杂的系统，要以满足人类聚居需求为目的。按照不同规模，将人居环境划分为从宏观到微观的五个层面，每一层面由五个不同方面的系统组成，构成了人居环境的基本框架。

在社区更新中，"人居环境"的理论主要应该体现在：社区室外环境的营造要关注社区与周边自然环境的衔接，对社区的自然、人工环境统筹思考；老旧社区的更新应注重社会环境对物质环境的影响，从居民的生活习惯出发，探索最宜居的社区环境营造策略。

④需求层次理论

马斯洛需求层次理论是人本主义科学的理论之一，由美国心理学家亚伯拉罕·马斯洛于 1943 年在《人类激励理论》论文中所提出。马斯洛理论把需求分成生理需求（Physiological Needs）、安全需求（Safety Needs）、爱和归属感（Love and Belonging）、尊重（Esteem）和自我实现（Self-Actualization）五类，依次由较低层次到较高层次排列，且为递进发生关系，未得到满足的需求成为行为动机，而得到满足后则产生高一层级的需求。

在社区的更新中，更需要遵循需求层次理论，充分考虑居民在居住、活动、社交等各个层面的使用需求，通过调查走访，了解居民最迫切的需求内容并提出适宜的规划设计方案，以达到社区空间环境与社会环境的优化与相互促进的作用（图 1.2.8）。

⑤拼贴城市理论

1978 年建筑师柯林·罗发表的《拼贴城市》一书论述了城市规划应该注重保护原有的城市肌理，对城市不进行大拆大建，而是进行小规模的拼贴，不要过分追求传统思想影响下的城市空间美学，在尊重原有城市空间及建筑的原则下，把建筑有机地拼贴，建构一个整体，

图 1.2.8 社区更新的需求层次

并对原有建筑注入新的功能。城市拼贴理论是从城市的复杂性和矛盾性的视角出发，对于城市拼贴可以总结归纳为三方面：城市功能的拼贴、城市空间的拼贴和城市人文的拼贴。城市功能方面不提倡严格的城市功能分区，提倡城市的各项功能能够融合在城市的系统中，促使城市功能能够复合生长。城市空间方面提倡空间的有机生长、融合地处理城市的路径、节点及建筑之间的问题，城市人文方面，提倡对于原有的城市文化的尊重及传承，运用多元的视角来看待城市文化的复杂性问题。从城市的发展意义上来看，对于城市的文化、风俗、面貌的保护可以保障城市的发展不落于千城一面、内涵丧失的困境。

⑥城市触媒理论

城市触媒（Urban Catalysts）的理念是美国的学者韦恩·奥图和唐·洛干在其1989年出版的著作《美国都市建筑——城市设计的触媒》中提出的。在城市中的触媒要素对其周边或其他的城市要素产生刺激作用，进而发生链式连锁反应，对于城市后续的发展产生影响，使其改变，促进整个片区的联动发展。然而在旧城发展到今天，旧城中杂乱的要素之间并没有良好的衔接，造成城市内部缺乏活力。城市触媒的引入就好比一种"化学反应"，在新元素的促发下发生反应，但并不是对于原有要素的完全否定，而是进一步促进，对于新元素的接纳是一种包容的态度，两者相互激发，以最小的改动换取最大的影响，并使城市的更新结果更具兼容性，共同促进城市的发展。

⑦社会空间公正理论

随着经济发展的全球化，20世纪90年代以来全球范围内各地区的竞争进入白热化。西方国家的一些新自由主义的派系无法控制日趋竞争的激烈趋势。而后随着新自由主义派系的没落，这些派系需要寻找一些新的理论来支持和推动国家的发展，其中以英国的社会学家安瑟尼·吉德斯（Anthony Giddens）为代表的研究人员提出了"第三条道路的思想"，以社会的空间公正、公平、平等为主要思想，建立起一种个人与群体之间，体现相互帮助、相互理解宽容、平等共存的联系。

"第三条道路"是将不同的研究派系和主义的优点综合起来。吉德斯的思想体现在当今城市发展中的几个方面：一是第三条道路的"公平理念思想、平等理念思想、公正理念思想、效率理念思想"在社会公平与公正方面表现为价值观、社会政治制度、义务与权利的和谐共存。二是在城市发展的社会关系网络方面提倡相互合作和宽容性的概念，实现自由民主，公平、公正、平等互利的交往网络。

社会空间公正理论对社会公平与空间公正的人本化更新目标开展研究，从社会学和社会公正的角度出发，研究社区对社会资源的剥夺；而地理学则从空间公正构建的角度研究空间剥夺的现象。强调以人为本是社会公平、空间公正的社区更新指导思想。在公正原则下发展并管理社区与其生活场所。城市空间的资源公正，每一个居民享有公正的城市空间，获得与城市居民平等共享城市服务基础设施的权利。

⑧生态社区理论

工业革命后西方国家随着城市化进程的加快，整体社会进入了大众消费的时代，城市问题层出不穷，资源日益缺乏，环境严重恶化，交通日益拥堵，环境污染越发严重。首先对生态住区理论起到启蒙作用的当属"田园城市"理论，该理论是在1898年由英国社会活动家霍华德提出，之后在20世纪初掀起了生态学高潮。生态社区反映的是当地人们的需求和态度，维护的是大家的共同利益，倡导绿色生活和绿色消费。全球生态社区网（Global Eco-Village Network，GEN）认为生态住区是一种融入可持续生活方式的城市或乡村社区，其社区的居民通过整合生态设计、生态建筑、绿色产品、可供选择的能源、社区建设等实践活动以达到合作式社会环境与低冲击生活方式的结合这一目的。

我国学者于20世纪90年代末提出并逐步认可了生态社区的概念，住区的规划设计受到生态学的思想影响是从20世纪90年代起开始的。在2001年，随着《绿色生态住宅小区建设要点和技术导则》的颁布，生态社区理念开始变成指导现代住区规划的必要理论。生态社区理念是以节约资源和保护环境为目标以生态学和可持续发展观作为指导，利用先进的生态技术措施合理利用资源，营造舒适宜居、人与自然和谐共生的住区环境。

生态社区是可持续发展的理想居住模式，是城市生态文明建设的重要基础空间。生态社区注重人与自然的和谐，这不仅体现在物质环境、非物质环境与居民活动的良性互动上，也体现在社区与外部环境的有机融合上。生态住区的建设可以从社会、自然生态、人工环境和精神文化四个方面有效地防止社会、生态和精神环境的衰退。

⑨生活圈理论

生活圈的研究与规划最早源于日本。1965年，日本针对当时出现的国土利用不均衡、资源过度集中、地区差距较大等一系列问题，以营造更丰富的生活环境为目标，率先提出了广域生活圈的概念（表1.2.2）。

亚洲地区（日韩）不同层次生活圈划分[19]　　　　表1.2.2

生活圈层次		服务功能	时间频率	出行时间	出行距离	圈域规模	人口规模
社区生活圈	组团生活圈	居住、绿化、幼托、老年设施	1日	步行5min内	200~300m	约30hm²	5千~1万人
	邻里生活圈	小学、日常购物(邻里中心)		步行5~10min	500~800m	约200hm²	1万~2万人
	小生活圈(韩国首尔)	初高中、少量就业、较高级别的购物（地方中心）	1日至1周	步行15min内	1~2km	约5~8km²	3万~6万人
	定住圈(日本)						
城市生活圈	大生活圈(韩国首尔)	主要就业、更高级别的购物需求（城镇中心）	1周至1月	公共交通或小汽车30min至1h	韩国(首尔)5~7km	韩国(首尔)约60~150km²	韩国(首尔)60万~300万人
	定居圈(日本)				日本20~30km	日本约200km²	日本15万人

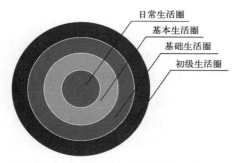

图1.2.9 城乡规划学中生活圈的四个圈层

国内对生活圈的学术研究较少，一类是生活圈在城市地域系统研究中的应用，一些城市地理学学者在划分与重构城市地域空间时引入城市居民日常生活圈理论，根据居民日常活动范围和日常活动类型的不同，将居民日常生活范围划分为基本生活圈、基础生活圈和机会生活圈三个层次，探讨城市空间结构的组织问题。另一类是生活圈在城乡规划学中的应用，即提炼从居住地到工作、学校、医院等设施点以及与其他居民点之间移动的活动轨迹，投影在空间上形成四个圈层形态，以居民生活行为习惯与意愿为基础，为这四个圈层配置相应的公共服务设施。这四个级别的公共服务设施分别对应日常生活圈、基本生活圈、基础生活圈和初级生活圈（图1.2.9），从而构建起全市的公共服务设施配置系统。

生活圈理论应用到城乡规划学，重点研究城市空间与城市居民的互动关系，一方面通过对居民行为规律的提炼，为空间配置提供依据，从而更好地满足人们追求安全、健康、便利等美好生活方式的愿望；另一方面通过空间改变居民生活习惯和方式，创造集约高效的设施配置，从而倡导更加健康、活力和绿色的生活方式。

⑩参与机制："多中心"理论[20]

"多中心（Poly-centricity）"一词来源于经济学，迈克尔·博兰尼（Michael Polanyi）在《自由的逻辑》一书中提出并阐述其概念。

根据美国学者迈克尔·麦金尼斯的概括，多中心治理的是一种直接对立于一元或单中心权威秩序的思维（图1.2.10），意味着地方组织为了有效地进行公共事务管理和提供公共服务，实现持续发展的绩效目标，由社会中多元的独立行为主体（个人、商业组织、公民组织、政党组织、利益团体、政府组织），基于一定的集体行动规则，通过相互博弈、相互调适、共同参与合作等互动关系，形成多样化的公共事务管理制度或组织模式。

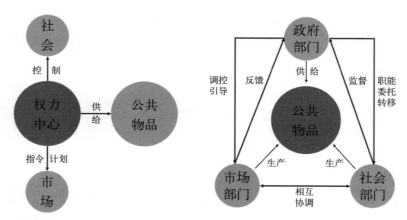

图1.2.10 单中心秩序下社会公共物品供给结构（左）、多中心秩序下社会公共物品供给结构（右）
（图片来源：根据庞国彧《非政府组织介入城市社区规划的模式研究》自绘）

随着国内外对城市规划的关注重点从"物质空间"转移到"经济社会",再到"公共政策"领域,纯粹从城市空间视角研究城市规划已不能满足现代城市日益发展的需要,通过"公共利益"这面透镜解读物质空间背后的经济社会运行和公共政策已是必然趋势。

"多中心"理论认为社区治理和规划绝不可能仅依靠某一种单一组织秩序就能完成。社区内部存在政府下设机构、党政机构、居民自治组织、自发成立的社区组织、外部中介组织、物业等多个行为主体,天然具备多中心参与的基础条件。但由于每个主体都以自身利益为出发点独立活动,如果缺乏必要的协作和行动准则,对公共利益而言同样缺乏积极作用。系统理论告诉我们,一个开放系统不会自动形成有序结构,除非从系统外部引入能量。同理,对于社区治理和规划而言,有必要通过建构多中心体系,引导各主体各司其职共同协作,增加公共投入,进行社区规划、治理等途径推动社区发展。

6. 社区更新的目标与原则

社区更新的原则是满足社区居民的日常需要、从社区的物质、经济、社会环境等多个维度,对现有的社区环境进行必要的调整改善,并保持自身的活力和可持续性。

社区更新的目的是通过先进的规划理念、有效的沟通协调机制、完善的实施保障,来解决居住环境、邻里关系、社区地位与竞争力、社区参与、社区治理机制,以及商业零售业、文化和创意产业发展带来的经济活力等多方面问题。

四、目前我国社区更新中存在的主要问题

随着生活水平不断的提高,人们对居住环境的要求也越来越高,但原有社区的单一的结构模式、统一的用地指标和用地构成、按人口数量分配的设施等都暴露出过去的设计中无视个体需求差异的问题,不能满足居民产生的新需求,并产生了许多矛盾。结合近些年的社区更新项目来看,目前我国社区更新中反映出的大多数问题主要集中在老旧社区。

2019年,财政部、住房和城乡建设部印发了《中央财政城镇保障性安居工程专项资金管理办法》,首次将老旧小区改造纳入支持范围,预示着老旧小区改造正被国务院加快推进。

所谓老旧小区,是指建成于2000年以前、公共设施落后、影响居民基本生活、居民改造意愿强烈的住宅小区。已纳入城镇棚改计划、拟通过拆除新建(改建、扩建、翻建)实施改造的棚户区(居民住宅),以及以居民自建房为主的区域和城中村等,不属于老旧小区范畴。

而本书中的老旧社区指建成于商品房改革之前,未经合理规划,自然形成,以居住功能为主配有少量个体商服的聚居地,不包括历史保护区。随着城市化进程的加快,老旧社区道路建设受损、违章搭建严重、配套设施不齐、缺乏物业管理、停车位不足等问题日益凸显,直接影响了居民生活的质量与和谐社区的构建。

1. 社区道路系统的问题

出入口设置问题。建设年代较早的社区,由于未充分考虑机动车出入问题,出入口设计得普遍较窄,也没有足够的回车空间(图1.2.11),在车流量高峰期容易造成社区出入交通堵塞,对城市道路交通也有一定的影响。

图 1.2.11　上海愚园路涌泉坊入口较窄　图 1.2.12　上海抚顺路某住区消防通道泊车

道路网络问题。过去的住区规划中的道路规划提倡通而不畅的设计理念，在社区中出现了许多断头路，社区道路分级不明确导致社区内部交通混乱。车辆驶入宅前、随意停放，占用步行道、消防登高面和消防通道等较为普遍（图 1.2.12），对社区内部生活造成干扰，留下安全隐患。

社区的机动车停车场地不足。尤其是年代较早的老旧社区，由于建成时的社会发展水平不高，机动车停车设施配套并不在考虑范围内，所以老旧社区鲜少有地下车库。即使在后来的改造中新增了地下或半地下车库，也因为过去的规划结构中并没有留下足够的空间而仍不能满足现在大量的停车需求。地面上的停车更是见缝插针，有的车辆停在路边，影响道路通行能力，有的直接占用公共绿地和公共活动场地。这导致社区内部交通紧张，容易激发社会矛盾。

2. 社区建筑及其附属设施普遍存在的问题

老旧社区的建筑使用功能方面主要存在的问题涉及居民户型的平面布局不合理、公共环境差、出行交通不便（垂直交通缺失、楼梯间和走廊空间狭小）以及配套设施缺乏或杂乱损坏等几个方面。

户型布局不合理。早期建设的建筑多注重最基本的使用功能，户型设计多采用大卧室小客厅的设计方式，卫生间及厨房面积狭小，未考虑家用电器的摆放，洁污不分离，影响房屋整洁。一些早期建设的老公房甚至设置为公用厨房及卫生间，无门厅、起居室等。早期的户型设计逐渐不能满足人们的生理及精神需求，不能满足当前人们的使用需求。

出行不便。垂直交通的缺失是早期建设的建筑存在的最主要的问题，早期建设的建筑多为多层住宅建筑，未设置垂直电梯，甚至一些地区七层建筑也未设置电梯；同时建筑内部的楼梯间、走廊等公共交通空间的狭小也给居民的行动造成了许多不便。

公共空间环境差。老旧社区的建筑的公共空间常存在面积小、脏乱差、无障碍设计缺乏等情况，常常存在杂物堆放占用公共空间的问题，且内部设施陈旧破败，缺乏统一的规划，杂乱无章，整体环境品质低（图 1.2.13）。

3. 社区景观与环境卫生的问题

中心绿化空间是社区景观的核心部分，也是社区内的重要活动和交往的空间。社区景观环境优劣很大程度上影响了居民对社区居住状况的评价和感受。老旧社区内部的中心绿地通常就是社区内的公共活动空间。随着生活水平的提高，社区居民越来越重视社区的景观环境、交往游憩空间和健身场所等。

老旧社区除了中心绿地可供居民公共活动以外，缺乏其他休憩设施和健身设施，即便原有设施，也因年代久远而受损，居民使用率极低（图1.2.14）。

图1.2.13 上海愚谷邨住宅内楼梯间狭小、公共空间被占

老旧社区的景观环境普遍缺乏系统性和层次性，建成时间长的社区的植被绿化通常多且茂盛，是宝贵的社区资源。但老旧社区的绿化普遍缺乏养护，部分绿化被居民长时间踩踏、遭到破坏（图1.2.15）。

目前老旧社区存在环境卫生问题，普遍比较脏乱。部分老旧社区由于没有足够的空间和协商困难等问题，只能将垃圾站点设置在社区入口处（图1.2.16）。即便是实施垃圾分类之后，也对居民生活出行带来很大的影响。

图1.2.14 上海场中路3308弄小区休憩设施受损

4. 社区公共服务设施的问题

老旧社区公共设施较为缺乏，基础设施功能性不健全。因为老旧社区建设年代久远，规划设计的标准不高，造成老旧社区在基础公共设施方面不健全，不能适应现代城市社区的发展和居民的生活需要。最明显的是社区的公共服务设施和公共活动场所的建设缺失。虽然有些社区有少量配套公共设施，但是由于管理不善，缺少维护，

图1.2.15 上海场中路3308弄小区绿地遭到破坏

许多设施都不能正常使用。社区公共设施的覆盖率不高，难以提高老旧社区的服务水平，制约着社区服务品质的全面提升。

5. 社区基础设施的问题

由于老旧社区建设年代久远，通常都有电线电缆设施部署混乱、社区内排水系统不通畅、道路照明设施受损等问题。

由于网络通信设备和系统的不断升级，建设年代较早的社区并没有综合管线等设计和规

图 1.2.16 上海愚谷邨主入口

图 1.2.17 上海市场中路 3308 弄小区内电线电缆搭设情况

划，社区内新增的电线电缆只能沿着建筑外立面搭设（图 1.2.17）。随着设施的不断增加和暴露在外急剧老化，这些设施存在着严重的安全隐患，极易引发火灾。降雨量大的时候，排水系统较差的老旧社区低地势区域时常会发生淹水情况，不仅会影响居民的正常出行，更严重的情况是，水会漫入低楼层，影响居民正常生活。

老旧社区的路灯照明需要及时维护与完善，没有照明设备的空间在夜晚会变成不安全的场所，同时也影响其他设备（例如监控设备）的使用。

除此之外，老旧社区中还有许多基础设施由于使用年限已久，需要更新换代。许多设施在更新升级时，通常只考虑节约当前的成本而不顾基本的安全问题和社区未来的发展而留下遗憾甚至隐患。

6. 社区人口问题

老旧社区由于房屋陈旧，租用费用比较低，从而吸引了较多流动人口。社区的流动人口差别性取决于社区的地理区位优劣。老旧社区大多位于老城区，接近市中心，地理位置普遍较好，租房性价比高，所以房屋出租率较高。流动人口的增多同时也给社区治安带来一定的影响。

老旧社区主要的居住人群为中老年人，而且以退休者居多，青壮年和有经济条件的人多数已搬离了社区。因此，老旧社区的老龄化现象严重。

7. 社区更新的矛盾

就社区更新的现状来看，由于不同的主体都代表其各自的利益，因而各方利益冲突也容易导致更新出现矛盾：

①居民方面，经过了二十多年的发展，原本生活在社区中的第二代很多迁出，人口老龄化严重，中低收入者或租户居多，在更新资金方面容易出现不足，影响更新效率、进度；此外，由于商品型社区产权复杂多样，社区管理和凝聚力不足，也导致了多数社区更新无法顺利进行。

②政府方面，由于近年来的社区更新很大一部分只是个人行为，而对于大规模或大面积的整体更新改造，政府倾向于开发商开发，对存量资产的改善投入不足，从而容易导致盲目开发或不公平现象，对商品型社区也缺乏统一的协调和控制，影响了城市的有机发展。

③开发商方面，由于老社区更新的复杂性和微利性，很少有开发商愿意涉及，而开发商出于利己性，通常也会因追逐利润而忽视了他人的利益，导致无法平衡各方利益。

公共参与薄弱是社区更新中比较突出存在的问题。首先，社区更新总体参与率较低。由于受到以前社区的管理体制影响，居民基本上服从居委会的安排，许多人放弃参与的权利，社区居民多数不愿意参加社区事务。其次，社区公共参与人员群体不平衡。在社区中，参加社区活动的多为退休老人。而中青年群体一般都不参加社区活动。最后，社区事务可参与性差，可供居民参与事务的种类有限。

思考题：

1. 什么是城市更新？
2. 社区更新是如何产生的？
3. 从城市更新到社区更新有哪些不同和变化？
4. 社区更新涉及哪些相关理论？
5. 我国社区更新中主要存在着哪些问题？
6. 思考我国社区更新未来的发展趋势。

注释：

① 王强．从社区规划到社区更新 [C]．中国城市规划学会，贵阳市人民政府．新常态：传承与变革——2015 中国城市规划年会论文集(06 城市设计与详细规划)．中国城市规划学会,贵阳市人民政府：中国城市规划学会，2015：647–655．

② 何靖东．基于汽车共享的城市社区更新 [D]．华东师范大学，2018．

③ 刘佳燕．社区规划：一种新的规划范式 [J]．城乡建设，2019（12）：79．

④ 赵蔚，赵民．从居住区规划到社区规划 [J]．城市规划汇刊（6）：68–71．

⑤ 成钢．美国社区规划师的由来、工作职业与工作内容解析 [J]．规划师，2013，29（9）：22–25．

⑥ 刘思思，徐磊青．社区规划师推进下的社区更新及工作框架 [J]．上海城市规划，2018（04）：28–36．

⑦ 刘佳燕．城市更新、社会空间转型与社区发展：以北京旧城为案例[A]．周俭主编．社区·空间·治理——2015 年同济大学城市与社会国际论坛会议论文集 [C]，2015.34–48．

⑧ 程大林，张京祥．城市更新：超越物质规划的行动与思考 [J]．城市规划，2004（02）：70–73．

⑨ 赵蔚，赵民．从居住区规划到社区规划 [J]．城市规划汇刊（6）：68–71．

⑩ 赵民，赵蔚．社区发展规划——理论与实践 [M]．北京：中国建筑工业出版社，2003．

⑪ 刘星．基于社区发展的社区更新框架研究[C]// 中国城市规划学会．城市时代,协同规划——2013 中国城市规划年会论文集（07– 居住规划与房地产）．中国城市规划学会，2013：294–303．

⑫ 刘佳燕．社区更新：沟通、共识到共同行动 [J]．建筑创作，2018（02）：34–37．

⑬ 李士娟．基于城市新移民社区资源需求视角下的居住社区更新研究 [D]．西安外国语大学，2014．

⑭ 邓丰，王芳，李振宇．柏林，国际建筑展览之都 [J]．时代建筑，2004（03）：74–79．

⑮ 柏林国际建筑展览历史上的第一次高潮是 1957 年国际建筑展，是战后城市重建和优秀住宅设计的一次集中展演，还有"明日之城市"的专题图片展览。

⑯ 刘辰阳．走向社区发展——国外社区更新的经验与启示 [A]．2018：7.

⑰ "每人每日（Every One Every Day）"：https：//www.weareeveryone.org/

⑱ 魏志贺．城市微更新理论研究现状与展望 [J]．低温建筑技术，2018，40（02）：161-164.

⑲ 李萌．基于居民行为需求特征的"15 分钟社区生活圈"规划对策研究 [J]．城市规划学刊，2017（01）：111-118.

⑳ 庞国彧．非政府组织介入城市社区规划的模式研究 [D]．浙江大学，2017.

第二章
社区更新的构成体系

第一节　社区更新的构成要素

　　社区更新的构成要素可以划分为物质要素和非物质要素。物质要素包括社区用地功能、社区空间形态、社区道路交通、社区建筑及其附属设施、社区服务设施、社区环境与景观等。非物质要素包括社区居民、社区文化（又包含物质与非物质文化）、社区经济、社区治理等（图2.1.1）。

一、物质要素

　　1. 社区用地功能

　　城市社区按主要承载功能，可分为居住社区、商业社区、工业社区等。目前的社区更新

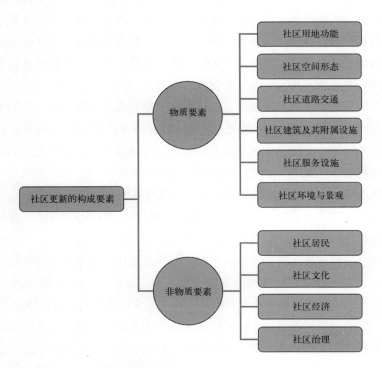

图 2.1.1　社区更新的构成要素

大多以居住社区为主，居住社区是指以一定的人口和用地规模为基础，并集中布置居住建筑、公共建筑、景观绿地、道路以及其他各种公共设施，被城市道路或自然界限（河流等）所包围的相对独立地区，以居住功能为主，零售商业、生活功能性服务为辅。

社区按用地功能划分，分为居住用地、道路交通用地、社区服务设施用地、景观绿化用地及混合用地。居住用地为社区居民的居住空间；道路交通用地主要包括社区内的生活性道路及地面停车场等交通设施；社区服务用地一般指为该社区服务的小型商业聚集点，电力通信、物业管理、活动中心、幼儿园、会所等；景观绿化用地包括社区绿化用地、小品设施用地、景观性广场等公共活动空间；社区中的混合用地目前多以商住混合为主，主要形式为底层商业混合多层或高层住宅。

2. 社区空间形态

一定范围的地域空间是社区存在的基本的自然环境条件，它为一个相对独立的地域社会提供了活动的空间和生存的资源。

现代城市社区在空间上大致可以分为居住空间、经济空间以及社会空间三个组成部分。

居住空间是社区存在的主体，是占地面积最大的一个组成部分。由于不同等级层次的社区中，居住空间规模有所不同，在配置相应的公共服务设施以及公共空间时也存在着一定的差异，规模越大的居住空间公共服务设施配制越齐全，公共空间面积也相对较多；反之规模较小的居住空间公共服务设施会以最基本的要求配置，公共空间也会适当缩小。因此居住空间的规模会在一定程度上影响城市社区的空间形态。

经济空间指承载社区一切生产以及消费活动的空间，经济空间同时也是沟通、联系城市空间与社区空间的纽带和桥梁。经济空间规模一定程度上决定了经济空间各要素的具体使用功能。经济空间具有社会性和功能性双重特点。经济空间的功能性主要体现在其在社区的生产、生活中所起到的平台作用。经济空间的社会性更多地体现在其为社区居民提供的选择性出行目的地，同时也增加了社区中人与人交往的机会。

社会空间的作用主要是为人际交往、邻里联系、社会服务提供一个必要的平台，社会空间大多以开放空间形式存在。社区中的社会空间要素主要为广场、公园、街道步行区、体育场、对外开放的学校操场等室外活动空间，以及会所、社区活动中心、老年人活动中心等室内交流空间，另外还包括社区医院、居住区物业部门等社会服务空间。社会空间同样具有社会性和功能性双重特点，社会空间的功能性也正是其社会性的充分体现。

宏观层面上，社区的空间形态可以分为单核心型社区、双核心型社区、多核心型社区以及轴核心型社区四种模式。

单核心型社区是传统社区的主要形式。其主要特点是社区的经济空间和社会空间被集中在一个核心之中，居住空间围绕在核心周边（图2.1.2左）。整个社区的规模也就是由社区核心到居住空间外部边缘的距离来决定，而这一距离通常以人步行可及范围作为标准。

双核心型社区的主要特点是整个社区空间围绕着两个核心展开，这两个核心可以是各自承载经济空间和社会空间的双重功能，更多的情况则是两个核心分别担当经济空间和社会空间的职责（图2.1.2右）。

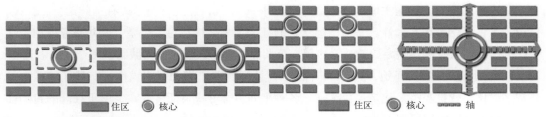

图 2.1.2 单核心型社区（左）、双核心型社区（右） 图 2.1.3 多核心型社区（左）、轴核心型社区（右）
（根据路郑冉等《论城市社区空间形态营造》改绘）   （根据路郑冉等《论城市社区空间形态营造》改绘）

　　多核心型社区的主要特点是社区核心的小型化。多核心型社区的核心规模通常与居住小区核心的规模相仿，有些情况下社区与居住小区共用核心（图 2.1.3 左）。一般来说，多核心型社区的核心会分别承载经济空间和社会空间的功能，并且在众多核心中有主要核心和次要核心之分。

　　轴核心型社区引入了"轴"这种空间载体（图 2.1.3 右）。在轴核心型社区中核心仍然承载着社区的经济空间和社会空间功能，而轴则起到了联系的作用，将两个甚至多个核心通过"轴"有机地联系起来。联系核心之间的"轴"的空间形态较为单一，通常是相对规整的带形空间，但其在使用功能上却是多种多样的。"轴"可以是城市道路、步行街、带形公园、城市的河流水系、空间景观廊道等。

　　微观层面上，不同类型的社区，空间形态也不同。社区按建设的形式划分可分为城中村式、传统胡同式、邻里单位式、普通商品房式、封闭街区式。空间形态都有着各自的特征。

　　"城中村"式的社区一般以 2~3 层村民自建独立住宅为主，私搭乱建现象普遍，建筑布局形式较为混乱。空间结构混杂无序,建筑密度奇高,缺少基本公共空间和设施(图 2.1.4 左)。

　　传统胡同式的社区普遍建成于 1949 年以前，建筑布局形式以四合院形式为主，底层四合院互相拼接，形成胡同空间。传统胡同式的社区建筑密度高，肌理自然有机，虽然功能上主要为商住混合，但是仍缺少公共空间（图 2.1.4 右）。

　　邻里单位式的社区一般建成于 20 世纪 50~60 年代,建筑布局形式以周边式或行列式为主，3~5 层单元式住宅，住宅布局为"轴线式"或"片块式"，平面强围合，强调内向性，公共设施沿街或在住区中心布置（图 2.1.5 左）。

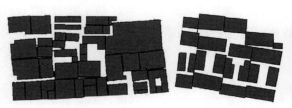

图 2.1.4 "城中村"式社区（左）、传统胡同式社区（右）结构示意图
[资料来源：路郑冉，戴铜，孙伟斌.论城市社区空间形态营造[J].华中建筑，2014, 32（11）：171-173.]

图 2.1.5 邻里单位式社区（左）、普通商品房式社区（右）结构示意图
[资料来源：路郑冉，戴铜，孙伟斌.论城市社区空间形态营造[J].华中建筑，2014, 32（11）：171-173.]

　　普通商品房式的社区主要建成于 20 世纪 60~90 年代，建筑布局形式有点群式、混合式、自由式等，开始呈现多样性。普通商品房式的社区规划结构、建筑类型、公共服务设施呈现多样化。小高层及高层住宅建筑普遍应用，公共设施完善，社区面向城市（图 2.1.5 右）。

　　从 20 世纪 90 年代开始，到 2000 年以后，社区普遍建成为封闭式街区。社区建筑布局非常多样化，建筑类型、建筑层数多样，各种平面组合方式灵活多变，但由于社区的封闭性导致了城市街区空间肌理的改变（图 2.1.5 右）。

　　3. 社区道路交通

　　道路交通包括：交通组织、交通方式、道路布局、工程设计等方面。承载交通功能的社区道路一般分为街道、里弄与巷道、宅间道路三个层次。社区道路可作为活动场地进行分段处理，同时又具有空间层次与形状的变化。它能满足居民对狭义的居住社区道路私密与公共的多层次需求。

　　社区道路交通按交通组织方式可分为人车分离模式、人车混行模式、部分人车分离模式三种；按社区主要交通出行方式可以分为步行、骑行等内部交通方式以及私家车、公共交通等对外交通方式。老旧社区的交通组织通常受到城市交通、社区发展、人口构成、居民出行方式等众多因素影响自然形成，而并非是规划设计出来的。

　　4. 社区建筑及其附属设施

　　社区建筑是罗德·哈克尼在英国旧城更新过程中摸索出来的一种工作方式[①]。罗德·哈克尼在"建筑与地域文化国际研讨会暨中国建筑学会 2001 年年会"论文中指出"社区建筑，是指受过职业培训的建筑师帮助社区自身组织其建筑形式，而建筑师只充当一个操作者的角色。建筑师认识到人们需要个性，人人渴望表达自己，尤其是通过他们的居所——家。"

　　社区建筑可看作是一种工作方式，或是一个健造过程。在这个过程中，专业建筑师利用隐性的知识和普通百姓的资源，同时运用建筑师的技艺和居住者的活力共同完成住屋建设。

　　社区建筑是建立在居民自建基础上多方合作的一种住屋建设模式。社区建筑针对大规模开发式的旧城改造计划提出挑战，认为其抹杀了人们的个性，忽视了业主的需求，而解决问题的理想途径是在旧城中开展社区自建活动。当然这种建造过程不能停留在简单的居民个体自建的层面上，它需要社区居民、政府、财团、设计者等多方合作。

　　社区更新中的社区建筑主要包含的是满足社区居民居住功能的住宅，即罗德·哈克尼所说的"家"；满足居民日常生活需求的社区公共建筑，如社区活动中心、社区幼儿园、街道（社区）办事处、社区医院等。社区建筑的附属设施即建筑配套，如照明设施、垂直交通设施（电梯）、消防设施等。

　　5. 社区服务设施

　　社区服务设施分为三大类：生活服务设施、市政设施、公共服务设施。生活服务设施包括超市、菜场等；市政基础设施包括声、光、水、电、暖、通、环卫等设施、道路交通以及通信设施等；公共服务设施则包含了社区组织办公用房、社区活动中心、公共活动场所、养老院、幼儿园、医疗卫生中心等配套设施。社区公共服务设施一直是城市居民日常生活中接触最广、使用最频繁的公共设施，也是"城市让生活更美好"的物质基础。完备的社区公共服务设施不仅直接关乎个人生活品质、房产物业价值，更代表了一个城市的经济发展水平和整个社会的文明程度。

6. 社区环境与景观

社区环境是社区主体（即社区居民）赖以生存与活动的,社区内物质及非物质要素（自然、社会、人文、经济等）的集合。社区环境可分为自然环境、社会环境以及人文环境。自然环境是指社区的区位、用地范围、社区内的绿化、净化和美化状况。社会环境是指社区的生活环境、消费状况和治安状况。文化环境是指社区的文化氛围、生活习惯和人际关系状况。

社区景观包括植被、水体、铺装、构筑物、公共活动空间、标识设施、休憩设施、照明设施、体育设施等要素。社区景观依托设计构筑出各式各样的空间组合，其空间类型包含社区公园、专类公园、社区广场、滨水空间、社区建筑附属绿地、道路交通附属绿地等，对居住者的生活需求予以切实满足。某种意义上而言，不仅是建筑外部，社区外部空间每一项因素均属于景观设计要素。依托对该部分景观要素开展科学合理的设计及有序的组合，必然可促进收获丰富多彩的社区景观。老旧社区景观环境一方面要实现其使用功能、美化环境功能，另一方面还应当彰显其人文关怀作用。

另外，社区景观改造设计还应对社区内相关的公共基础设施予以完善，如照明、活动器材、休闲座椅等。所以，社区景观改造设计不仅要满足老年人对空间环境的活动需求，还要调节好社区内各个年龄层对活动空间的需求，进而营造出舒适宜人的空间环境。

二、非物质要素

1. 社区居民

社区居民即社区人口，一定数量的社区人口是构成社区的第一要素。人口是社区发展的承担者，是社会生活的主体；社区发展的目标是实现人的全面发展。社区的人口数量、人口质量、人口结构、人口分布以及人口流动等情况，都对社区的发展有很大的影响，是社区更新的主要依据。

社区居民习惯以社区的名义与其他社区的居民沟通，并在自己的社区内互动。社区居民形成一种社区防卫系统，居民产生明确"归属感"及"社区情结"。社区内居民由于生活所需彼此产生互动，形成互赖与竞争关系。

2. 社区文化

社区文化是指在一定的区域范围内，在一定的社会历史条件下，社区成员在社区社会实践中共同创造的具有本社区特色的精神财富及其物质形态。社区文化反映了社区居民的地域特征、人口特征和长期共同的经济、社会生活的各个方面，包括人们的信仰、价值观、行为准则、历史传统、风俗习惯、生活方式、当地语言和特定象征等内容。社区文化使社区成员获得相似的行为或价值观，从而产生强大的凝聚力。社区文化是一个社区得以存在和发展的内在要素。

3. 社区经济

社区经济作为一种优化的资源配置方式，可将社区内互不相联的各种经济成分变为利益共同体，建立一种新的经济生产方式，从而带动社区乃至更广区域的经济发展。对于社区经济来说，整合社区居民的服务需求作为市场导向，能充分发挥人性化和个性化服务的优势。社区经济不同于其他经济形式，灵活、高效、便捷的服务，充分体现了以人为本的理念。

4. 社区治理

社区治理是社区范围内的多个政府、非政府组织机构，依据正式的法律、法规以及非正式社区规范、公约、约定等，通过协商谈判、协调互动、协同行动等对涉及社区共同利益的公共事务进行有效管理，从而增强社区凝聚力，增进社区成员社会福利，推进社区发展进步的过程。社区治理主要包括社区治理的主体多元化、社区治理的目标过程化、社区治理的内容扩大化，同时，社区治理是多维度、上下互动的过程。

第二节　社区更新的主要模式与基本策略

一、社区更新的主要模式

西方的社区更新经历了"清除贫民窟—福利色彩社区更新—市场导向再开发—社区综合复兴"的阶段转变。在其发展历程中，社区更新理念逐渐从形体主义转变为人本主义，从以物质为核心的大规模改造的更新模式逐渐演变为以人为核心的渐进式、小规模更新改造。其更新的过程逐渐实现了政府、社会资本和社区居民的多方合作，将经济目标、社会目标、环境目标与人类社会活动、公众参与等相结合，形成了健康的协调机制。②

我国社区更新主要分为四种模式，即政府主导型、市场主导型、居民自主改建型和多方合作型。不同模式下推进的社区更新都有利有弊，任何单一模式都不能妥善地解决老旧社区的所有问题。

1. 由政府主导的社区更新模式

从我国城市的更新与社区更新的发展历程可以看出，不论在社会经济发展到何种阶段，政府部门总在直接或间接地指导着更新的发展。这是由我国社会和伦理制度所决定的。政府导向的社区更新指政府确定社区更新改造范围，筹集所需资金，协调各方关系，并负责监督和检查项目实施。但是，政府主导的社区更新容易忽视居民话语权，导致公众与政府之间的矛盾。

政府主导型更新，在更新初期往往会面临启动资金不足的问题，政府通常会选择通过国有资本介入来解决资金流转问题。以成都宽窄巷子为例（图2.2.1），由成都市政府出资3000万作为启动资金，并成立隶属于成都国资委旗下的管理公司作为宽窄巷子改造更新的管理机构。宽窄巷

图2.2.1　成都宽窄巷子
（资料来源：http://www.sohu.com/a/125979949_383498）

子开街初期，由于商业运营不佳，导致游客数量少，商业氛围低迷。

原住民认为宽窄巷子原有的和谐的邻里关系、轻松的生活氛围和熟悉的环境更能带给他们归属感。国有资本的介入解决了开发资金的问题，但改造后的高端定位决定了原住民无法轻易回迁，剥夺了原住民的长远利益。

宽窄巷子更新后如火如荼的商业发展让政府面临另一片窘境，其成功更新带动周边地价的大幅上涨，更增加了政府对于周边地块更新成本的负担。

2. 由市场主导的社区更新模式

市场主导的社区更新是从经济学角度对城市或社区更新的一种引导与控制模式。从经济学角度分析，经济发展中最为重要的是土地的增值，而土地增值最直接的变化是由土地区位变化引起的。在市场经济的调节下，地租的级差直接影响房地产开发商对于土地的开发取向。因此利用市中心优越的地理位置、便捷的交通服务设施、完善的商业服务设施可以获得更高的效益。

市场主导型的社区更新即由开发商主要负责社区更新的拆迁、改造、安置等活动，最常用的方法是对老社区进行商业性再开发，将其用地功能置换为商业价值更高的高档社区或商业街区。需要注意的是开发商主导的过度商业化的更新行为可能会导致社区生活形态的断裂、社区精神的衰退。

由市场主导的社区更新以上海田子坊为例（图2.2.2），通过引入著名艺术家入驻，以艺术家自筹资金的方式，进行第一步更新改造。田子坊的艺术氛围形成巨大的示范效应，吸引越来越多的艺术家及商业资本竞相入驻，田子坊进入快速更新的时期。通过一路发文化发展公司投资并整合市场资源带动片区的初步更新，以市场利益驱动促使居民出租房屋进而主动参与到更新中来，使公众参与觉醒，政府则通过优惠政策等软服务支持片区更新。这样的模式有效利用各方的优势，推动片区顺利更新。原有功能为里弄式住宅、花园住宅和弄堂工厂。引入创意产业虽取得成功，但也破坏了原有的社区生活和原有社会网络。商业的成功导致田子坊地区房屋需求量随之攀升，加之市场对土地的需求竞争，使得租金不断上涨，最终艺术家们承受不了高额租金而相继搬走。田子坊创意产业园的定位逐渐偏离了社区更新的初衷，

图2.2.2　上海田子坊案例
（资料来源：百度图片）

图 2.2.3 深圳较场尾
（资料来源：https://baike.baidu.com/item/深圳大鹏较场尾）

反映了完全市场导向的社区更新在机制上的缺陷。

3. 由居民自治主导的社区更新模式

以居民自治为主导的社区更新模式即由居民自发进行建设、改造等活动，并形成了一定规模的社区更新。

居民自治为动力的社区更新以深圳较场尾为例（图 2.2.3），较场尾居民通过将靠近海滩的民房改造为风格各异的民宿，自发建设形成颇有名气的"深圳的鼓浪屿"。更新维持了原有的社会网络，形成了自身独特的民宿发展氛围。由村里成立了旅游管理公司，将村内民宿纳入该公司名下，使其成为合法化的民宿。通过一系列的改建，较场尾名声大噪，但存在年久失修导致居民自建楼产生安全隐患、海滩乱建导致景观不协调、居民自主清污导致海水被污染、村庄整体缺乏统一管理导致环境污染与设施缺乏等问题也相继出现。为了保持较场尾自主形成的民宿发展氛围，深圳市摒弃了传统的"推倒重来"的改造模式，政府除对市政设施建设投入资金外，设计公司的选择与招聘及房屋拆迁补偿费用均为政府或社区承担。自治更新模式虽然反映了民意，但由于社区居民很可能忽视政府的政策约束，容易出现违章搭建和违规情况。政府的后期加入，则需要耗费更多的人力物力来协调解决这一问题，造成了大量的资源浪费。

4. 基于共建共享的多方合作社区更新模式[③]

基于共建共享理念的多方合作社区更新模式是从社会学角度对社区更新的一种引导与控制模式。《中国大百科全书·社会学卷》指出社区通常指"以一定地理地域为基础的社会群体"，强调"共同体"这一人群要素，他们具有共同意识、共同利益。因此，社区更新要以社区居民需求为出发点，积极引导具有共同意识的社区利益相关者一起参与更新过程，并让他们共享社区更新的成果，以参与主体普遍受益和社区可持续发展为落脚点。国内现有的社区更新模式在参与的广泛性与有效性、社区生活形态延续、文化传承、共享成果方面有所不足，而基于共建共享理念的多方合作社区更新模式可以很好地弥补这些缺陷。

基于共建共享理念的多方合作社区更新模式强调两个方面的内容，一是多元主体在良性互动中共同助力社区更新，二是参与主体有权平等共同享有社区更新的成果。这里的参与主体包括当地政府、社区居民、其他社会组织或社区组织（图 2.2.4）。

基于共建共享理念的多方合作能成为社区更新有效实施的保障。社区更新能否在自我良性循环中有效进行，有赖于多层次的合作。以美国俄勒冈州一个社区的更新为例，合作在整个过程中起着重要的作用，这也是社区更新成功的关键。该案例的社区调解员、城市规划工作者、政府管理者、利益相关者和参与的居民处理大量的社区发展战略选择和决定的过程，为共建共享的社区更新模式提供了一定的参考。包括与各种机构、利益相关者和社区事务决策规则的制定和选择，以及在更新过程中明确目的和目标等。虽然合作是否成功只有通过长期的实践才能得出结论，但是多方合作推动的社区更新的实施和社会效益的保障是判断整个社区更新过程价值的关键。

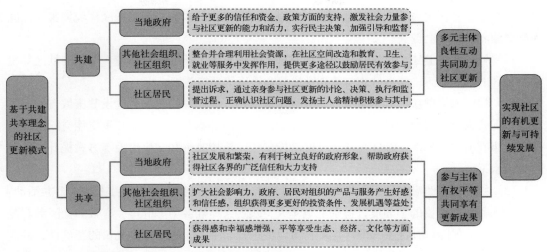

图 2.2.4　基于共建共享理念的多方合作社区更新模式
（资料来源：马紫蕊.《基于共建共享理念的社区更新方法研究》）

二、社区更新的基本策略

1. 城市"双修"基本策略

2015 年 4 月住房和城乡建设部提出了"城市修补，生态修复"概念。城市修补理论的核心思想是在小范围内对更新对象进行循序渐进的改造工作，不提倡进行大的改建活动，提倡旧事物与新事物的织补。以城市问题为导向进行城市功能的提升、基础设施的改善和城市文化基质的延续，以达到城市可持续发展的最终目标。城市修补包括功能修补、文化修补以及城市空间修补等。改造过程可能会对老旧社区的文化产生影响，但同时也会对其确实的功能进行修补，比如：休闲健身功能、社区医疗功能、文娱功能等。通过城市修补中的文化修补方式，能够保留老旧社区独特的地域文化、生活文化等。通过城市修补中的空间修补方式，加快老旧社区景观、交通等方面的更新和改造速度，促进城市更新进程的加快。

社区是城市生态的有机组成部分，在对其进行改造和更新的过程中，采取经济性修复措施对老旧社区的生态环境进行全面修复，能够促进社区生态绿化、空间绿化等方面的全面改造，并通过补足生态绿化的方式来减轻老旧社区的生态环境压力，达到环境修复的目的，促进社区更新改造。

老旧社区更新的空间修补、生态修复主要是对物理环境与设施进行整体修补与更新，解决其残损、破败、缺失等问题。一般包括九个方面的改造内容：绿地与环境优化提升改造、加装电梯改造、建筑物外立面改造、建筑加固抗震改造、停车设施综合改造、公共服务设施改造、户外设施的适老化改造、绿色生态节能改造、道路与管线综合改造等。

2. 以社区健康为目标的社区更新基本策略

社区的健康不仅涉及公共卫生问题，更应重视社区人群的身心健康问题、人群的健康邻里关系构建、社区安全稳定的社会状态。所以，社区健康的内涵应涵盖社区环境健康、社区人群健康和社区社会健康。

（1）社区环境健康：社区环境包括所有涉及居民日常生活的物质环境，健康的社区环境涉及社区的功能健康、交通健康与基础设施健全等系统功能健康。

（2）社区人群健康：人是组成社区有机体的基础，而人群的健康是建设健康城市的根本目标。现代人群的健康问题主要来自于身体健康与心理健康两方面，而邻里交往交际对人的身心健康有着重要影响，社区可通过社区功能优化、环境改善和文化建设等方式提升居民身心健康水平。

（3）社区社会健康：社区更新规划中除了完善其基本功能外，还应关注公众对公共活动、社会活动和城市建设的参与度，特别是老年人、残疾人等社会弱势群体。有效的社区参与是对居民利益的保障，社区参与的广泛推行可以促进社会平等，确保社区决议的正确性，并能极大地提高居民参与社区建设的积极性。

3. 以文化复兴为导向的社区更新基本策略

社区是城市文化的基层载体，因此实现社区文化复兴对于城市文化复兴有重要意义。它不仅要求在社区开发建设中敬畏历史、尊重地域文化和延续文脉，更强调社区人的重要性。

社区更新已成为实现社区复兴乃至城市文化复兴的重要手段，其内涵也在逐步发生转变。一方面，更新内容不仅要关注物质空间的改善，更要促进城市文脉在微观层面的延续以及城市文化的可持续发展；另一方面，新的社区文化复兴目标也为社区更新策略提出了新要求，即应重视文化资源的保护利用与社区居民的参与，这恰好为当前社区更新提供了新途径。

常见的以文化复兴为导向的社区更新策略有六种，分别是活化历史文化遗产、营造特色文化空间、改善社区文化设施、引入社区文化产业、发展社区文化旅游和塑造社区文化形象。这六条策略并非相互独立的，相反，它们是相辅相成的。例如，历史文化遗产活化与社区旅游发展息息相关，营造社区文化空间与塑造社区文化形象可以同时进行。

重庆大学黄瓴教授提出了"文化修复、社区修补"[④]的社区更新策略。

"文化修复"，即要正确认识社区的文化价值，并使其在社区更新的过程中得到提升。文化修复实质上是人对文化的再认识以及人对文化的再创造，这就要求社区修补不仅要对现有的文化资产进行保护与发展，也需要激活居民的社区意识，使其与居住环境、居住伙伴发生良性互动，实现从物质文化到精神文化、由表层到内核的全面修复。

"社区修补"是实现文化修复的手段，主要分为三个方面：空间网络修补、治理网络修补与社会网络修补。

空间网络修补是社区更新的首要层面，也是治理提升与强化社会联系的物质基础；物质空间也为文化提供了展示场所，各类文化资产为其提供了独特的社区文化要素。可见空间修补不应仅局限于空间整治，更要考虑到空间所能表征的文化内涵，塑造能够承载记忆的社区场所，使其成为真正意义上的文化空间。

治理网络修补是对社区运行机制的修补，也是空间网络和社会网络的制度基础；借助自下而上的力量保证社区可持续运行，这就需要制度文化与精神文化的联结作用。而在全新治理结构的互动过程中，新的文化也逐步产生。

最后是社会网络修补，也是实现社区可持续发展的关键一步，通过居民与居民之间、社区与社会之间联系的修补来培育社区共同体意识，需要利用精神文化的凝聚作用，通过优化邻里关系和加强文化认同，使居民意识到自己是社区不可或缺的一分子，树立社区自豪感并积极参与社区的建设与发展，最终实现社区与人的共生共长与社区文化复兴。

4. 社区微更新策略

社区微更新是指没有进行大拆大建，而是由政府、市民和设计师共同参与，以渐进、小规模、逐步实施的方式对建筑、院落和街巷空间进行更新。更新并不仅仅局限于建筑和设施的翻新改造，更多关注的是市民生活品质的提升、街巷尺度的延续、街区活力的维护以及更新的社会意义。

"微更新"是以老旧社区的公共空间、公共服务设施为主要对象，在不涉及用地性质、容积率等指标调整的前提下，摸索出一个切实改善居民日常生活，易操作、易实施的更新方法。"微更新"目前正逐渐成为改善和提升人们日常生活品质的重要手段。

"微"主要体现在对具体的人、街巷和社区的具体关照。重庆大学黄瓴教授认为微更新首先涉及价值观念的转变，即将现状的一切条件（包括人）视为珍贵的存量资产（Asset）。激活这些资产，使其产生最佳综合效益（Assetbased），必须尊重每一个"微"所具有的特征、需求和因地制宜的可能性。

社区微更新的主人按理说应该是拥有产权或居住其里的人。然而，由于经济、文化和治理水平的差异，谁来做微更新的主人存在较大分歧。公共空间环境品质提升方面主要由区政府各相关部门、所辖街道及社区担任主要角色，市场力量也开始进入，而社区服务等软件提升方面则由社区社会组织担任主要角色。

微更新的过程实际上就是对社区各构成要素实施开发、改造、织补和延续的过程。结合社区空间结构及发展现状，微更新通过更新社区空间构成要素来满足社区不同区域的发展要求，并依据使用特征及人群诉求，可分为开发—更新模式、重构—改造模式、织补—加强模式和保护—整治模式⑤。

思考题：

1. 社区更新有哪些构成要素？
2. 我国社区更新主要有哪些模式？这些更新模式各有什么特点？
3. 社区更新主要有哪些基本策略？
4. 社区微更新有什么特点？

注释：

① 在现代建筑理论指导下，第二次世界大战后欧美许多城市推行大规模的贫民区改造计划，在罗德·哈克尼看来，这种将旧街区推倒重建的方式并不是解决问题的良好途径。事实上，第二次世界

大战后欧美政府推行的旧区重新开发计划在普律特—克戈果住宅被拆除后引起了业界的广泛关注，建筑师们开始重新检讨旧区更新方式。正是在这种背景下，罗德·哈克尼和他的团队开创了一种全新的旧城更新模式——社区建筑。

② 董玛力，陈田，王丽艳.西方城市更新发展历程和政策演变[J]. 人文地理，2009（05）：48-52.

③ 马紫蕊. 基于共建共享理念的社区更新方法研究——以珠海特区金湾社会创新谷为例[A]∥中国城市规划学会，杭州市人民政府.共享与品质——2018中国城市规划年会论文集（02城市更新）.中国城市规划学会，杭州市人民政府：中国城市规划学会，2018：14.

④ 黄瓴，周萌.文化复兴背景下的城市社区更新策略研究[J].西部人居环境学刊，2018，33（04）：1-7.

⑤ 魏志贺.城市微更新理论研究现状与展望[J].低温建筑技术，2018，40（02）：161-164.

第三章
社区更新规划设计

第一节　社区空间组织的更新与保护

一、社区用地功能置换的策略

1. 社区更新中功能置换的作用

随着社会的发展、城市的改变，人们对老旧社区的态度是很矛盾的。老旧社区承载着城市人们太多的回忆和寄托，但在功能上也难以满足现代城市生活的需求。面对这样的困扰，可以通过功能置换的方式来解决老旧社区更新中的这个问题。

功能置换，就是从物质空间变化及功能布局更替两方面分析，从符合物质空间属性及周边环境的相似功能中寻找解决原功能与社区不相容问题的方法。这样不仅使老社区改变了原有的社会架构，吸引了外来资金，而且在保留原有街区记忆的同时，重新使老街区焕发了活力。

2. 社区更新中功能置换的类型

以商业功能为主题的社区用地功能置换能给社区更新带来经济效益。社区在发展过程中，经济因素常常制约着其更新的方式和速度，当遇到资金缺少的问题时就会产生发展的停滞。老旧社区的位置通常都在城市的中心区，随着社会经济的发展，其优越的地理位置具有强大的经济潜力。改变街区原有的功能从而适应新的发展，老街区优秀地理位置的经济价值就可以体现出来，从而带动整个街区的发展，并焕发新的活力。

以历史文化功能为主题的社区用地功能置换能给社区更新带来文化效益。文化对于社区的意义在于它给人的精神世界留存了丰富的回忆和信息，它使人们对街区的认同感和怀旧感得到升华。将社区文化保留下来不仅仅是保护社区的历史，也是保留其所承载的文化。功能置换只是将社区原有的使用功能改变了，但是其所经历的历史风雨却可以通过社区中实物的载体体现在后人面前。更新过程中应将社区作为一个整体来对待，包括社区里的主体文物建筑，也包括其传统的环境，这种传统环境的内涵，包括空间、文化、景观、建筑、社会风俗等方面。通过功能置换的改造方式，可以将街区中良好的环境和建筑进行有选择性的保护更新，更改街区社会功能的同时亦保留了街区所经历的历史沧桑。这种方式适用于我国目前大多数的社区改造。

以上海市宝山区某单元 34 街坊的更新为例（图 3.1.1）。街坊内 3 个地块原先分别建设了酒店（商业用地）、银行（商业用地）和公园绿地。区政府从完善城市功能、促进地

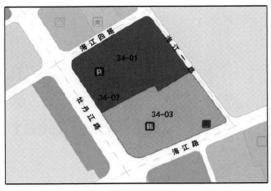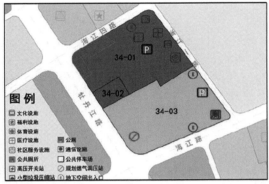

图 3.1.1　宝山区某单元 34 街坊用地调整前（左）后（右）设施对比图
（资料来源：杨晰峰《上海推进15分钟生活圈规划建设的实践探索》）

区转型发展、调整人口结构以及提升地区环境品质的角度，计划对该街坊的开发地块进行更新。[①]

　　该案例通过对公众的访谈，来修正设施需求，以更精准地确定需增补的设施。通过功能置换的方式，在原商业用地中增设了文化、体育、医疗、社区服务等公共设施以及公共空间。在土地出让条件中明确具体类型、规模和位置要求，同时也明确这些公共设施需移交街道政府，以及公共空间需向公众开放等要求，确保补充的设施和空间确实为公众所使用。[①]

　　北京市劲松北社区在改造前存在便民设施不足的问题以及引进设施业态类型的问题。项目团队通过多次系统的居民调研、居委会访谈，充分了解了社区居民中青年、中年、老年三类人群的需求，作为指导劲松北社区便民服务业态引入和提升的基础。

　　其调查结果发现，居民对业态的需求以便利居家生活为主，包括社区食堂、超市、社区图书馆等传统业态，同时还有受年轻人欢迎的社区健身房以及受物联网发展影响衍生出的快递代收点等新业态。基于此，项目团队根据小区人群配比合理布局，利用改造后的空间引入了大量的便民业态，大大方便了居民的生活（图 3.1.2）。

　　3. 社区用地功能置换的方法

　　居住单元的功能置换：主要指对原居住单元的内部空间进行功能置换和适老化改造，形成老年公寓、托老所或是日间照料中心。这种置换模式不但能较好地保留小区原有的居住环境，还能有效提升其使用的便利性和可达性。

　　社区服务中心内的功能置换：对于占地面积不大的设施，譬如老年服务中心站、服务站，可以通过在社区服务中心增设功能用房或是开设服务窗口的形式满足。这样不仅能节约设施的建设成本，也有效提高了社区服务中心的管理效率和使用效率。

　　沿街商铺的功能置换：在整个街道中，沿街商铺的位置一般开放性好、标识度高、可达性佳。而且，当这条道路位于两个或两个以上社区交界位置时，其土地资源的使用效率将远高于社区内的其他位置。如果能将其中几个商铺改造为公共服务设施（如养老服务设施），

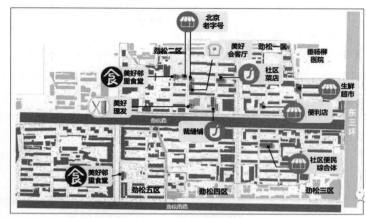

图 3.1.2　劲松社区改造后业态
分布图
（资料来源：https://www.sohu.
com/a/349309605_100016649）

那么它的辐射范围可覆盖到周边几个社区，设施的效益也会大幅度提升，对街道社区的发展
有较大帮助。

运营不佳店面的功能置换：许多社区有一些商店、餐馆、业务由于地理位置不佳或运
营失败，面临萧条倒闭的现象。如果将这些商店的全部或部分置换成社区活动空间、社区
食堂等，可以在有限的土地资源上最大限度地发挥设施的效益，激活原本失去活力的商店
的价值。

上海市长宁区番禺路的"幸福里"就是通
过对上海橡胶制品研究所旧址的功能置换来弥
补区域公共活动空间的缺失，并纳入社区的循
环系统。

"幸福里"所在的园区为上海橡胶制品研
究所旧址，改造前有污染的研发部门已迁出，
显示其经营活动与区域的整体环境已无法协
调。园区的主空间是一条 170m 长、10m 宽的
通道，连接番禺路和幸福路，两侧的楼宇分
别建成于半个世纪以来的不同年代。在改造项
目的操作中没有条件对形体进行大幅度的调整
（图 3.1.3）。

场地的价值体现于为社区提供一处开放
的、惬意的、有安全感的公共活动场所，成为
一个属于社区的客厅。它首先是个日常空间，
需满足居民日常生活和休闲活动的基本要求。
这个空间是有驱动交流的作用的，能激活城市
里人与人之间的交往，同时不同的使用者在空

图 3.1.3　番禺路幸福里街道空间

间里有进退的自由。

　　幸福集荟是幸福里位于番禺路一侧入口处的一个比较特殊的建筑，对幸福里来说具有重要的形象展示作用。然而，由于与北侧的居民楼间距非常近，它的形体操作空间同样非常有限。园区入口并不开阔，设计师希望通过功能置换后的重新布局与设计，提升这个建筑的开放性和公共性，以加强入口的导入能力。结合社区人熟悉的空间类型，设计师们把菜市场的场景移植到这个建筑。最终，建筑的设计方向确定为一个室内的集市空间（图 3.1.4）。

图 3.1.4　番禺路幸福里入口"幸福集荟"

二、社区空间肌理的织补与形态的重塑

　　社区空间按其开放性可分为公共空间、半公共空间、半私密空间和私密空间。社区的空间肌理与形态由街道、街区和社区建筑组成，它是构成社区空间特征和传承城市文脉的重要载体。

　　街道由一个或多个围合的空间线性展开，它为社区用地功能划分提供了框架，是通往各个单元的通道，构成了社区的公共活动空间。有许多老旧社区的街道具有丰富的空间层次性，如一些由古树、古井等元素集聚人们活动的公共空间，也是老旧社区街道中的重要节点。街道作为开放空间成了具有凝聚力的承载社区生活的重要场所，是值得延续和保留的。街道是线性的旧城活力串联系统，可以增强旧城的空间活跃度。而目前旧城中普遍存在着街道人行空间不足、街道使用功能单一的情况。

　　街区由街道围合而成，街道划分出来多个长条形地段，由一个或多个院落来填充。街区是居民生活的单元，老旧街区的路网密度高，街区的尺度相对小，适合步行，这同样是值得延续保留的社区肌理和空间形态。但是老旧社区的服务设施简陋，使居民的公共活动空间受到限制。私密空间与公共空间混为一体，两者均得不到满足。

　　社区作为城市重要的组成单元，营造良好的社区空间，成为城市良性发展的动力之一。对城市社区空间的更新应该遵循以下的原则：

　　（1）提高社区生活质量。社区空间的主要部分是居住空间，因此，居住在社区中的居民就是社区空间使用的主体。提高社区居民对社区生活质量的满意度，将是社区空间营造中的

一个最重要的环节。

（2）延续城市空间秩序和肌理。社区是城市的重要组成单元，作为城市空间的一块拼图，社区整体空间的营造应该延续城市既有的空间秩序和肌理，只有这样城市空间才能更加和谐有序地发展，反之城市空间的发展将会越来越杂乱无章。

（3）创造特色社区空间。在延续城市空间秩序的基础上，创造社区特色也是至关重要的。社区空间作为城市空间的组成单元，很容易被淹没在城市众多的社区之中，只有创造自身独特的特色空间，才能使社区空间在城市中具有更加明确的识别性和意象性。特色社区空间是传承文化的载体，创造特色社区空间是传承文脉的手法之一。

（4）提供社会交往空间。社区有别于居住区的一个重要特征就是其存在着人际交往的内涵。要营造一个良好的社区空间，提供数量充足、环境优雅、设施齐全的社会联系与人际交往空间是十分必要的。

社区更新中，社区空间形态的重塑需要展现社区特色、提供交往空间、提高生活质量。处理好社区空间形态的构建应注意以下几点：

（1）适宜的空间尺度。社区空间尺度包括建筑物以及构筑物的尺度、环境设施的尺度、开放空间的尺度等。适宜的尺度能够极大限度地提升空间的亲和力与舒适度，使社区公共空间真正成为人们愿意驻足的休闲空间。

（2）良好的空间秩序。强调秩序感是营造空间时的重要手段。对于大空间或者连续空间来说，较强的秩序感能够极大地增加空间的趣味性。具有良好秩序的社区空间，在空间尺度、空间维度、空间序列等方面的变化，能够使核心区更加引人入胜，大大增加社区空间的吸引力。

（3）合理的交通流线。合理的交通流线一方面指的是在社区中合理地组织好人行交通与车行交通的关系；另一方面指的则是在步行区内道路系统进行合理的组织，从而形成快捷、方便的人行交通系统。合理的交通流线能大大提高社区空间的安全性、增加核心区的趣味性及可达性，从而大幅度地提高社区空间环境的方便度和快捷度。

（4）公平的设施分布。作为社区空间的重要组成要素，公共服务设施的布置对环境评价的优劣度有很大的影响。首先，公共服务设施设置的内容应该根据居民的需求而定，针对不同居民的使用需求设置不同类型的公共服务设施；其次，应合理地在社区空间设置公共服务设施，使之能够最大限度地达到共享的原则。通过这些努力可以更好地实现社区空间的公平与共享。

（5）社区空间的归属感。马斯洛的需求理论中揭示出，人类的最高需求等级是"自我实现"需求。在社区环境中，自我实现需求的最突出表现就是居民对社区的归属感。归属感是一种具有双向作用的心理感受，一方面应该让居民感受到自己居住在这个社区中是这个社区中的一个元素；另一方面则是让居民们感觉到社区是自己生活的一部分。在社区创造个性化的标识系统、建设良好的社区文化、增加邻里间的相互交流等的手段都能极大地增加社区的归属感。

上海新天地是一个具有上海历史文化特色的社区，它以上海近代建筑的象征——石库门为基础。首次改变了石库门原有的居住功能，创新性地赋予了石库门商业运营功能。这个反映了上海历史文化的老社区被改造成了一个集餐饮、购物和表演艺术于一体的时尚、休闲、文化和娱乐中心。

石库门住宅构成了私密空间与公共空间交错的里弄社区（图 3.1.5）。在这样的社区中，居民在享受个人空间的同时，也能够发展更紧密的邻里关系。石库门胡同曾占上海市区总居住面积的 60% 以上。从建筑的角度来看，石库门是一个特定历史时期的产物，它经历了一百多年的历史，有些石库门的空间结构也已经不符合现代人的居住观念。

不少石库门老房子在 20 世纪 90 年代初期开始被拆除，充满怀旧风情的老房子渐渐消失，人们才意识到这些老旧社区肌理的艺术性和重要性。于是设计师们开始从保护历史建筑的角度、城市发展的角度以及建筑功能的角度作多方面考虑，在符合新世纪消费者需求的基础上，重塑石库门的社区肌理与空间形态（图 3.1.6）。

图 3.1.5　新天地北里街巷里弄空间
（资料来源：http://www.sohu.com/a/217675142_
689064）

图 3.1.6　新天地鸟瞰图
（资料来源：百度图片）

三、小结

以社区空间组织的视角去解读社区更新，需要关注社区居民不断变化的诉求在已有的空间中如何体现。功能置换则是一种既能够最大限度地保留原有空间形态，又能够使社区焕发活力的更新方式。社区的空间肌理是城市肌理的一部分，是丰富的社区生活在历史中的积淀，承载着社区的记忆。保护社区空间肌理的延续性和多样性，不仅要关注物质空间的重塑，还要关注社会关系修补与社会文化的传承。

思考题：

1. 城市老旧社区用地与空间一般存在哪些问题？
2. 功能置换在社区更新中能够起到什么样的作用？
3. 城市社区空间的更新应该遵循什么原则？
4. 社区用地功能置换的方法有哪些？

第二节　社区道路交通改善

一、社区道路交通改善的基本原则

1. 安全性

老旧社区道路交通的改善必须保证社区道路的安全性。影响道路安全性的因素有很多，如：路面宽度、转弯半径、交叉口类型等。规划应该通过局部路段设禁行，或通过降低转弯半径、缩减道路宽度、设减速带等工程设计方式降低车速，尽量在物理环境上避免人车冲突。规范设计交通设施，引导行人按交通规则在慢行空间里行走或骑行，并从安全性角度规范行人的交通行为。

2. 交通便捷与可达性

老旧社区道路交通改善需要保证社区交通的便捷和生活圈的可达性。确保社区交通便捷可以从多层次公共交通入手，鼓励社区居民低碳出行，在社区周边的轨道交通站点或公交站点合理布置非机动车停车场等交通设施。在步行可达范围内，结合居民需求配备生活所需的基本服务功能与公共活动空间，形成安全、友好、舒适的社会基本生活平台。

3. 步行友好性

老旧社区交通改善还需遵守步行友好性原则。步行是人的基本需求，"步行友好"环境是指在不受机动车等外界交通干扰的情况下，步行者自由而愉快地活动在城市的人文、物理环境中，享受充满人工环境、自然性、景观性和具有其他服务功用的设施的空间。它包括与步行相关的步道设施（如人行道、步行街、居住区步行系统、广场等）、建筑环境和与之相关的景观及服务设施。

一个适合步行的社区不仅意味着铺装平整、宽度适宜、有完整的带树木或绿色隔离的人行步道，而且还包括分布合理且可达性强的"兴趣点"，比如商店、餐馆、银行、医院、学校、公园、办公大楼和娱乐设施等。

4. 街道景观性

社区道路交通改善要考虑到社区道路的景观性。道路作为社区的公共空间除了满足居民的需求，同时也代表着社区的形象，尤其是社区中的绿道、生活街道、步行通道等。因此社区更新要结合社区风貌特征，营造具有社区特色的出行环境。生活性支路应反映社区生活场景、街道的生活氛围。街道家具宜生活化，绿化配置宜生动活泼多样化，应以自然种植方式为主。对于滨水道路应以亲水性和休闲服务为主。

二、目前我国社区的道路交通普遍存在的问题

出入口设置问题。老旧社区建设时由于未充分考虑机动车出入问题，出入口设计得普遍较窄，也没有足够的回车空间，在车流量高峰期容易造成社区内部交通堵塞，对城市道路交通也有一定的影响。

道路路面设置不合理，会出现路面不平的情况，给幼儿、老人出行造成不便，还会错误

地引导居民出行，在没有物理隔离的安全措施下造成人车混行的情况，影响社区交通。

老旧社区道路形式存在问题。过去的住区规划中的道路规划提倡通而不畅的设计理念，在社区中出现了许多断头路，社区道路分级不明确导致社区内部交通混乱。车辆驶入宅前、随意停放等行为造成了占用步行道、消防登高面和消防通道等现象，对社区内部生活造成干扰，留下安全隐患。

停车难，这是目前旧小区的通病。究其根源是伴随人民生活水平的提高，人们收入增加，买车已不是难事，但原有小区规划时未充分考虑到人民生活的变化，汽车保有量增加得如此之快，以至于目前的小区内停车空间严重不足，无论广场还是绿地都停满车，甚至消防通道上也堵满车，严重影响居民的出行和安全。

社区的交通体系多是在原有的城镇交通体系的基础上进行建设的，存在诸多的交通问题，目前已经难以满足社区发展的要求。因此解决社区交通问题应当综合考虑城市功能结构、用地空间与交通系统之间的关系，在疏解社区功能的同时，短期内根据老城空间特点进行自身交通系统建设，对道路网络建设、慢行交通环境建设、公交优先建设、停车设施建设与管理等方面进行综合整治；长期则通过交通系统建设引导老城区空间环境改善。

三、社区交通改善的设计方法

国内社区交通组织方式经历了从人车混行到分行的过程。交通组织方式的变迁反映了道路功能的演进，从本质上看，是规划者围绕"人"展开的探索，即社区居民对道路空间需求的变化过程：从交往需求占主导到交通需求占主导，到现在的交往与交通需求并存。

1. 社区道路系统的更新改善

人车冲突对人车安全有较大的影响，也加剧了交通拥堵，尤其是在商业、居住为主的人流集中地区，大量的行人与车辆在同一个道路交间混行，空间秩序混乱，交通状况不佳，需要优化交通组织。社区出入口更新要减小社区内部的交通对外部交通的影响，并且在满足机动车出入的需求上要更加人性化（图 3.2.1）。人流集中且道路宽度较窄的街道改为单向交通组织模式，释放道路断面资源，提升交通安全及效率。还可以通过明确道路的功能定位，来提升社区道路空间品质。社区内部次干路及支路提倡"人车共享"的道路通行形式，限制车辆通行速度，使用功能偏重行人的空间使用体验；对于社区对外交通，为满足交通通行效率可采用人车分离模式。

人车分离模式把人行和车行分散到两个系统，有效地组织了地面交通，降低了人行和车行之间的相互干扰（图 3.2.2），但也产生了一系列问题：居民跨越人车的空间阻隔，进入车行空间活动；车行道路由于过分分离居民活动，缺失道路生活氛围，道路出现景观、治安等死角。

以居住用地为主、交通量不大、至少有一边临接城市干道、社区住宅地区内的道路适用人车共存的交通组织方式。在这样的区域里道路所解决的主要是交通广泛的可达性，而不是快速的通过性。

"人车共存道路"强调人的活动在社区的优先权。人车共存是一种兼顾人行与车行的交

图 3.2.1　鞍山三村出入口改造效果　　　图 3.2.2　单行道出口处的物理隔离和非机动车优先
　　　　　　　　　　　　　　　　　　　　　　　　　通行渠化

（资料来源：https://cul.qq.com/a/20151104/017296.htm）

通组织方式，通过道路减缓设施、路障、植物等限制车速，保证行人的安全，此类交通组织
方式比较灵活。使社区道路不再仅是车辆移动的通道，而成为居民生活的场所（图 3.2.3）。

　　单一地依靠人车分行或者混行等交通组织方式来实现居民对道路各个层面的需求，还是
存在着一定的难度，解决问题的关键在于遵循居民的需求，从居民的内心需求出发，选择合
适的交通组织方式，从而满足居民的交通需求。

　　《上海 15 分钟社区生活圈规划导则（试行）》中提出：居住社区内，道路间距宜小于
200m，已建成社区要改善路网微循环，道路间距超过 200m 的商业商办或公共设施街坊，应
因地制宜地增加公共通道或开放已有公共通道，避免街坊过大，影响路网通达性。实现居民
步行 15 分钟内到达公交站点。

　　社区中的城市支路宽度应与街道功能活动、路侧建筑高度、通风采光等要求相适应，红
线宽度在 9~24m 之间。机动车交通需求较高的支路应确保机动车道、非机动车道、人行道
各自的独立路权。机动车道与非机动车道应单独设置，人行道与非机动车道之间布置设施带
进行物理隔离（图 3.2.4）。慢行需求较高的支路可设置机动车、非机动车混行车道。道路横

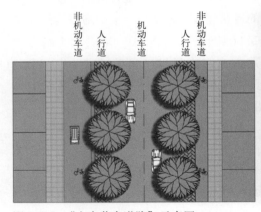

图 3.2.3　"人车共存道路"示意图

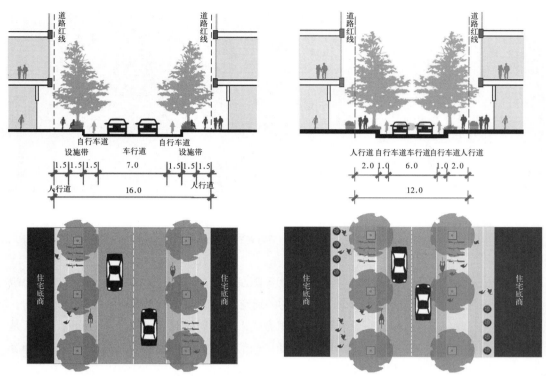

图 3.2.4　机动车交通需求较高的支路剖面、平面示意图

图 3.2.5　慢行需求较高的支路剖面、平面示意图

断面设计中，步行和自行车的横断面分区应清晰，包括建筑前区、步行区、设施区、自行车区、绿化带，绿化带和设施区以安全为主要因素进行设计（图 3.2.5）。

对交叉口过街设施类型、路段过街间距、路段过街设施类型、过街信号均给出规范化的设置标准，增加有利于慢行安全的引导设施、稳静化措施、无障碍设施。针对平面过街增设隔离和安全措施，保证行人的安全。交叉口的道路红线倒角半径、主干路与其他道路交叉口倒角半径宜为 10~20m，次干路与次干路或支路交叉口倒角半径宜为 10~15m，支路与支路的交叉口倒角半径宜不大于 10m（图 3.2.6）。

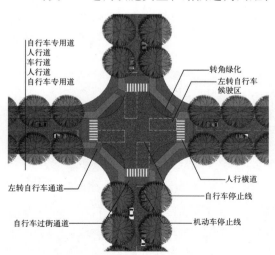

图 3.2.6　步行道和骑行道交通渠化示意图
（资料来源：上海同设建筑设计院有限公司）

采取交通安宁化设计措施，将街道空间回归行人使用，实施道路分流规划对街道实施物理限速、物理交通导向，来改善社区居住及出行的环境，发展多方式的城市交通体系、构建多种方式平等共享的交通环境、减

轻机动交通对城市生活环境的不利影响。如限制车速，设置单向交通，设置道路拱坡，小型环岛或凸起的交叉口、适度曲化的道路线型等（图3.2.7），确保经济效益的同时进行管理与建设，达到安宁化。分时段、机动车类型，来控制社区的交通量。机动车出入口宜与人行道标高保持一致，采用差异化铺装予以提示。减小交叉口路缘石半径，降低车辆转弯速度，保护行人安全。如左转弯进入的路口通常施以凸出的圆弧形路侧设计，并在区域内使用高耐磨的碎石铺设路面（图3.2.8），达到控制机动车辆速度的目的。

图3.2.7 社区内小型环岛
（资料来源：http://blog.sina.com.cn/s/blog_639a48480102z9il.html）

2. 社区的步行网络更新

社区的慢行交通可以依托高密度路网系统，构建完整的步行网络。步行网络由城市道路的人行道、街坊通道、地块内公共通道、公共绿地内的步行道等各类步行通道组成。通过步行网络的设计，加强公园、广场、各级公共活动中心、公共交通站点、各类公共服务设施集中的场所之间的有效联系，提高步行网络布局的连续性。还可以设置通向公共景观节点的慢行步道。设计无障碍通道，为弱势群体提供便捷、安全的出行环境（图3.2.9）。

图3.2.8 社区道路控速设计碎石路面铺设
（资料来源：https://cul.qq.com/a/20151104/017296.htm）

社区道路空间布局灵活，贯穿整个社区。它可以为居民交流活动提供空间，发挥社区开放空间部分功能。因此，整合社区开放空间，有效地发挥社区作用，克服可达性和与功能结构一一对应的弊端。更新步行网络还可以开放既有公共设施的内部通道、地块之间连通道等多种形式的步行道，提升步行的可达性。其中，居住社区的步行通道间距宜为100~180m。人行道的宽度不宜小于3m，宽度12m

图3.2.9 二次过街路口防护设施盲道设置
（资料来源：https://cul.qq.com/a/20151104/017296.htm）

及以下道路的人行道宽度最小不应小于1.8m。人流量较大的区域，尽量设置较宽的人行道。非机动车道第一条车道宽度为1.5m，增加的车道每条宽度为1m。在机非分行的道路上，非机动车道宽度不应小于2.5m。公共通道、公园步道等宽度应与步行需求相协调，步行通道的宽度不宜大于16m。

通过道路景观的建设改善慢行空间的品质。优美的沿街景观是打造良好慢行环境的必备要素，通过适宜设施的设计和可参与性较强的绿化空间，增加慢行交通的趣味性和开放性。在改建的道路进行沿线景观设计，通过优化社区内的步行交通空间的景观环境，增设景观小品来丰富步行空间，当空间足够时，人行道可增加更宽的旁侧空间，用于布置休息座椅、小品、花木等，休憩设施尽量布置在人行道的绿化区，并保持一定距离的间隙。沿街可配置街道家具，应结合特色环境的需要，设计相应特点的公交站台、休息座椅、垃圾箱、电话亭、路灯以及指示牌等设施，体现不同的慢行空间特色，为人们提供驻足的空间。

以超级线性公园为例（图 3.2.10），这是一块约 800m 长的楔形城市空间，位于哥本哈根一个民族最多样化、社会状况最复杂的街区内。为了在社区中创建更好的基础设施，设计师重新组织了现有的自行车道路，创建与周围社区的新的连接方式，并重点强调与城市的联系，因为居民们希望拥有公交通道。这是一个与公共交通系统、自行车交通系统还有步行系统无缝连接的文化多样性超级公园。它同时也是一个世界级的展厅，里面布置有来自世界各地的城市家具。

图 3.2.10 超级线性公园作为公共通道
（资料来源：网络）

3. 社区对外交通周边设施的更新

步行出行有其极限，决定了其活动范围的有限，而城市活力的提升在于各片区间的相互交流。机动交通特别是公共交通，具有远距离、大运量等特点，能与步行出行实现优势互补，增加步行交通的可达性。因此，步行网络不能脱离机动交通而独立发展，而应借力于公共交通的发展，形成"步行＋公交"的绿色交通混合发展模式。根据卡尔索普所创建的 TOD 模式，以轨道交通站点为中心，以 400~800m 为半径建立慢行系统（图 3.2.11）。

根据轨道交通站点不同交通方式之间的换乘需求，可在轨道交通站点周围 150m 范围内布置地面公共交通换乘站、社会停车场、自行车停放区和出租车候车点。地铁站周围的用地以商业、公共服务、居住等功能为主。以各种形式灵活利用空间，如提供公共绿地、小广场等。注意控制单一功能的大面积的土地使用，并刺激站点周围的空间活力。地铁站可以设置为公

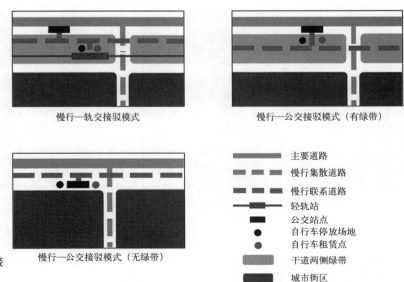

慢行—轨交接驳模式　　　　　　慢行—公交接驳模式（有绿带）

慢行—公交接驳模式（无绿带）

	主要道路
	慢行集散道路
	慢行联系道路
	轻轨站
	公交站点
	自行车停放场地
	自行车租赁点
	干道两侧绿带
	城市街区

图 3.2.11　慢行—公交接
驳示意图

共服务设施集中布局的地区。而公交车站应安装方便行人的设施，例如避雨亭、座位或可伸缩设施等。[②]

4. 社区停车设施布局更新

2019 年 7 月中国城市科学研究会发布的《城市旧居住区综合改造技术标准》中提出，机动车停车设施改造时，机动车停车位数量应根据当地机动化发展水平、居住区所处区位、用地条件、公共交通情况、现状停车需求等因素综合确定，不应小于住宅总套数的 50%。地面停车位数量不宜超过住宅总套数的 20%。同时还应增设无障碍停车位、新能源停车位及新能源汽车充电桩。非机动车停车设施改造或增设时，服务半径不应大于 150m，同时要有电动自行车充电桩或预留不少于 30% 的充电桩安装空间。

以往很多社区大多采用减少绿化的方式来增加停车位，不仅不利于社区居住品质，也容易引起部分居民反对。针对这些问题，可以通过以下几种方式予以缓解。

在规划更改申请获得通过的情况下，社区居民可以自建或由设计公司对绿地进行改建，以补充车位的不足。应尽量选择一些边角部分的绿地进行改建，比如利用楼间阴影区内的绿地进行改造；利用楼侧面的狭长空间规划车位，这样不会对现有绿化面积造成大的影响。同时还可以将新开辟的停车区域改造成绿色生态停车场，即在尽量不减少停车数量的前提下，充分绿化停车环境，兼顾停车绿化。具体做法是在停车场内铺设草坪或草坪砖，以增加绿化面积；并在停车位之间或停车场周围建立绿化带，种植树冠宽阔的遮阴树，利用树木作为停车位之间的隔离带。

科学规划增设停车空间，可向空间要车位。针对小区的规划和实际情况，可结合小区道路宽度进行合理画线。在确保行车畅通、安全的前提下，可实行单侧停车、单向行驶的方式，并结合道路宽度采用垂直、平行、斜向停车等不同方式，解决小区车辆通行和停放的问题（图 3.2.12）。

图 3.2.12 上海彭浦镇 3308 弄小区停车改造

其中小区内的车行主干道采用 5~6m 即可，楼前的小路按 4m 设置，其余宽度可做垂直或斜向车位，如果是单行道或者环路，设置 4m 车道也可以。向空间要车位，是解决现阶段旧有小区用地紧张的方式之一。其场地可以利用小区的集中停车区域建设，同时要兼顾立体停车对日照和消防的影响，保证居住的舒适和安全。目前困扰建立立体车库的最大问题是资金，建议可通过业主委员会商讨，通过民间资金或集资修建，本着"谁投资，谁受益"的原则，可以委托物业公司进行管理，扣除管理费和投资成本后，其收益归业主所有。

在经调查分析并合理明确停车位缺口规模的基础上，已建住宅通过内部挖潜、区域共享等多种途径增建停车位。在居民同意、条件允许、对周边不产生影响的情况下，通过社区挖潜改建新增停车位；利用社区公共绿地、低效空置用地等空间建设地下或地面的公共停车库；统筹使用生活圈内停车位，通过资源共享的方式，充分发挥商业、办公等非居住类用地的停车泊位作用；结合规划新建的公益性设施，提供部分新增泊位对社区进行定向供应；结合周边经营性地块更新改造，提供部分新增泊位对社区进行定向供应，增加的停车位面积不计入经营性建筑面积。

在确保慢行优先的基础上，在交通支路合理明确路内停车的使用空间和时间范畴。

运用智能化停车系统，加强管理，有效监控社区内部车辆。尤其是老旧社区缺乏物业管理，社区内部和外部的车辆都很多，不利于社区自身的停车管理。因此建议社区引进物业，并引入智能化车辆管理系统，既可以有效管理社区内部车辆，避免外部车辆的进入，又可以实时监控社区停车情况，提示剩余车位等信息（图 3.2.13）。

图 3.2.13 居住社区停车情况监控示意图

四、小结

国内社区交通组织方式经历了从人车混行到分行的过程。交通组织方式的变迁反映了道路功能的演进，从本质上看，是规划围绕"人"展开的探索，即社区居民对道路空间需求的变化过程：从交往需求占主导到交通需求占主导，再到现在的交往与交通需求并存。

私人小汽车大量进入社区，人车矛盾增加；公共交通日益完善，居民出行方式趋向多样化。社区道路交通结构变得越来越复杂，交通问题日益增多。社区交通改善应致力于构建以人为本、利于微循环的安全通达的高密度道路系统。提升慢行交通的比例与品质，建立便捷连通、舒适宜人的步行网络，为居民提供交往与交通的场所，促进居民健康。

思考题：

    1. 目前我国社区道路交通普遍存在的问题有哪些？

    2. 社区道路交通改善要遵循哪些原则？

    3. 社区的道路系统要满足哪些要求？如何做到？

    4. 社区步行空间更新设计应注意哪些问题？

    5. 应对老旧社区停车难问题有哪些更新改造方法？

第三节 社区建筑更新

一、社区老旧建筑的概念及建筑更新的相关理论

1. 社区老旧建筑的概念

社区建筑的更新所针对的对象毫无疑问是指不能够满足居民当下使用需求的老旧建筑。而通常一提到"老旧建筑"一词，人们常常会想到两类建筑，一类是具有一定历史价值的历史保护类建筑（图 3.3.1），另一类为不具有历史价值的普通非文物保护类建筑（图 3.3.2）。虽然在使用时间和建筑现存状态上两者存在着一定的相似性，但两者在时代的发展中常常面临着截然不同的命运，具有一定历史价值的老旧建筑常常会被作为历史建筑遗产从而得以保存与继承，而不具有历史价值的普通非文物保护类建筑常因为不能列入历史保护建筑的行列而被大肆地拆建。

图 3.3.1 上海市静安区陕西南路 30 号马勒别墅
（图片来源：百度图片）

图 3.3.2 社区老旧建筑
（图片来源：百度图片）

　　尽管，"老旧"二字对建筑的建设时间及使用现状作出了简单描述，但并不能够以清晰、准确的标准来界定"老旧建筑"的范围，这样的概括显然只是一种过于宽泛的界定。而目前并没有关于"老旧建筑"的准确定义。

　　从历史角度来说，1955 年，为了缓解大批人群的居住难题，"住房安居工程"在这一时期被提出；1978 年为了解决住宅短缺的难题，我国开始了大批量的住宅建设；1998 年，我国的福利分房制度逐渐结束，与此同时先前住宅建设单一追求建设量的时代也随之结束，逐渐开始转向质量的提高。相关数据显示，1983~2000 年的三个"五年计划"期间，我国的城镇住宅建设面积达到了 41.46 亿 m²，其中仅 20 世纪 80 年代期间建设面积就将近半数，80 年代作为我国经济发展的一个重要转折点，也是我国城镇化进程中的重要转折点。随后，城市发展的矛盾开始逐渐凸显出来，发展至今，出现了大批的社区老旧建筑。这些建筑在过去多年的使用中由于社会、经济、物理、审美等多方面原因，虽然许多建筑的建成时间较短且依然在使用年限内，但在其功能、设施、质量、审美等多方面逐渐无法满足社区居民当下的使用需求（图 3.3.3）。而拆除重建无疑是一种浪费资源的行为模式，因此对于这类建筑，采取更新改造的方式来解决当下的使用矛盾是投资少、见效快的重要途径之一。

　　中华人民共和国成立以来，我国的建筑理论与实践发展迅速，早期受到社会、政治、经济等多方面条件的制约，只有针对建筑结构的可靠性分析提出的参考时间概念，即设计基准期，并未有涉及使用年限的概念。截止到目前，我国对建筑的使用年限进行了四次更改，2000 年

图 3.3.3 社区老旧建筑现状

图 3.3.4 《住宅建筑规范》
（图片来源：百度图片）

首次提出了设计使用年限的概念，在此之前，受社会、经济等条件的制约，只规定了设计基准期。[③]设计基准期又称统计基准期，是对结构可靠性进行分析时提出的一个参考时间概念。[④]我国《住宅建筑规范》GB50368-2005（图 3.3.4）中规定：钢筋混凝土结构的使用年限为 60 年，砖混结构为 50 年，砖木结构为 40 年。建筑设计使用年限的定义是设计规定的结构或结构构件不需进行大修即可按其预定目的使用的时期。我国《住宅建筑规范》GB50368-2005 中规定，住宅的设计使用年限一般为 50 年。[⑤] 2019 年 8 月，我国财政部及住房和城乡建设部颁布了《中央财政城镇保障性安居工程专项资金管理办法》，该新《办法》首次将老旧小区改造纳入了支持范围，明确了所谓老旧小区即建成于 2000 年以前、公共设施落后、影响居民基本生活、居民改造意愿强烈的住宅小区。老旧小区改造纳入专项资金的支持范围主要包括小区内水、电、路、气等配套基础设施和公共服务设施建设改造，小区内房屋公共区域修缮、建筑节能改造等。[⑥]

　　根据目前我国社区建筑的发展现状及当下我国建筑理论和实践的相关成果，本书社区建筑更新部分中所

涉及的建筑主要包含以下特征：20 世纪八九十年代及 21 世纪初期建设的设计使用年限为 50~60 年的砖混结构或钢筋混凝土结构，且现有状态和配套基础设施不能够满足当前使用需求的社区居住建筑（图 3.3.5）。

图 3.3.5　本书所涉及建筑部分图示

2. 建筑更新的相关理论

（1）国内建筑更新的相关理论

"有机更新"是吴良镛院士在 20 世纪 70 年代末 80 年代初针对北京的旧城规划提出的概念，该理论强调城市发展过程的新陈代谢，即通过保持一种自然连续的变化，不断提高改造规划的质量，使得区域的发展得到相对完整的更新改造，而这些相对完善的区域组成的整个城市也得到了改进，实现了有机更新的目标。

吴良镛院士在其《北京旧城与菊儿胡同》一书中总结道："所谓'有机更新'即采用适当规模、合适尺度，依据改造的内容与要求，妥善处理目前与将来的关系——不断提高规划设计质量，使每一片的发展达到相对的完整性，这样集无数相对完整性之和，即能促进北京旧城的整体环境得到改善，达到有机更新的目的"。[7]从城市到建筑，从整体到局部，整个城市如同一个完整的生物体一般是有机联系和相互影响的，各个要素之间的相互影响呈现出统一性，其最大的特点呈现为改造后城市依然是一个统一的整体。建筑作为城市中一种重要的细胞组成，需要不断地改造，改造应该顺应城市的发展方向进行；在任何时间针对任何物质的改造，其改造过程从来都不是一个时间点，而是一个渐进的、不断发展的过程。有机更新的理念强调阶段性的协调改造，保证建筑可以长久地以循环往复的方式不断使用和发展，这一理念主张老旧建筑要根据房屋的现状采用区别更新的方式，即：针对现存质量状况较好的，具有一定文物价值的建筑进行保留，针对整体完好的建筑给予修缮，对于完全破败的建筑予以拆除重建。

方可在《当代北京旧城更新》一书中提出了"小规模改造"的观点。"小规模改造"包含一系列以使用者为主体、以解决使用者实际问题为目的、规模较小的物质环境建设活动，其改造规模常常只是涵盖单个或几个建筑物，针对建筑部分进行的小规模的改建、翻建、加建、卫生设施改造、养护和修饰等。由于小规模的改造存在"小而活"的特性，与大范围的改造方式相比，小规模的改造更容易适应城市错综复杂的社会经济关系，同时由于其更新的规模小，因此在更新和改造中常常出现新老建筑的交叉，为保证和创造城市的多样性提供了新的机会。清华大学博士后张杰在其论文《城市改造与保护理论与实践》中，提出了"分阶段开发"和"开发单元"的概念。这是有机更新理论的延续，旨在探求小规模改造在历史建筑中的应用，希望在城市近、远期发展中找到一个过渡区域，从而使更新改造能够满足社会、经济和环境的需要。[8]除此以外，近些年我国出现了许多关于社区更新多角度的相关研究，且取得了丰硕的成果，出现了许多具有一定代表性的研究成果，例如：《城市旧居住区的环境质量评价》中系统地分析了城市旧居住区环境恶劣的原因，提出了旧居住区环境质量的评价标准、指标体系和评价方法，同时对相关实例进行了评价和分析。《社区发展规划——理论与实践》中从城市社会学的角度论述了社区发展的内容与方法，研究了社区中非物质要素如社区成员、文化及社区组织管理等方面对社区整治与发展的重要作用，同时研究了社区物质环境对非物质环境的影响。《用全球化视角探索大规模既有住宅再生的方法》介绍了西方发达国家和日本住宅再生的经验，从中提取有益的启示，并结合我国城市既有建筑节能改造的契机，提出全面升级改造既有住宅的方法。《我国城市住宅维修改造的历史与现状》中详细地介绍了既有住宅普遍衰落较快的原因是我国住宅维修体制落后，因此住宅的使用寿命大大缩短，社区失去品质，同时提出建议确立市场化、社会化的维护机制，以达到社区的可持续发展。

（2）国外建筑更新相关理论

①建筑再循环理论

1965年，美国风景园林大师劳伦斯·哈普林提出了建筑的"再循环"理论。他在《RSVP循环体系——人类环境的创造过程》一书中曾系统地阐述了这一设计思想的主旨，人类环境的创造过程是下列四个要意的循环过程：资源（Resource）、记谱（Score）、评价（Valuation）和执行（Performance）。其中"R"是指设计者在进行环境创造前，对方案的分析；"S"是指对期望完成效果的收集，是诱导"V"阶段顺利进行的手段；"V"是指对于结果、选择、决策等的分析评价；"P"是指具体执行的实际过程。

RSVP循环体系为我们在旧建筑的再利用评价体系与操作方式上提供了参考。由于人类生存环境的不断改变，如果我们的旧有建筑仅仅处于维持的状态，仍像一个僵化的躯壳，它只会逐渐地减损并最终消失在我们的城市中，这种静态的保护也只是维持一种自然的衰败。⑨

②共生理论

共生（Symbiosis）原为生物学名词，指两种生物或两种中的一种由于不能独立存在而共同生活在一起，互相依赖，各能获得一定利益的现象，若相互分离两者都不能生存。⑩ 黑川纪章于1980年第一次提出"共生思想"，他把先前提出的新陈代谢理论总结成由两个原理构成：其一是不同时间的共生；其二是空间的共时性，这是共生思想的重要组成部分。共生哲学体系的基本组成部分是：部分与整体共生、内部与外部共生、建筑与环境共生、不同文化共生、历史与现在共生、技术与人类共生。

③开放建筑理论

1961年哈布瑞肯提出了"支撑体"这一新的住宅概念，并在其后提出将住宅分为"支撑体"和"可分开构件"两部分，到20世纪80年代，在"支撑体"理论的基础上衍生发展出了开放建筑理论。

开放建筑理论将住宅单体看成两个层级的关系，包括支撑体层级和填充体层级，每个层级也是一个系统，包含许多次级系统。次级系统越独立就越便于改进和提升住宅的质量，既可以提升住宅功能，又避免出现不必要的拆除重建，为住宅更新增加可供选择的方法。这一理论为已建成住宅环境提供了适应环境变化的技术和经济解决思路，有利于住宅更新中的各项多样化需求。

④再生构法理论

1997 年，针对日本在战后建造的大量工业化住宅现状及其所呈现出的问题，日本东京大学教授松村秀一从住宅产业化角度提出了实现可持续更新的四个原则：建立"公共"模式及相关组织。提出应将一些民间自治团体法人化，以实现"公共"的目标；建立公、供、私的决策机制。提出借用开放建筑的概念，以解决住区可持续再生中如何建立居民参与决策组织的关键问题；构建再生构法实施模式。指出有效的交流、精细化管理与高效的工种组合对住宅再生过程尤为重要；构建适应再生市场的再生子系统。将子系统生产者、设计者、营造商三者联系起来，从而实现新建住宅产业与再生产业的紧密关联，完善住宅产业结构。

二、社区建筑存在的主要问题

1. 建筑结构

早期建设的建筑受到建设水平及建设标准的限制，多数社区老旧建筑多采用砌体砖混结构。这些建筑在长时间的使用过后，受到众多不可抗因素的影响使得建筑结构出现老化、破损、开裂等现象（图 3.3.6），建筑结构的安全性和可靠性不断降低，逐渐无法保证社区居民的安全使用。建筑结构出现的各项问题受到如下多种因素的影响。

（1）早期建设存在不足

建筑在施工建设初期存在的不足是后期建筑结构出现问题的重要因素。受到早期设计标准低、建筑材料品质差、施工技术不足、施工工序混乱以及客观天气等因素的影响，导致了建筑结构在一定程度上存在着质量不过关、不符合规范的问题。

（2）后期使用造成损坏

后期的使用和维护是造成建筑结构损伤与否的重要因素，一些建筑由于后期使用不恰当及各类极端天气等因素的影响，建筑结构出现了破损、老化的现象，降低了建筑的使用寿命；客观因素的影响作为后期建筑使用过程中破坏建筑结构的一项重要不可抗因素，会对建筑造成许多不可挽回的破坏，例如地震、飓风、火灾等灾害的高强度破坏是对建筑结构造成极大威胁的一种因素；使用中任意超建筑负荷使用、随意改变使用功能、拆除建筑的结构部件等人为的主观因素对建筑造成的损害也是巨大的（图 3.3.7）。

图 3.3.6 建筑结构老化破损　　　　图 3.3.7 人为拆除建筑结构部件
（图片来源：百度图片）　　　　　　（图片来源：百度图片）

（3）建筑设计规范及标准改变

随着生产力发展水平的不断提高，设计水平逐步提升，施工技术趋于成熟，材料质量日渐完善，人们对于建筑安全研究的不断更新，相应的规范也在不断进行修订和完善以满足新的需求。早期建设的建筑在时代的更迭中与新的标准和规范出现了较大的差异。因此建设规定及标准的升级改版也对建筑结构提出了新的标准和要求（图3.3.8）。

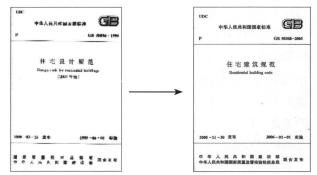

图 3.3.8　设计规范不断完善、改版
（图片来源：百度图片）

2. 建筑外观

建筑外观作为连接建筑内外空间的媒介，很大程度上是建筑特色、风格以及城市界面的展示和象征，社区老旧建筑外观存在的主要问题主要涉及建筑整体风貌、建筑外墙、建筑外立面构件、建筑附属设施四个方面。

（1）建筑整体风貌

建筑的整体风貌往往决定着社区风貌，早期建设的社区在长时间的使用中，社区环境的整体要素日趋复杂。

社区建筑常常出现体量缺乏统一、秩序性差；建筑立面形式、颜色、材质等不统一，建筑细部构件陈旧、缺乏区域风貌特色等问题，同时在使用过程中许多住户对自家阳台、门窗等进行了不同程度的改扩建，使得建筑的整体外观形象缺乏地域的整体感与独特性，无法与社区整体环境形成协调、完整的社区风貌形象（图3.3.9）。

（2）建筑外墙

早期建设的老旧建筑外墙多采用瓷砖饰面和涂料粉刷的方式，在长期的使用过程中受到各种不可控元素的侵蚀和损坏，多出现许多瓷砖或墙皮脱落、鼓包、开裂等现象，外墙的损坏降低了社区的整体环境水平，甚至破损严重部分会给社区居民的生活带来较严重的安全隐患问题；保温隔热材料的老化及缺失也使得老旧建筑在使用过程中出现了诸多不便；早期外墙材料的限制以及当下人们审美素养的改变，建筑外墙的色彩、材料及细部设计呈现出的单一表现形式使得建筑外立面逐渐不能满足现代人们的审美需求（图3.3.10）。

（3）建筑外立面构件

随着时代的发展，社区居民的多种设

图 3.3.9　建筑整体风貌不协调

图 3.3.10　建筑外墙皮脱落、鼓包　　　　　　图 3.3.11　建筑立面构件杂乱

备使用需求不断涌现，在长时间的使用过程中，早期的设施构件逐渐开始不能满足居民当下的使用需求，出现了单独调整和更换私有外窗、阳台、遮阳设施等各类建筑外立面构件的行为，出现了建筑外立面构件杂乱无章、不统一的现象，严重影响着建筑立面的整体协调性与节奏感，降低了社区建筑的整体形象（图 3.3.11）。

（4）建筑附属设施

建筑的附属设施主要包含电梯、空调外机、墙面管线等，由于早期设计建设时缺乏一定的前瞻性思维，早期建设的社区建筑大部分未考虑到空调使用率的急剧增加，未在设计中考虑到空调外机悬挂位置的设置，且随着使用需求的改变，各类管线也不断增多，因此建筑立面的各类附属设施出现了杂乱无章、随意安装的现象，而且一些社区居民为增加使用面积甚至搭设了不少违章搭建物，造成建筑整体形象杂乱无序，在一定程度上降低了社区环境品质，更重要的是存在一定的安全隐患（图 3.3.12）。

3. 建筑内部公共空间

老旧建筑内部公共空间存在的主要问题表现在公共环境差、出行交通不便（垂直无障碍交通缺失、楼梯间和走廊空间狭小）以及配套设施缺乏或损坏等几个方面。

（1）缺乏无障碍、适老化设计

无障碍设施的缺失是早期建设的社区建筑当下面临的一大重要问题，早期建设的建筑多为多层住宅建筑，未设置垂直电梯，甚至部分地区的七层以上建筑也未设置电梯；同时建筑内部的楼梯间、走廊等公共交通空间的狭小也给居民的出行造成了许多不便；由于建筑设计建设初期未考虑到无障碍的人性化设计，在老龄化程度加深的当下，老旧社区的人口结构出现了中老年人口比重大的客观现状，老年人的出行及养老问题是社区目前在发展与完善老年人社区养老、居家养老中亟待解决的重要问题（图 3.3.13）。

（2）公共空间环境差

楼梯、楼道及建筑单元入口空间作为住宅建筑内部的重要通道，常存在面积小、环境脏乱差等情况。老旧建筑中往往存在着杂物堆放占用公共空间的问题，建筑内部的各类设施陈旧破败，缺乏统一的规划，杂乱无章，整体环境品质低，导致居民使用舒适性差。一些社

图 3.3.12 建筑附属设施杂乱 图 3.3.13 单元入口缺乏无障碍设计

区的单元入口雷同性高，缺乏标志性标识，基本的安全防盗设施缺失，存在一定安全隐患。同时在紧急情况出现的时候，公共空间的占用和狭小问题会给居民的逃生造成一定的阻碍（图3.3.14、图3.3.15）。

4. 建筑户内使用空间

住宅的户内空间一般可以分为公共空间、个人空间、厨卫空间和储藏空间等，室内的空间布局应该按照各空间的特点和特殊需求进行布置，尽量做到动、静分区；食、寝分离；洁、污分离等。随着如今人们生活习惯及交流方式的变化，早期的户型设计逐渐不能够满足当下人们的使用需求。例如：早期建设的建筑多注重最基本的使用功能，户型设计中多将影响居民生活幸福指数较大的卫生间及厨房设置为面积狭小的空间，公共活动较为频繁的客厅设置为较小的空间，而将个人活动的卧室设置为较大的空间，未考虑家用电器的摆放，洁污不分离，影响房屋整洁。一些早期建设的老公房甚至设计的是公用厨房及公共卫生间，无法适用于如今人们的生活需要；许多早期无门厅、起居室的户型设计逐渐不能满足人们的生理及精神需求。（图3.3.16，表3.3.1）

图 3.3.14 楼道狭小 图 3.3.15 社区楼道被占用

鞍山三村建筑单体套内空间存在的现状问题　　　　　　　　　表 3.3.1

建筑单体 套内空间	厨卫与房间分离	虽然每户人家具有单独的厨卫，但是与主房间间隔一条走廊，使用便捷度低
	空间狭小	空间布局不合理，多室合用，活动空间狭小，储物空间不足
	缺乏南向晾衣空间	阳台朝北，晾衣问题存在难题
	无障碍缺乏	未考虑轮椅的使用，缺乏扶手防滑等设施

[资料来源：涂慧君，冯艳玲，张靖，宣一洲. 上海工人新村适老改造更新模式探究——以鞍山三村为例[J]. 建筑学报，2019（02）：57-63.]

5. 建筑耗能

由于早期施工技术及材料质量等客观条件的限制，早期的建筑设计未将建筑耗能纳入设计考虑范围内，住宅建筑多存在管道隔声效果差、建筑墙体及屋顶保温隔热性能差造成的能耗高问题。例如：建筑屋顶是建筑的第五立面，也是建筑与空间环境的直接接触部分，建筑顶层住户常常会面临冬冷夏热的恶劣环境。据相关统计，建筑能耗目前是我国能源消耗中的重要部分，降低建筑的耗能对于提升资源的利用率具有重要意义。

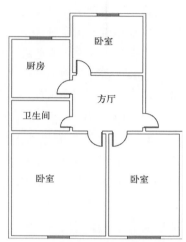

图 3.3.16　某住宅户型无法满足居住需求

三、社区建筑更新改造的探索及相关案例

1. 我国社区建筑更新的探索

人类的所有行为活动都是在政治、经济和文化组成的立体化社会中所进行的，社区中的居住建筑作为一种能够同时满足人们物质和精神需求的特殊存在，它的产生和发展无不被政治、经济和文化所制约和限制。中华人民共和国成立以来，受我国政治、经济、文化等因素的影响，我国社区老旧建筑更新的探索态势呈现出显著的阶段性特征，按照其发展态势可分为六个阶段：

（1）1949~1957 年——"一五"计划与经济恢复时期

"一五"计划时期是中华人民共和国成立后我国经济的初步发展阶段，也是我国针对城市既有建筑更新改造的起步阶段，在这一时期，针对老旧建筑的发展方向，国家提出了"奖励修建、保修现有房屋""国防第一，工业第二，普通建设第三，一般修缮第四"的政策，开始了对旧房保养改造的工作。

由于处于中华人民共和国成立初期，全国上下的整体经济水平都处于起步阶段，大批量建筑的建设重点放在了提升建筑面积和总量上，因此这一时期出现的建筑都呈现出低质量的简易住房特征，房屋质量整体较低。这一时期，内务部同时提出了"统一管理，以租养房"的政策。1955 年开始，中央颁布了关于降低非生产性建筑造价标准的调整政策。因此这一时期内出现了大批量的低质量住房，虽然在短时间内解决了城市内大批人群的居住问题。但这些建筑也是如今城市中出现的老旧居住建筑和建筑更新中的一大部分。该时期出现了大批量的老旧住宅改造工程，其中有：北京龙须沟、上海肇嘉浜、天津三级跳坑、广州的木屋区改造等。这一时期内国家采取的多项针对老旧住宅改造的举措明显改善了众多城市棚户区的整体面貌。

（2）1958~1965年——"二五"计划与经济调整时期

"二五"计划时期我国针对城市既有建筑的更新改造到达初期阶段，国家于1962年颁布了《城市住宅维修注意事项》和《关于城市旧有住宅翻修项目划分问题》等相关法规，要求房租专款专用，保证老旧房屋的维修和改扩建。[11] 1958年，在经济"大跃进"的政治背景下，全国第一次房产工作会议提出的发展政策未能得以实现。20世纪60年代初，我国经济发展逐渐恢复正常，但是在1965年的"设计革命"和"干打垒"中，我国设计领域经历了一场深刻的变革，这次变革造成了住宅建筑出现了建造功能质量低下的问题，也为20世纪60年代住宅的更新改造增加了难度，这一时期内，出现了以武汉市解放大道板棚房等为代表的改造工程。

（3）1966~1976年——"文化大革命"时期

"文化大革命"时期我国的住宅建设与改造更新受到政治、经济、文化等多方面的限制和影响，住宅建设管理体系整体呈现出混乱状态。我国针对城市既有建筑的更新改造在这一时期进入了停滞期。该时期内出现了大批量年久失修、老化严重的老旧住宅建筑，同时最重要的是在这一时期，由于新建与更新改造的大规模停滞不前，出现了我国住宅建筑发展史上的巨大欠账，给后期的住宅建筑更新改造建设增加了一定程度的难度和压力。

（4）1977~1985年——更新改造探索期

这一时期是中华人民共和国成立以来城市住宅建设和更新改造发展最为迅速的时期，进入了针对既有建筑更新改造的探索期，其中《关于加强城市建设工作的意见》中提出了加强现有设施维护为旧城改造的政策；《城市住宅建设技术政策》中确定了许多针对老旧建筑的政策。

这一时期我国不仅对于城市住宅的更新和改造逐渐起步，同时，针对房屋完损等级评定、修缮范围标准、旧城改造开发、房屋拆迁管理等的政策和标准都有了进一步的进展，这一时期我国初步形成了城市旧住宅更新改造的发展体系，房屋质量等级基本呈现为质量达标水平。在这一时期内出现了上海蓬莱路303弄旧住宅街坊改造（图3.3.17、图3.3.18）、哈尔滨36

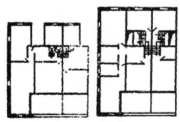

图3.3.17　303弄住宅改造前平面
[图片来源：斯范.改造旧住宅的一个探索——介绍上海市蓬莱路303弄旧里改造试点工程[J].住宅科技，1983（06）：12-15.]

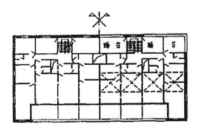

图3.3.18　303弄住宅改造后平面
[图片来源：斯范.改造旧住宅的一个探索——介绍上海市蓬莱路303弄旧里改造试点工程[J].住宅科技，1983（06）：12-15.]

棚旧居住区改造等改造项目。

（5）1986~1995年——更新改造高峰期

在这时期内，我国针对既有建筑的更新改造进入了高峰时期，这一时期内的住宅更新改造面积达到了前所未有的高度，这一时期内我国的旧住宅改造研究活跃，例如：颁布了《中国21世纪议程》，提出了旧城改造的行动方案。针对旧房改造也颁布了《城市房屋拆迁管理条例》《危险房屋鉴定标准》等多个法规标准。对于老旧建筑的界定、评判及更新改造有了更加规范的条例

图3.3.19　北京菊儿胡同改造现状
（图片来源：百度图片）

和政策限定。各地更是抓住改革开放和经济迅速发展的时代机遇，制定了符合当地特色的政策和规范，并取得了显著成效。例如：广州市推行"多方筹资，以商换住"等政策；苏州市制定了保护发展传统民居环境、实现小康更新改造的综合发展政策等。这一时期出现了多个改造工程。例如：北京的菊儿胡同（图3.3.19）、小后仓、德宝小区、东南院等不同类型的改造样板工程；上海张家宅、武定坊等街坊改造项目；天津市的文明里、吴家窑；武汉的棉花街旧房改造等。同时更新改造机制也在这一时期内实现了转变，更新投资逐渐由政府单位的补贴向市场融资经营、社区居民参与等方式转变，改造动力逐渐由行政驱动向市场驱动转变。

（6）1996~2010年——可持续更新改造时期

这一时期我国针对既有建筑的改造进入了可持续改造期，国家"九五"、"十五"计划明确提出实现城乡住宅小康目标，同时将住宅建设列为我国经济发展的支柱性产业，我国的住宅建设进入了商品化时代。针对早期建设的大批量住宅建筑，在已建成住宅建筑数量不断增加背景下，城市建筑的发展建设方式逐渐从追求数量增加转向为改善已有建筑的居住环境，出现了上海旧住宅成套成街坊改造规划、北京市城镇居民住宅配电设施改造等实践探索（图3.3.20）

（7）2010年至今——多元化发展时期

2010年至今，我国的城镇化建设与发展达到了前所未有的规模。随之而来的是城市承担着巨大的负担，在某些发达城市土地资源达到开发边界的当下，人们开始探索存量规划的城

图3.3.20　上海闸北区香瓜弄改造前后对比
（图片来源：刘勇.旧住宅区更新改造中居民意愿研究[D].同济大学，2006.）

市发展大背景下的城市更新改造，社区建筑、景观、设施等多方面的更新改造逐渐在更新理论研究与实践探索上取得了一定的成果。上海、苏州等城市也随之提出了"上海城市空间艺术季""行走上海""社区规划师"等相关理念及活动，以"更新"的方式从多角度来解决社区的居住问题成了当下人们改善居住环境、提升居住品质的重要手段。

2. 社区建筑更新的典型案例

（1）国内社区建筑更新案例

①北京菊儿胡同改造工程

在我国建筑更新历程探索中，菊儿胡同的改造具有跨时代的代表性意义，是"有机更新"理论的一次成功实践探索。

菊儿胡同位于北京市东城区西北部，占地面积约 8hm²。在时代的更迭中，逐渐从早期一个历史悠久的街区衰落为一个破败的旧街区，1987 年该区域开始进行更新改造。

此次更新改造首先按照建筑现存质量将其分为三类进行区别改造，对于整体建筑质量较高且能够满足人们当下居住需求的建筑实施保留；对建筑整体质量一般的建筑进行维修；对于具有结构问题、安全威胁的建筑进行推倒重建。

菊儿胡同原本是一个大杂院，房屋破旧低矮，无单独的户内厨房、卫生间，配套设施陈旧落后，人均住房面积狭小。针对房屋破损严重、居住环境水平低、配套设施缺失及破败，以及人均住房面积小的问题，更新中保留了原有的四合院形式，探索新的合院式住宅体系以适应新的使用需求，拆除场地中破败严重且没有更新改造价值的危房；针对一般的旧建筑进行修缮和改造，局部 2~3 层楼阁形成内院，为居民的公共活动提供场地和空间。该更新改造能够满足不同家庭对于现代居住生活的选择，增加了居民的安全感，创造了和谐共处的"合院"居住氛围，同时最重要的是在更新改造后，人均居住面积达到了 10m² 以上（图 3.3.21）。

②上海贵州西里弄微更新

贵州西里弄社区位于上海市黄浦区南京东路街道。针对社区中存在的户内空间狭小、设施缺失或陈旧等问题。贵州西里弄的微更新采取了社会参与、多方共赢的持续性共建行动。设计内容中罗列出了以 1.0 升级到 3.0 的更新计划：其中 1.0 着眼于社区公共空间，以政府资金投入和组织管理为主导；2.0 关注居民楼内的公共领域，在居民的共同参与下，针对楼道空间、公共厨房、公共厕所等进行改善。3.0 试图通过户内空间调整与改善，从产权机制

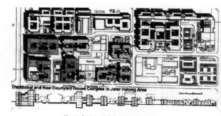
菊儿胡同改造总平面图

菊儿胡同改造前鸟瞰图

菊儿胡同改造后鸟瞰图

图 3.3.21 菊儿胡同改造
（图片来源：周奕龙《基于可持续理念的城市既有住宅更新改造手法研究》）

图 3.3.22　社区公共卫生间　　图 3.3.23　中心广场网格晾衣架　图 3.3.24　社区入口小客厅

的角度，尝试提升居民生活环境的共同性。

目前已完成的 1.0 改造主要包含贵州西里弄的三横两纵，对约 1800m² 公共空间进行更新改造，更新改造内容主要包含：

a. 整治负面因素

将社区公共卫生间转变为可以装盛绿化的景观（图 3.3.22）；梳理弄堂门廊上的各类线缆；将弄堂中心广场的晾衣架改造成为网格式晾衣架，一方面可以满足居民晾晒衣物的需求，另一方面格架上可以种植各类花草，为人们营造一个可以养花、赏花、晾晒衣服的多功能空间，将架下改造成为富有归属感的社区开放广场，为居民提供公共、开放的交往机会（图 3.3.23）。将入口打造成为弄堂口的小客厅（图 3.3.24）。

b. 空间资源再利用

将社区弄堂里水泵房上方 4m 多高的空中楼阁进行改造，使其成为一个出入便捷的空中书房，为社区居民提供一处可供读书休闲的公共空间；将里弄边角的理发店、小商店保留下来，通过改造提升，使其成为公共性的居民活动聚点（图 3.3.25、图 3.3.26）。

c. 共享空间再创造

由于贵州西里弄社区的建筑主要为建设时间偏早的老旧建筑。多数家庭都存在着室内空间狭小、缺乏待客空间以及厨房共用的问题，更新改造中提出了"共享"的概念，将原有闲置的居委会活动室改造成了共享厨房与客厅，由居委会进行主要管理，居民可临时借用，

图 3.3.25　水泵房改造前
（图片来源：http://m.sohu.com/a/2825
39986_186647）

图 3.3.26　水泵房改造后
（图片来源：http://m.sohu.com/
a/282539986_186647）

图 3.3.27　社区共享客厅、厨房　　　　　　　　　图 3.3.28　社区舞台

居委会适当收取一些费用以保证该空间的日常维护之需，从而形成一种可持续的运营机制（图 3.3.27）。同时利用共享客厅一侧与道路之间的高差，布置社区大舞台，在狭小逼仄的社区空间中为社区居民提供了一处可举行各类公共活动的公共开放空间（图 3.3.28）。

（2）国外社区建筑更新案例

①德国黑勒斯多夫大板楼改造

德意志民主共和国为了缓解第二次世界大战后的住房缺乏问题，快速建造了大量的板式住宅。然而随着时代的不断发展，早期建设过程中以"多、快、省"至上的弊病日益暴露，开始与人们的居住需求产生许多矛盾，例如：阳台面积不足；空间划分不合理；墙体保温性能差；卫生设施缺乏；建筑整体风貌单调等，20 世纪 90 年代两德统一后，该地区开始了一系列的改造与更新：

a. 改善住宅热工性能

改善住宅的热工性能即首先对住宅的供暖设备进行检修，其次在建筑外边增加保温层，从而提高建筑的保温隔热性能。

b. 改造建筑外观形象

利用平面构成与色彩构成的原理对建筑外立面进行色彩的划分与设计，将外立面划分成不同的几何图形。以浅色为底色，增加红、黄、蓝等亮色进行处理，同时增加其他材质，如涂料、瓷砖、板材等，重新进行外立面提升改造设计（图 3.3.29）。

c. 局部加建

局部加建主要包含建筑局部增加建筑阳台、电梯等，在适当的拐角处加建社区活动中心，在建筑屋顶增设雕塑等，以丰富社区空间，满足居民的实际使用需求（图 3.3.30）。

②日本东京都东久留米市光之丘团地再生工程

日本东京都东久留米市光之丘团地再生工程主要针对社区外部环境质量低下、缺少居民集会空间、住宅层高较低、户内使用空间局促、住宅隔声效果不佳以及老龄化社会到来所带来的各类社会问题。通过实施改善隔声隔热技术、墙体保温技术等措施，以延长社区住宅使用寿命，打造环境负荷减低型住宅，为年长者营造顺应时代发展的高品质新型社区。该再生改造工程主要涉及三栋住宅的更新改造。

a. A 栋建筑

A 栋建筑主要是通过增加现有景观绿化，美化外环境以更新改造城市肌理。同时改善建

图 3.3.29　改造后外观
（图片来源：《弥合创伤·重建共同的家园——访东柏林的大板楼改造工程》）

图 3.3.30　加建后外观效果
（图片来源：《弥合创伤·重建共同的家园——访东柏林的大板楼改造工程》）

筑现状，增加外墙立面绿化；扩大建筑阳台以及门窗洞口；增加开放活动空间；取消入户高差；拆除原有的楼梯，增设电梯、外通廊；将设备管线进行集中化、外部化改造；缩小住宅内梁高，增大层高；增设隔声楼板和天花板（图 3.3.31）。

改造前实景　　　　　　　　改造后实景

图 3.3.31　A 栋建筑改造前后实景对比图
（图片来源：周奕龙《基于可持续理念的城市既有住宅更新改造手法研究》）

b.B 栋建筑

B 栋建筑重新组织组群布局，增设居民使用空间。消减部分建筑屋顶作为露台；扩大建筑门窗洞口；扩大建筑阳台，同时扩大建筑户型；缩小住宅内梁高度，增大层高；增厚现浇楼板；并对设备管线实施集中化和外部化的设计（图 3.3.32）。

改造前实景　　　　　　　　改造后实景

图 3.3.32　B 栋建筑改造前后实景对比
（图片来源：周奕龙《基于可持续理念的城市既有住宅更新改造手法研究》）

c. C 栋建筑

C 栋建筑改造中首先增设社区绿化景观，改造外部环境；扩大建筑阳台；同时将建筑入口改为南侧入口；增设南部入口的玄关小花园；建筑内部增设垂直交通；将建筑三层住宅打通，重设中间楼板，变为 1.5 倍层高，使用喷涂方式增加楼板厚度（图 3.3.33）。

改造前实景　　　　　　　　　　　　　改造后实景

图 3.3.33　C 栋建筑改造前后实景对比图

（图片来源：周奕龙《基于可持续理念的城市既有住宅更新改造手法研究》）

四、社区建筑更新方法

1. 建筑拆建

（1）拆除重建

拆除重建即在拆除部分无保护价值及使用功能的建筑后，重新建设能够为居民所用的新建筑。拆除主要针对的是社区中没有更新改造价值的建筑及各类违规违章建筑。在拆除重建时，可以是在原有建筑的位置重新建造，也可以是拆除后重新规划社区的整体空间布局，改变新建建筑的位置，从而更好地满足居民的便捷使用需求，实现社区土地的高效运用。拆建社区局部违章建筑、不具备更新改造条件的废弃建筑以及对社区整体环境产生负面影响的建筑，能够减少废弃建筑所占空间，为社区增设新的公共绿地、休闲广场、新建筑以及各类公共活动空间。同时违章建筑的拆除也能够减少社区居民使用中存在的安全隐患，改善建筑的日照、通风环境以及社区的整体形象特征（图 3.3.34）。

图 3.3.34　拆除局部违章、废弃建筑

（图片来源：百度图片）

拆建的第一步是确定拆除对象，即何种建筑应该被纳入建筑拆除重建的范畴中，根据《砖混结构建筑损坏等级表》可将建筑的损害程度及等级进行划分，从而更好地进行区分对待，针对建筑损坏程度为Ⅰ级的建筑物可以采取简单维修的方法。针对损坏等级为Ⅱ级的建筑物可以采取小修的方法，针对建筑损坏等级为Ⅲ级的建筑可以采用中修的方式，针对建筑物损坏等级为Ⅳ级的建筑物采取大修或拆建的方式（表 3.3.2）。

砖混结构建筑物损坏等级　　　　　　　　　　　　　表 3.3.2

损坏等级	建筑物损坏程度	地表变形值			损坏分类	结构处理
		水平变形 ε (mm/m)	曲率 K (10°/m)	倾斜 i (mm/m)		
I	自然间砖墙上出现宽度 1~2mm 的裂缝	≤ 0.2	≤ 0.2	≤ 3.0	极轻微损坏	不修
	自然间砖墙上出现宽度小于 4mm 的裂缝，多条裂缝总宽度小于 10mm				轻微损坏	简单维修
II	自然间砖墙上出现宽度小于 15mm 的裂缝；多条裂缝总宽度小于 30mm；钢筋混凝土梁、柱上裂缝长度小于 1/3 截面高度；梁端抽出小于 20mm，砖柱上出现水平裂缝，缝长大于 1/2 截面边长；门窗略有歪斜	≤ 4.0	≤ 0.4	≤ 6.0	轻度损坏	小修
III	自然间砖墙上出现宽度小于 30mm 的裂缝；多条裂缝总宽度小于 50mm；钢筋混凝土梁、柱上裂缝长度小于 1/2 截面高度；梁端抽出小于 50mm，砖柱上出现小于 5mm 的水平错动；门窗严重变形	≤ 6.0	≤ 0.6	≤ 10.0	中度损坏	中修
IV	自然间砖墙上出现宽度大于 30mm 的裂缝；多条裂缝总宽度大于 50mm；梁端抽出小于 60mm，砖柱上出现小于 25mm 的水平错动	>6.0	>0.6	>10.0	严重损坏	大修
	自然间砖墙上出现严重交叉裂缝，上下贯通裂缝，以及墙体严重外鼓、歪斜；钢筋混凝土梁、柱裂缝沿截面贯通；梁端抽出大于 60mm，砖柱出现大于 25mm 的水平错动，有倒塌危险				极度严重损坏	拆建

（资料来源：http://www.doc88.com/p-3496324358555.html）

（2）建筑单体局部拆建

建筑单体的局部拆建主要针对的是早期建设密度较大的社区，通过拆建建筑单体局部的方式达到降低社区建筑密度、容积率的目的，从而改善社区居住环境质量。建筑单体局部的拆建主要包含以下几个方式：

①消减建筑顶层局部

即拆除建筑顶部的局部空间，通过减少建筑屋顶的建筑空间形成开放式的屋顶平台，从而达到降低建筑密度、丰富建筑顶层空间使用功能、增加社区公共活动空间、活跃空间氛围、丰富建筑天际线等效果（图 3.3.35）。

②拆除建筑中间局部

在建筑结构允许的前提下，拆除建筑的中间局部主要针对的是体积庞大、整体形象厚重的住宅建筑，即通过挖空或拆除建筑中间局部从而形成局部架空的建筑通高空间。这些空间一方面可以用作社区公共活动或建

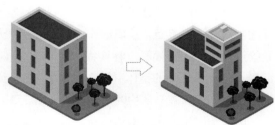

图 3.3.35　消减建筑顶层局部

筑通行空间等功能使用，同时也能够减轻大体量建筑的整体压迫感和笨重感（图3.3.36）。

③拆除建筑底层局部

即在保证建筑承重结构完整、保证建筑使用安全的基础上拆除建筑底层空间的部分墙体，将建筑底部架空，形成通透开敞的空间，为居民提供公共开放交流空间，同时也可将建筑底层空间与社区内部的交通相互连接，为居民创造顺畅、便捷的区内交通流线（图3.3.37）。

图 3.3.36　拆除建筑中间局部　　　　　　图 3.3.37　拆除建筑底层局部

消减建筑顶层局部、拆除建筑中间局部和拆除建筑底层局部都是对于社区建筑进行拆建改造的不同操作形式。需要强调的是这三种方式并非是对立或独立的存在。在实际的运用中，三种方式的使用可以相互组合，更新中应该考虑实际情况，选择最为适宜的组合方式。

2. 建筑改造

建筑改造即在保证原有建筑结构和功能不偏离的基础上针对建筑主要实体构成部分、建筑公共空间环境、建筑户内使用空间及建筑设备与节能等进行改造。

（1）建筑主要构成部分

①建筑结构

建筑结构改造是指在科学的检测和鉴定基础上，对于建筑结构受损的部分，采取合理的维修加固措施，通过对老旧建筑中已受损的部位进行加固改造处理，从而提高结构的耐久性，保证其支撑体的正常安全使用，延长建筑寿命。加固可以针对建筑的整体，也可以是局部。但改造前都必须进行全方位的考虑和衡量，以原结构安全及承载能力为根本，尽可能减少对原结构的损坏。建筑结构的更新改造主要包含混凝土结构加固及钢结构加固两种。

a. 混凝土结构加固技术

混凝土结构加固可以分为直接加固法和间接加固法两大类。

直接加固法中包含了加大截面、置换混凝土、粘钢加固和粘贴纤维塑料四种。加大截面即增加新的一层截面将新旧钢筋相互连接，扩大截面尺寸，缓解截面的承载力（图3.3.38）。置换混凝土即用新混凝土替换损坏的混凝土（图3.3.39）。粘钢加固即使用黏结剂将钢筋与混凝土粘合成统一的整体（图3.3.40）。粘贴纤维塑料即将纤维增强复合材料贴附于被加固区域，从而提高破损结构的承载能力（图3.3.41）。

间接加固法即在结构承受荷载前，对其先施加压力，减少其产生的拉力，提高构件的承受能力。

图 3.3.38　增大截面法加固
图示（左）
（图片来源：https://wenku.
baidu.com/view/7998f415
bele650e52ea99f5.html）
图 3.3.39　置换混凝土法图
示（右）
（图片来源：百度图片）

图 3.3.40　粘钢加固法图示
（左）
（图片来源：百度图片）
图 3.3.41　粘贴纤维塑料法
加固图示（右）
（图片来源：百度图片）

b. 钢结构加固技术

钢结构加固技术主要包含预应力加固钢结构法和构件修复法。钢结构具有自重轻、强度高、变形性能好等优点，但当安装不恰当或反复作用时可能会出现破损或裂纹。构建修复法即当钢构件出现裂纹时，可在出现大面积裂纹的端外进行钻孔，通过焊接的方式进行修复破损。预应力加固即在破损部位的母材上钻孔，减小、分散截面的预应力，形成新的应力集中区（图 3.3.42）。

例如：广州市中心传统老住宅区海珠区的一栋三层住宅建于 1985 年，由于年代久远，建筑存在着与周边建筑距离近、结构危险、热性能差、缺乏自然光等问题。更新改造中为了加强整体结构，采用双人楼梯代替了原有的单级陡峭楼梯；结构上将南北两侧的墙壁进行了加固，设置了更多的窗户，增加更多的自然光照明；为了局部加固，墙体内外设置了钢板，对东侧的墙体进行了内部加固，5 根内部钢柱和各种梁也被植入相应的位置来连接新结构，形成稳定的结构（图 3.3.43）。

图 3.3.42　预应力加固钢结构法
（图片来源：百度图片）

图 3.3.43　结构加固改造前后对比
（图片来源：http://www.urbanus.com.cn/projects/48-shang-meng-sheng-street/?map=c）

②建筑屋顶

建筑屋顶部分的更新改造方法主要包含平屋顶防水保温改造、增加屋顶架空层或构筑物、平改坡、平改绿、增加太阳能设计等几个方面。

a. 平屋顶防水保温改造

在平屋顶的更新改造中，最重要的便是防水和保温隔热。早期所建设的一些老旧建筑，由于在建设过程中未将防水、保温纳入设计实施范围内，或由于年久失修、老化破损等原因，许多建筑屋顶出现了漏水和保温隔热性能差的问题。针对这一问题可采用的更新改造方式主要包含以下几种：

增加倒置式屋面防水保温层，即在建筑屋顶铺设保温、防水层，从而达到防水、保温的目的（图 3.3.44）。

增加架空层，即在建筑屋顶增设架空层，从物理上减少太阳的直接照射及冷空气的直接接触（图 3.3.45），以物理阻隔的方式阻止雨水和太阳的侵蚀，从而达到保温隔热的目的。

增设聚氨酯防水保温层，即通过铺设聚氨酯防水保温层达到防水保温的作用。聚氨酯这种材料施工工艺简单方便，同时兼具防水、保温的作用，在屋顶防水改造设计中使用较为广泛。

图 3.3.44　增设防水、保温层　　　图 3.3.45　增设屋顶构筑物
（图片来源：百度图片）　　　　　（图片来源：百度图片）

b. 增加屋顶架空层、构筑物

增加屋顶架空层、构筑物即在建筑屋顶上增设格栅、坡屋顶或各类构筑物。避免太阳直射建筑屋顶，从而起到遮阳、挡风的作用。这样的方式既可以达到防水、保温隔热的作用，又可以为居民提供屋顶活动空间，同时还可以丰富建筑的屋顶轮廓线。另外，构筑物和架空层与屋面绿化相结合可以起到绿化美观的作用，与晾衣等功能相结合还可达到空间使用功能多样化的效果。

c. 平改坡

平改坡即在保证建筑结构稳定的承重基础上，在平屋顶上方增加坡屋顶结构构造（图 3.3.46）。一方面可以起到保温隔热和防水的作用，另一方面也可以改变建筑的整体形象，丰富城市天际线。同时这种改造方式的最大优点在于其使用寿命长，且改造成果美观，在早期的老旧建筑的更新改造中使用较多。

图 3.3.46 平屋顶改坡屋顶
（图片来源：百度图片）

例如：天津市紫金南里小区针对建筑屋面渗漏、隔热效果差的问题，采取了平改坡改造，通过平改坡，解决了平屋顶隔热、防水性能差的问题。提升了居民的居住舒适度，同时在一定程度上也达到了减少建筑耗能的效果（图 3.3.47）。

d. 平改绿

平改绿即利用植物的生态及美化等作用，在建筑顶部空间种植植物，从而达到改善屋顶环境、形成良好活动空间的效果；同时利用植物的生态特性降低建筑内部温度，提高建筑屋面蓄水排水能力，达到美化建筑屋顶环境（图 3.3.48）、提高建筑内部空间生活舒适度的目的。屋顶绿化改造效果显著，居民使用率高，是当下非常值得提倡的一种屋顶更新改造方式。

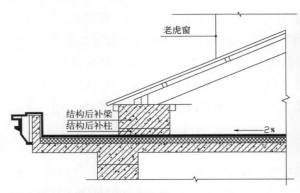

图 3.3.47 平改坡檐口改造图
（图片来源：百度图片）

图 3.3.48 屋顶绿化改造
（图片来源：百度图片）

例如：深圳市蛇口青少年活动中心位于蛇口公园路 4 号，相邻四海社区公园，为社区提供各式各样的课余活动，但活动中心内却没有自然教育课程和相应的教学空间。在社区缺乏自然教育空间的背景下，蛇口社区基金会把蛇口青少年活动中心的闲置屋顶改造为一个服务于居民的社区共建自然活动空间，打造了一个自然生态景观环境良好的户外自然教育基地，提升了屋顶空间的利用率，让蛇口片区的青少年能在真实的场景里体验和探索大自然（图 3.3.49）。

图 3.3.49　屋顶改造前后效果对比图

（图片来源：http://www.szjs.com.cn/htmls/201912/67914.html）

图 3.3.50　太阳能资源利用

（图片来源：百度图片）

e. 增加太阳能设计

增加太阳能设计即在建筑屋顶增设太阳能集热器、光电板等太阳能收集利用设施（图 3.3.50）。在不影响建筑使用功能和整体形象的前提下，充分利用建筑屋顶太阳能资源丰富的优势，收集利用太阳能资源，提高对可持续资源的利用率。

③建筑外墙

早期所建设的建筑由于受到建造时期的施工水平、建造工艺等因素影响，使用的材料大多存在着耐久性能差、种类单一等问题。目前社区老旧建筑外墙主要存在着无任何材料装饰、材料剥落甚至建筑结构直接裸露在外的问题。建筑外墙的更新改造不仅能够形成外墙保护层，降低自然环境对建筑墙体结构的损坏，还能够满足社区居民现如今审美需求的变化，提升社区整体风貌和城市形象。建筑外墙的更新改造主要包含修整建筑外立面、更新立面形式、增加外墙绿化、增加墙体彩绘、增设保温层等几个方面。

a. 修整建筑外立面

老旧建筑的外墙多为涂料粉刷或混水墙刷浆，在长时间的洗礼中老化严重。针对破损程度一般的建筑，修整建筑外立面指保留现有的建筑墙体结构，然后清理建筑外墙杂乱的各类构件，修补破碎墙面，使用合适的涂料及外墙面贴砖、石等，重新修补粉刷建筑外墙，减少自然环境对外立面的侵蚀，形成建筑外表保护层，同时丰富建筑的外立面造型（图 3.3.51）。针对修缮难度较大的建筑外立面，主要采用材质替换的方式，而材质的选择要与建筑的主体相互融合，保证建筑整体形象的一致性。

b. 更新立面形式

更新建筑的立面形式即改变建筑立面原有的单一立面效果。利用玻璃、木材、金属板等新材料通过材质、色彩、形式的变化，对建筑外立面进行立面形式的更新，调整建筑立面分隔、构件及墙面的整体尺度与比例，形成和谐的立面效果（图 3.3.52），使得建筑立面的整体面

图 3.3.51　修整破损墙面

立面构图形式单一

线条式，强调线与面的变化

三段式，强调墙身变化

成组式，强调墙身变化

两段式，强调基座感

图 3.3.52　更新立面形式

貌呈现出焕然一新的景象。

c. 外墙绿化

　　外墙绿化即在建筑的外墙面增加绿化种植，通过种植攀爬类绿色植物或利用某种附属构件组成植物种植区域，发挥植物生态净化及美化环境的特性，达到改善建筑内部空间环境、调节局部微气候、除尘降噪、净化空气、美化建筑外立面等目的（图 3.3.53）。建筑外墙的绿化主要包括藤蔓植物绿化、模块式墙体绿化以及铺贴式墙体绿化几大类。

　　其中藤蔓植物的绿化即利用此类植物的攀爬生长特质，通过人为引导或自然生长使其贴附于建筑外墙，从而达到外墙绿化的效果。模块式绿化即把模块状的植物构件通过连接的方式将其装在建筑外立面，模块状的植物主要由塑料、金属等材料作为种植池培养基，因此其形状、尺寸以及样式种类繁多，在进行模块状绿化时可以选择的范围广泛且使用方式多。铺贴式绿化即在建筑外墙表面直接铺贴植物培养基，植物通过吸收固体的生长基质或液体的生

图 3.3.53　增加墙面绿化

长基质来保证植物的正常生长。

　　d. 墙体彩绘

　　墙体彩绘即在建筑的外墙面绘制具有社区特色或意义的画作。墙体彩绘的方式具有改造效果好、实施可能性大的独特优点，在国外建筑外墙更新改造中使用较为广泛，这种公共艺术介入社区的方式对于展现社区个性、形成社区环境新潮流、拓展社区环境营造新方式具有重要作用，且此方法成本小、易操作、呈现的效果好，因此国内越来越多社区的外墙更新改造中将其作为增添社区趣味的有效途径之一（图 3.3.54）。

图 3.3.54　墙体彩绘

　　例如：上海北站街道社区文化活动中心是由一栋旧办公楼改建而来的，原有的建筑立面形式呆板，为使得建筑形象更加贴近社区，改造中充分吸取了上海本土的石库门建筑色调，强调模仿当地特有的建筑特征，将地方元素融入立面设计中，采取了拼贴、错动的方式，为新建筑增加了富有动感的建筑立面，更新改造后建筑形象鲜明、动感十足（图 3.3.55）。

　　e. 增设保温隔热层

　　建筑外墙的保温隔热是对于居民的使用感受影响较大的部分，早期建设的老旧建筑由于建设初期在保温隔热性能方面的关注较少，因而不少建筑缺失保温隔热层。因此增设保温隔

图 3.3.55　建筑立面更新改造对比
（图片来源：http://www.ikuku.cn/post/21101）

热层是建筑外墙更新中的重要部分。保温隔热层按铺设位置
可将其分为外保温、内保温和中间保温三种。在老旧建筑的
更新改造中，由于外保温在施工过程中不影响社区居民的正
常生活，且保温隔热效果好，能提高建筑结构的耐久性，因
此在更新改造中使用最为频繁（图 3.3.56）。

图 3.3.56　增加外墙保温层
（图片来源：百度图片）

　　④建筑外立面构件

　　a. 建筑外窗

　　建筑外窗是建筑外立面中的重要构件，在建筑外墙中所
占面积大，对建筑整体形象的影响大，也是影响室内温度和室外空间环境的重要因素。然而
在长期的使用过程中，不少居民根据使用需求对自家的窗户进行了更换改造，建筑外窗呈现
出明显的样式多、种类复杂、杂乱无章等问题。针对建筑外窗的更新可结合立面形式的改造，
考虑安全、通风、采光、保温隔热等使用要求，对外窗更换 LOW-E 玻璃、粘贴遮阳膜等方
式（图 3.3.57），从而提高其保温、遮阳、隔热效果。

图 3.3.57　统一建筑外窗

75

b. 建筑阳台

建筑阳台是决定建筑立面设计的重要因素，由于居民在使用过程中常常会根据使用需要对阳台进行私自调整与改造。建筑阳台的改造首先是针对现有阳台结构的修复和阳台外立面的翻新。在我国冬季气温比较低的北方地区，可对阳台作室内化处理，将阳台进行统一的封闭处理，增加室内空间的面积，提升其利用率。同时作为室内外空间过渡部分的阳台，更新中还可以将植物绿化引入其中，通过增设植物种植池，美化阳台环境，丰富建筑立面层次，丰富阳台功能。

c. 遮阳设施

在我国大部分地区，夏季的太阳辐射强度较大，对建筑内部空间的温度会产生较大影响，因此增加遮阳设施是建筑更新改造中的重要部分。遮阳设施的改造主要分为内遮阳和外遮阳两种，其中在老旧建筑更新中主要采用的形式为种类繁多的外遮阳方式（图 3.3.58），例如：挡板、百叶、遮阳棚等。

图 3.3.58 增加统一的室外遮阳棚

例如天津市紫金南里小区更新中针对建筑外立面杂乱不堪、管线设备老化杂乱、违章搭建严重等现象，采取了针对建筑外墙立面、屋顶等内容的改造，粉刷外墙并突出底层材料质感，同时调整空调机位、加做建筑窗套檐口、加固建筑阳台、更换老旧设备管线等，从而达到安全用电，居住舒适度、安全性提高，整体环境质量提升的效果（图 3.3.59）。

图 3.3.59 建筑外立面更新前后对比图
（图片来源：李朝旭，王清勤.既有建筑综合改造工程实例集② ［M］. 北京：中国建筑工业出版社，2010：261－273.）

⑤建筑附属设施

a. 空调外机

由于早期的住宅设计缺乏一定的前瞻性思维，早期建设的建筑大多未考虑空调机位的设置，在长期的使用过程中建筑外墙上常出现空调外机杂乱悬挂的问题，严重影响社区建筑的整体形象。针对空调外机的改造和更新主要以统一空调外机位置、安装统一的排水管道以及利用遮罩遮蔽建筑外机的方式（图3.3.60）。

图3.3.60 安装统一的空调遮罩

b. 违章搭建

由于众多客观因素的影响，老旧建筑中出现了较多的违章搭建，这是影响建筑美观的最大原因。针对违章搭建，原则上该行为属于违法违章，应该采取完全拆除的方式。但如若拆除某处违章建筑对于社区居民的安全将会造成严重影响，则应通过谨慎的考量与论证后再决定其拆除与否（图3.3.61）。

图3.3.61 建筑底层违章搭建

c. 墙面管线

在各类设施设备不断增设的过程中，老旧建筑的墙面管线随之不断增加，出现了墙面杂乱无章的现象。针对墙面管线最合理的方式是对各类管线进行有序化处理。运用线盒、桥架等构件对管线进行有序分类的集中化处理（图3.3.62）。

d. 防盗外窗

早期建设的建筑中许多对于防盗窗并未作统一考虑，在长期的使用中，不少居民会根据自己的使用需求加建不同样式和材料的防盗窗，使得建筑外立面呈现出杂乱的立面效果。而防盗窗又是居民生活中不可缺少的安全保障，因此在保证居民居住安全的同时，减少对建筑立面整体形象的影响，对防盗窗进行统一的更换和改造设计相对于拆除是更加现实的一种更新途径（图3.3.63）。

图 3.3.62　线盒集中管线

图 3.3.63　统一建筑防盗窗

例如：天津市紫金南里小区利用三年的时间，针对 6 栋 6 层砖混结构的住宅建筑实施了综合改造。针对建筑立面的私搭乱建现象及水管电线老化现象，通过粉刷建筑外墙、突出底层材料的质感、调整空调外机机位、更换老旧管线的方式，达到提高小区整体环境的目的。

（2）建筑公共空间环境改造

①增设电梯

1987 年我国颁布的《住宅建筑设计规范》中规定七层及以上的住宅建筑应设电梯。但由于规范颁布早期的实施落地不普及，许多老旧建筑尽管超过七层，但依然未设置电梯，依旧采用步行楼梯的交通方式，对老弱病残的出行及货物的上下搬运有很大的限制。在人们生活水平不断提高与老龄化社会到来的社会大背景下，在老旧建筑中增设垂直电梯成了刻不容缓的事情，也是提高居民生活舒适度的重要手段。在 2018 年全国两会上，国务院总理李克强代表国务院作《政府工作报告》，提出"有序推进'城中村'、老旧小区改造，完善配套设施，鼓励有条件的加装电梯"，"加装电梯"首次被写入了《政府工作报告》中。2019 年的政府报告中提出"城镇老旧小区量大面广，要大力进行改造提升，更新水电路气等配套设施，支持加装电梯，健全便民市场、便利店、步行街、停车场、无障碍通道等生活服务设施"，"加装电梯"再次被写入《政府工作报告》中。鼓励在经济支持、建筑结构、空间条件、社区居民意愿等各类条件允许的情况下，针对建筑单体设计增加电梯。目前常用的电梯模式有两种：

　　a. 平台入户

　　平台入户改造方式即在楼梯休息平台处加建电梯。该方式的优点在于其对建筑结构的影响小，但是这种方法存在的关键问题在于其不能直接入户，由于其出入口位置位于步行楼梯的休息平台处，因此若需到达休息平台处，则仍需上下半层楼梯，因此无法实现完全的无障碍。这种改造方式对于垂直通行具有一定的改善作用，但仍旧存在着一定的弊端。

　　b. 外廊连接

　　外廊连接改造方式即通过外廊将建筑一侧拓宽，从而使得电梯通过外廊与各住户之间形成直接的连接，人可以不通过步行楼梯及原有的入户门直接入户，从而实现完全的无障碍通行，但该改造方式存在着影响原有户型布局的弊端。

　　平台入户与外廊连接都是增设电梯改造的重要方式，针对垂直电梯的更新改造最重要的是选择适合建筑现有状态的方式（图 3.3.64）。每一种改造方式都有其优缺点，例如：改变原有的户型或入户门、对建筑结构产生一定的影响、运行时产生噪声、对采光造成一定的影响等。因此在选择电梯增设模式与方法时应该根据实际情况，综合考虑老旧建筑的现状和特点进行设计和选择。

图 3.3.64　增设电梯

　　由于国家产业升级战略，条件较差的产业园区宿舍逐渐空置，逐渐因为缺少公共功能而缺乏社区性，深圳宝安区全至科技创新园针对这一情况通过更新改造使其成了一个多元的、生活丰富的社区。

　　改造前建筑由 3 栋建筑组成：两栋相同的内走廊平面布局的建筑和一栋外走廊平面布局的"L"型建筑。设计通过在两栋内走廊的建筑之间设置电梯厅，把两栋建筑连成一体。利用一体化疏散的连通性，把其中一个楼梯改造成两个电梯井。改造前宿舍布局只满足休息功能，空间狭小人多。为了扩大室内使用空间，阳台由外墙出挑钢结构楼板搭建而成。户与户之间的隔墙有红、黄、灰三种颜色，这些颜色散落点缀着整个立面。遮挡空调室外机的格栅则是由横竖变化的体系构件构成（图 3.3.65）。

改造前实景   改造后实景

图 3.3.65 建筑立面及电梯改造前后对比

（图片来源：https://baijiahao.baidu.com/s?id=1645630739142047572&wfr=spider&for=pc）

例如：在 2020 年春节爆发的传染性较强的新型冠状肺炎预防工作中，减少居民在社区公共空间中的接触成了一项至关重要的工作，人们 24 小时生活的社区面临着颠覆性的需求变化，前所未有的疫情催生了社会的巨变，社区公共空间的通行与停留是社区居民"接触""感染"的重点区域。社区中的智能化改造与升级成了特殊时期的"刚需"。手机"预约电梯"、人脸识别开门等众多无接触的智能化改造应运而成，在未来也必将会成为社区建筑及各类设施更新改造中的重要板块。

②楼梯间改造

楼梯是居民进出建筑的必经之路，早期建设的建筑其楼梯间大都比较窄小，对于行动不便的居民来说，狭窄的楼梯是出行中的最大通行障碍，上下楼梯的不便捷在很大程度上减少了社区居民外出的活动频率。因此楼梯间的改造是老旧建筑改造中的重要部分。

a. 扩建休息平台

休息平台在许多老旧建筑中常常出现被杂物占据的状况，这使得原本就狭窄的楼梯间更为狭小，因此在建筑结构允许的条件下，适当地向外扩建休息平台，扩大其面积，可以使得急救设施以及货物的上下搬运更加便捷，更能提升居民的生活幸福感。

b. 局部设施改造

在长时间的使用中，楼梯的踏面、扶手、照明等局部设施会出现老化、破损的现象，存在一定安全隐患，因此对于这些设施进行人性化的改造设计也是针对建筑楼梯改造中的重要部分。例如：上海市新华街道的敬老邨建造于 1948 年，是早期国营新裕纺织厂的职工宿舍。建成约 70 年，是典型的老公房建筑，居民多为年迈的老年人，目前主要存在着诸如公共空间少、缺少整块的锻炼和休闲空间等问题。针对楼道破败杂乱、缺乏无障碍设计和公共活动空间、整体环境品质低下等问题（图 3.3.66），更新改造中重新梳理调整了楼道内的各类管道线路，将建筑内部空间按照楼层设置为了不同的主题色彩，提高了各楼层的标志性（图 3.3.67），同时楼道内增加了多处可满足老年人使用需求的折叠座椅和扶手。早期屋顶空间杂乱无章，居民使用率低（图 3.3.68），更新改造中将屋顶空间改造成了开放的会客空间、晾晒区域以及种植区（图 3.3.69），为居民增加了休闲、交流、晾晒的区域，提升了空间环境的品质。

图 3.3.66　楼道更新前　　　　　　　　　　　图 3.3.67　楼道更新后
（图片来源：百度图片）

图 3.3.68　屋顶更新前　　　　　　　　　　　图 3.3.69　屋顶更新后
（图片来源：百度图片）

③单元入口改造

社区建筑的单元入口是建筑室内外空间的过渡、缓冲和衔接，是公共空间中重要的一部分，是居民进出的必经地，是社区建筑的重要形象空间，也是构成建筑整体形象特征的重要元素之一。早期的入口空间设计大多未考虑到无障碍设施的通行需求以及入口的标志性设计，大都存在着入口空间狭小、设计标准低、缺乏一定形象特征的问题。因此在建筑单元入口的更新改造过程中可以通过增加和强调无障碍设计、扩大入口空间、强调入口的标志性等方式对单元入口空间进行更新改造。

a. 强调无障碍设计

在老龄化社会到来的社会背景和老旧社区老年人口占比较高的区域背景下，建筑单元入口的无障碍设计显得越发重要。更新改造可以通过拓宽入口宽度以保证残疾人轮椅的顺利通行；设置坡度适宜的专用坡道保证轮椅及拐杖使用者的自主出行。同时还应该预留足够的转弯空间及方便撑扶的栏杆扶手。在入户门的选择上，应选择简单易操作的门，保

图 3.3.70 单元入口增加无障碍设计

证便捷开关。其次在材料的选择上应选用防滑、防磕碰等保护类的材料，保证使用安全（图 3.3.70）。

b. 扩大入口空间

对于建筑入口空间狭小的问题，首先应该扩大入口单元的面积，使得住宅建筑中这一重要的公共空间可以充分发挥为居民提供停留、交谈场所的作用，同时还可以增设单元门禁、信件箱等配件设施。若存在一定的改造条件，也可在该区域内设置座椅，使其成为单元居民休憩、交谈的空间，活跃空间氛围，促进居民交流（图 3.3.71）。

图 3.3.71 增加单元入口门禁、信件箱

c. 强调入口标志性

早期建设的许多小区由于建筑形式相同，道路景观相似度高，单元入口形象雷同。居民无法清晰地辨别单元楼号。因此可以通过增加建筑构件，设置入口廊架，添加植物装饰，强调颜色、形式或材质等方式来展现单元入口的形象，提升居民的归属感，强调入口的标志性。例如：上海市长宁区新华路街道 669 弄针对社区建筑单元入口相似度高、缺乏标志性、入口空间杂乱等问题，将单元入口内部空间的墙面、楼梯等使用金属管道包裹，入口单元大门采用与之相匹的管道金属门，硬朗的线条下充满着设计感，使金属管成为这栋楼的主要装饰物，利用镀锌钢裸管弯折出贯通两层的一种帘幕装置，吊顶与墙壁部分的帘幕隐藏了杂乱的管线，

图 3.3.72　单元入口及内部空间更新改造

通过切片的方式配合灯光效果营造出连续的走廊空间（图 3.3.72），以及特征鲜明的入口标志空间。

（3）建筑户内使用空间改造

由于建筑户内使用空间属于住户的私人空间，涉及住户的个人利益，每个住户的需求也具有明显的差异。其更新改造将会涉及政府、个人，以及经济、产权等多方面的复杂主体及元素。因此本书建筑更新部分对户内使用空间的具体更新改造方法不作详细的叙述，仅列举建筑户内空间改造的典型案例作为参考。

在上海曹杨新村的更新改造中，针对单元内住户拥挤、基础设施配置缺乏、单户人家面积狭小、居民整体居住品质低下的问题，更新改造中既需要保护社区风貌，又需要改善居民的居住条件。在这一特殊的改造前提下，曹杨新村采取了"抽户"的方式，即将每单元中的部分居民抽离出来，然后将空出来的房屋面积通过综合设计与调整分摊给留下来的居民。抽出部分的居民拿到一定的补贴，留下的居民通过面积调整分摊。这样的方式增加了单户的使用面积，使居民拥有了独立厨卫，在保护了社区整体风貌的基础上也给居民提供了更加舒适宜人的居住环境。

上海鞍山三村在老龄化严重的当下，针对建筑户内使用空间狭小、厨卫与房间分离、缺乏南向晾衣空间、无障碍设计缺乏等问题，对入户空间、厨房、卫生间等进行了适老化改造设计（图 3.3.73、图 3.3.74）。

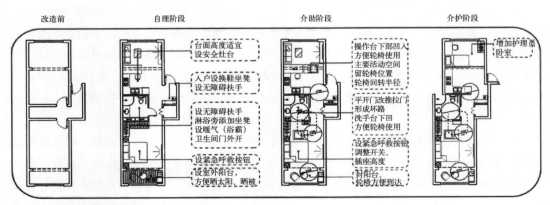

图 3.3.73　户型 1 改造方案

（图片来源：涂慧君，冯艳玲，张靖，宣一洲《上海工人新村适老改造更新模式探究——以鞍山三村为例》）

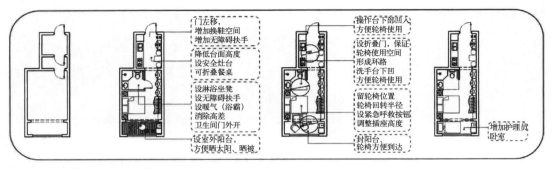

图 3.3.74 户型 2 改造方案

（图片来源：涂慧君，冯艳玲，张靖，宣一洲《上海工人新村适老改造更新模式探究——以鞍山三村为例》）

套型比是某一种套型的数量占居住区总套数的百分比。其作用是控制居住区内各种套型所占的比例，适宜的套型比可以满足相对应的用户的需求，减少空置房，增加居住适应性。受到经济水平、家庭结构及生活方式的变化，我国的套型设计大体上经历了早期的经济型、后期的小康型，再到如今的舒适型三个阶段。目前不少地区都出台政策规定中小户型（90m²以下）的住宅面积不得低于该地块住宅总建筑面积的 50%。因此在建筑户内使用空间的改造中，套型比的调整与控制是户内空间改造的重要部分，改造中要结合当下社区居民的使用需求适度调整户型的套型比，保证居民的基本住房需求。

成套率的调整也是社区老旧建筑改造中的重点。住房成套率是指成套住宅建筑面积占实有住宅建筑面积的比例，是反映居民居住质量的指标之一，它可以避免人均住房面积只反映居住面积大小，而不能反映生活方便程度、卫生条件好坏等居住质量的缺陷。针对社区老旧建筑成套化改造主要是提高建筑的"成套率"，使旧住宅能够具有独立的煤、厨、卫等生活配套设施。对于老旧建筑的现存状况，在所属性质改造中可根据实际情况对老旧建筑进行适当的成套率调整。

（4）建筑设备及节能改造

建筑设备的更新主要包括原类型更新和新类型更新两大类。原类型设备更新主要是将老化磨损严重的老旧设备拆卸，更换为结构、性能相同的新设备。例如：将老化破损的电箱、建筑消防设备和管道等更换结构完整、性能相同的新设备。更换新类型的设备指的是用技术上更先进、经济上更集约的新设备替换物质、经济等方面不具有优势的陈旧设备，例如：替换加压储水设备、消防系统等。或增加随着新技术发展以及居民需求更迭的新型设备，例如：增设网线、新风、天然气、社区智能化管理系统等新型设备，为社区居民提供卫生、舒适和方便的生活环境。

能源的消耗和生态经济可持续的发展模式如今已成为当今世界的焦点问题，建筑的节能改造是我国实行节能减排工作中的重要板块。建筑的节能改造对于改善室内空间环境、减少温室气体排放、节约能源具有重要意义。建筑节能改造时，我们可以利用相关的节能计算软件（例如：Ecotect 节能设计软件），通过分析区域气候资料、概念模型分析方案的形式，优化建筑的太阳能、照明及通风系统，选择最优方案。社区建筑的节能改造方法主要分为以下几个方面：

①建筑外墙节能改造

建筑构件中墙体所占面积最大。冬季通过建筑外墙所消散的热量大约占总耗热量的20%，因此在建筑节能改造中建筑外墙的节能改造是最为重要的板块，建筑外墙的节能改造即主要通过增设保温层、粉刷隔热材料、增加遮阳设施或墙体绿化等进行有效的保温隔热。

a. 增设保温层

增设保温层的方法即在建筑外墙内部或外部增加保温隔热材料，从而减少建筑外墙的传冷导热系数，降低冷热温度在建筑内外空间之间的传递速度，提高外墙的保温隔热性能，使得建筑内部空间的温度令人感到更加舒适，从而降低建筑耗能。

b. 刷隔热材料

刷隔热材料即在建筑表面粉刷一种新型隔热材料。利用隔热材料所具有的反射性特征，将太阳辐射反射转移到外界空间环境中，从而降低建筑耗能。这种材料的隔热效果较好，在夏季炎热、冬季暖和的地区，其隔热效果更加明显。

c. 增加遮阳设施

增设遮阳设施即建筑外窗两侧增加如卷帘、格栅、遮阳棚等类型的物理遮阳设施，对外部的太阳辐射进行遮挡，通过减少太阳对室内的直射，避免室内温度升高，降低建筑耗能。遮阳设施一般分为内遮阳和外遮阳两大类，外遮阳即通过在窗户外侧增加遮挡物形成室外遮阳（图3.3.75）；内遮阳即在外窗内侧设置遮挡物形成室内遮阳。内遮阳的遮阳方式安装方便、安全且不会破坏建筑外立面，但是遮阳效果不如外遮阳效果好。

d. 墙体绿化

墙体绿化即利用绿色植物吸收 CO_2，释放氧气的效能，在建筑外墙种植植物，从而起到一定的隔热作用。常用的墙体绿化方式多为种植攀援类植物覆盖建筑立面，阻隔太阳辐射，从而降低建筑耗能（图3.3.76）。

例如：2019年8月河南洛阳涧西区洛耐社区进行了建筑外墙保温改造，利用先进的节能技术和产品，通过对建筑外墙、阳台等围护构件增设保温隔热层、更换保温玻璃等方式开

图3.3.75　增加外遮阳设施

图 3.3.76 增加墙体绿化

图 3.3.77 建筑外墙节能改造施工
（图片来源：百度图片）

展建筑节能改造，利用中空玻璃、保温门等节能产品降低建筑室内外的传热系数，减少冬季室内热量的散失、降低夏季室外温度对室内温度的影响。降低居民户内采暖和制冷的需求，提升居住舒适度（图 3.3.77）。

②建筑外窗节能改造

建筑的外窗是建筑的重要组成要素，也是建筑内部空间损失热量较大的部分，早期建设的建筑门窗多为气密性能、抗风压性能及保温隔热性能较差的单层玻璃。建筑的节能改造中，外窗的改造是关键部分。建筑外窗的节能改造方式主要分为密封外窗窗框、更换新型节能外窗、更换双层外窗及外窗贴膜几种方式。

a. 密封外窗窗框

密封外窗窗框即利用密封材料密封建筑现有外窗与建筑之间的缝隙，避免户内热量通过缝隙散失，从而起到降低能耗的作用。这种方式施工工艺简单、快捷，效果好且性价比高，使用较为广泛。

b. 更换节能外窗

更换节能外窗即用诸如中空玻璃、LOW-E玻璃等新型节能外窗替换现有的单层玻璃外窗，从而起到降低能耗的作用。

c. 改为双层外窗

改为双层外窗即在原有单层外窗的基础上，在窗户外侧或内侧增设一层新窗，形成双层外窗，从而起到降低能耗的作用。双层外窗可以在一定程度上减少室内热量的损失，但是会降低使用上的便利度。

d. 外窗玻璃贴膜

外窗玻璃贴膜即在现有的外窗玻璃表面贴一层高性能的贴膜，使得贴膜与玻璃之间形成密闭的空间，增加玻璃的热阻性能，从而起到降低能耗的作用。

③建筑屋顶节能改造

屋顶是建筑的第五立面，是建筑围护结构的顶盖，也是建筑节能改造中的重要部分，可以帮助建筑抵御一部分不可抗因素的影响，使得建筑内部可以具有良好的居住环境。屋顶的节能改造一般分为平屋顶节能改造和坡屋顶节能改造，其中平屋顶的节能改造最为常见，主要包含以下几种方式：

a. 增加热阻隔

由于经济、技术、材料等方面的限制，早期建设的许多建筑屋顶存在着热阻较小、保温隔热性能较差的问题，室内空间环境舒适性低。增加热阻隔可以提高屋顶的保温隔热性能，从而起到降低能耗的作用。

b. 增加建筑降温

增加建筑降温一般可采用两种通过增强通风使建筑降温的方式，一种为建筑防水层上的通风，一种为建筑防水层下的通风。两者皆为借用风压与热压相互作用的力，以风的流动带动夹层热量流动，从而降低建筑屋顶温度。另一方面通风层也能够遮挡阳光，减少阳光直射对室内温度的影响，提高建筑内部空间的舒适性。

c. 降低外部综合温度

直接接触于室外气温与太阳照射的建筑屋顶，往往温度会比周围的空气温度高出很多。铺洒高反射性的材料可以反射大量的太阳照射，降低屋顶的热量吸收能力，降低室内温度；同时降低建筑外部温度的另一种途径是屋顶绿化，即借助于屋顶植被的光合作用及阻隔日光直射的作用，达到降温隔热的效果。这些都是降低建筑外部温度的有效途径。

3. 建筑保留

（1）活化利用

建筑的活化利用是针对社区中具有一定历史价值的老旧建筑，按照建筑的原有功能予以保护进而继续使用。通过修缮保留并延续极具特色的地域性建筑风貌，使得老建筑可以物尽其用。尽管保护的核心针对的是历史建筑本身，但是建筑活力产生与保持的最主要因素之一就是社区居民的参与。因此保护针对的不仅仅是建筑本体，还应维护其原真性，保护包含建筑在内的各类要素的综合，尽可能地保留其现有的社区生活状态和社区文化特征，保证社区居民的真实生活方式和传统邻里关系特色。简言之即积极地保护和合理地使用便是对建筑最好的保护。对于具有使用价值的社区老旧建筑可将其作为具有展示功能的主题展览馆或社区配套加以使用，例如社区服务中心、公共活动场所等。

例如：北京茶儿胡同8号院更新改造。8号院不同于一般的四合院，是清咸丰年间重修的古寺旧址。经过150余年的岁月，除了尚存轮廓的正殿屋顶，已经看不到古寺香火的影子，取而代之的是市井生活的烟火气。精心改造后8号院保留了原有大杂院的空间特质，充满生机与活力。前期居民们加建的结构被重新设计、修复和再利用：东屋凸出的部分成了阅读平台；西屋的加建部分成了艺术教室的一角；院中的两个厨房，一个被保留为茶水间，另一个成了小小的艺术展厅；朝向庭院的大玻璃窗让空间更加透亮，而从墙上拆下的旧砖，则围绕着两个厨房垒成旋转式阶梯，直通屋顶的小露台。

改造后的 8 号院被命名为"微杂院"。更新既在保留原有结构的基础上对空间进行了改造，又保留了杂院的文化特质。在保留下建筑本身的同时，活化功能使用，使其作为儿童图书室、艺术教室、舞蹈多功能室和带露台的茶水间与艺术展厅使用（图 3.3.78）[12]。

（2）局部保留

社区老旧建筑具有承载城市及地区发展印记的特点，是时代发展的历史产物，具有其独特的时代特征和形式美，是承载社区居民记忆的重要物质载体。然而在时代的发展过程中，不少的老旧建筑由于损坏严重或不能满足新的使用功能，不能得到很好的保留。因此，对社区的老旧建筑进行局部的保留和改造是满足当下使用需求、延续社区记忆的重要方式。建筑局部保留即针对具有一定历史文化价值或地域性特色，但建筑整体保留存在一定难度的建筑，进行局部的保留和改造，利用现有技术与材料对这些建筑进行修缮改造和局部重建，达到保留修缮和改造的平衡统一。例如：拆除建筑内部，保留建筑的局部外立面；将原有的建筑构件进行保留利用，将现代元素融入其中（图 3.3.79），形成具有地区代表性的建筑形式。

图 3.3.78 微杂院里的社区公共活动
（图片来源：百度图片）

图 3.3.79 建筑局部构件保留

例如：广州恩宁路永庆坊的建筑单体改造中，挖掘不同危房的特色，结合未来各建筑的功能特点，"对症下药"进行更新改造。结合场地中留存下来的唯一的一栋红砖建筑，保留其原有的建筑外墙红砖，加固构件，延续传统的戏台，最大限度地尊重历史文脉、历史材料，还原历史质感和历史生活场景。将已拆除的面积移植到同一街区的其他部分，实现"异地平衡"（图 3.3.80）。

4. 建筑功能置换

本书中所讲到的建筑功能置换主要针对的是老旧社区中的非文物保护类建筑。社区中的文物保护类建筑应按照国家及地方相关法律法规进行各项保护工作。

在时代的发展中，社区中的一些老旧建筑在结构保存良好的状态下，原有的使用功能逐渐不能满足当下的使用需求。功能置换在一定意义上是指随着人们行为活动的改变，从而带

图 3.3.80　永庆坊建筑更新改造前后对比图
（图片来源：https://m.sohu.com/a/291155037_684779）

来了建筑空间中的活动内容、行动流线等多方面的变化。功能置换即在维护和修缮的基础上，用新功能代替建筑的原有功能。在保护建筑历史特征的基础上，对建筑外观、结构、装饰进行改造，完善功能布局，使其能更好地适应新的功能需求。在城市存量发展的背景下，在不增加社区内现有建筑面积的基础上，功能置换成为社区发展过程中的必然产物，目前社区建筑的功能置换主要为居住建筑置换为公共建筑。

　　建筑功能置换的主要方法为建筑内部空间的重组、建筑功能的置换以及建筑形象更新、环境的改造。

　　（1）建筑内部空间重组

　　建筑内部空间重组主要包含以下三点：拆分整合重组、扩充整合重组和复合置入共享空间。拆分整合重组，即通过拆分整合和外围护界面虚化处理的方式提高空间开敞度和开放性，拆除多余的隔墙，使空间相互渗透、开阔流通。根据要求重新划分空间，灵活多变地设置空间隔断，采用虚体的界面围合，满足多种功能的复合。扩充整合重组，即在改造过程中，针对原有建筑空间不足、难以容纳现有需求量等问题采用扩充和集中整合的方式解决。原有空间布局松散时，可以采用加建的方式，结合室外空间和部分灰空间，形成较大的开敞空间；原有空间布局紧凑时，集中整合零散空间形成足够的空间。复合置入共享空间，即将空间中具有差异化的功能集中布置，在充分发挥其差异化功能的基础上聚合、协同，从而产生更加集约高效的作用。

　　（2）使用功能置换

　　内部空间的改变是实现建筑功能置换的基本，建筑的功能置换始终都是建立在保证建筑原真性的基础上的，建筑内部空间的更新同样如此。内部空间的更新改造需要在不调整原有空间布局的基础上修复损坏部分、增设各类设备或设施、调整使用功能等以适应新的使用需求（图 3.3.81）。

　　（3）建筑公共空间环境改造

　　建筑和环境相互影响、相互制约。建筑的公共空间环境改造同样是实现建筑功能置换的重要一步，因此在完成建筑功能转换时需要对建筑公共空间环境进行改造，使其能够更好地

图 3.3.81　社区居住用房功能置换：上海市愚谷邨社区乐龄生活馆

图 3.3.82　建筑公共空间环境改造

图 3.3.83　建筑形式新塑造

满足新的使用需求。例如：可以通过改善建筑外部景观、合理规划外部交通系统、提取地域文化元素、营造建筑文化氛围等方式改造建筑外部的空间环境（图 3.3.82）。

（4）建筑形象更新

建筑形象的更新主要为建筑原有肌理的修复和新肌体的介入两个方面。修复原有建筑肌理即利用新材料通过现代手法对建筑作"修旧如旧""修旧如新""修新如旧"处理，使得建筑形式呈现出独特的地域特征，提高建筑的艺术和经济文化价值，保护社区建筑风貌。新肌体的介入即通过增加新的部分来实现与老建筑的新旧融合（图 3.3.83）。建筑形象的更新不仅能继承老旧建筑的原真性特色，还可以重焕建筑活力。

在建筑的功能置换中，应该将原有建筑的空间特点作为重点考虑其中。不盲目改变建筑的功能和用途，考虑建筑特色的植入以及旧有功能与新功能的相互匹配，以便于后期的使用和管理；同时整个过程中应尽量少拆除、多利用，充分利用现有资源，最大化利用现有资源，减少不必要的浪费，对建筑进行功能重塑。

在社区建筑中，常常进行功能置换的是社区中容易被人们忽视的闲置空间或者使用率较低的局部公共空间。在众多的社区建筑中，由于生活服务设施的不完善，不少的建筑底层空间被改造后作为商业经营使用。针对这一情况可对建筑的局部空间进行功能置换。例如：将建筑底部空间转换为社区服务处、物业管理处、便民生活超市、社区历史展览馆、社区养老服务中心等，丰富居民的日常生活，提升居民的生活便利度，提升底层空间的使用价值和商业价值。一方面可以最低程度地改变建筑的现有状态；另一方面可以盘活社区的消极空间，使其成为社区建筑的有机组成部分。

例如：上海普陀区石泉路 49 弄小区内的水泵房改造。该空间过去是用来抽取污水并泵送到其他地方的水泵房。随着时代的发展，如今水泵房已废弃多年，大功率的水泵机已被拆走，建筑内部留下了三个方形的大"黑洞"。"黑洞"与地下河流连通，地下室有 10 米深，形成一个密闭的大臭水沟，常年滋生蚊蝇和恶臭，还会产生沼气。咫尺之外生活的居民怨声载道，水泵房变成了小区里一个无人敢进的阴森小黑屋。社区更新中将三个"黑洞"清理，并将室内两层改成三层复式，一层室内的楼梯连接二层网格化办公室。如今水泵房已经变成了石泉路街道的网格化中心。走进中心内部，带落地窗的办公室简洁明亮，两层变三层的复式结构布局精巧，木制的楼梯错落有致。网格化中心的大屏幕闪动，显示着街道各个街区的监控画面，工作人员实时监控并处理 12345 投诉。二层露台延伸到香樟树的林荫下，雨季的时候会出现落英缤纷的景象。置身其中，让人很难将过去阴森的水泵房与眼前这个充满现代感的建筑联系在一起（图 3.3.84）。[13]

图 3.3.84 石泉街道水泵房改造前后对比

上海市长宁区新华街道 669 弄的"睦邻微空间"也是社区建筑功能置换的一个典型案例。最初该空间为工人新村固定的电话亭，随着时代的更迭逐渐退出了历史的舞台，成了社区闲置空间，居民们自发搬来了闲置的椅子，将其作为社区的临时休息点。社区更新中延续了空间的现有使用功能。为居民设计了供休憩、畅谈的长椅，将外面的窗户全部打开，既是窗台，也是一处长椅，室内室外皆可落座（图 3.3.85）。空间虽然不大，但却包含了许多有意思的功能。置物柜上方的留言板贴着许多美好的新年愿望；下面有许多居民"断舍离"的物品，一侧与邻里分享物物交换的记录簿上书写着每个人的收获与感恩之情；该空间后期的运营由设计指导方上海万科的工作人员轮流到微空间内打扫卫生、收拾物品，与社区里的老年人交流，并根据他们的诉求或是添置物品，或是帮助他们把建议反馈给有关部门。该"睦邻微空间"更深层次的含义不仅仅是将废弃的闲置空间充分地利用了起来，更重要的是为社区居民提供了可以沟通交流的社区公共空间，居民可以在这里举行各种活动（图 3.3.86），增进邻里感情。

图 3.3.85 新华街道 669 弄睦邻微空间

图 3.3.86 社区影像展活动

五、小结

随着时代的发展，人们对于居住条件的追求逐渐开始向更高层次发展，社区建筑中占比最大的住宅建筑是最接近于人们生活、关系到国计民生的重要组成。在我国资源短缺的约束下，面对当下数量庞大的老旧社区建筑，更新改造是许多国家在城市化发展到一定阶段所必须要面临的问题。在城市存量发展、住宅建设由规模数量为上转为质量提高为主的当下。针对建筑内部空间、设施、形象等要素不能与居民当下生活相适应的问题，建筑改造成为延长建筑使用寿命、提高建筑环境及设施合理性的重要方式。与大拆大建的改造不同的是，更新是以循序渐进的修复、活化和培育来改善提升社区环境的，其有助于保持社区的生机和活力。社区的更新改造涉及的范围广，更新的整个过程涉及多专业相互交叉的系统性工程，需要考虑的不仅仅是技术难题，更有政治、社会等多种因素的可操作性限制。虽然本书在社区建筑更新改造中主要针对建筑本体进行硬件设施的改善与提升，但是更新的最终成果不仅仅是物质空间环境的整体提升，也会是解决社会、经济、生态、生活等问题的重要推手，因此在更新改造中我们需要将政治、经济、文化等因素纳入考虑范围内。

思考题：

1. 老旧建筑具有哪些典型特征？
2. 我国目前的社区建筑更新中常出现哪些问题？
3. 思考早期的"拆建式"改造与当下的渐进式"更新"的差别？
4. 建筑更新改造的方法主要可以归结为哪几类？
5. 如何能够在建筑更新中延续城市文脉？
6. 在更新中如何处理新旧建筑的关系？

第四节　社区公共服务与市政设施更新

一、社区公共服务与市政设施的定义

1. 公共服务与市政设施

公共服务设施是指为市民提供公共服务产品的各类公共性、服务性设施。[14] 公共服务设施是由公共、服务、设施三个词语或者是公共服务与设施两个词语构成的合成词，是这些词语含义的整合。[15] 受一种把市场制度中的人类行为与政治制度中的政府行为都纳入统一分析视野的理论所支配，公共服务成为21世纪公共行政和政府改革的核心理念，包括加强城乡公共设施建设，发展教育、科技、文化、卫生、体育等公共事业，为社会成员参与社会、经济、政治、文化活动等提供保障。公共服务以合作为基础，强调政府的服务性，强调公民的权利。[16]

市政设施是指由政府、法人或公民出资建造的公共设施，一般指规划区内的各种建筑物、构筑物、设备等，包括城市道路（含桥梁）、城市轨道交通、供水、排水、燃气、热力、园林绿化、环境卫生、道路照明、工业垃圾医疗垃圾、生活垃圾处理设备、场地等设施及附属

设施。

2. 社区公共服务设施

社区级公共服务设施是指公共服务设施中服务于社区一级的设施，常与街道级、地区级等层级相区别。目前，国内关于社区公共服务设施的研究，认为公共服务设施的目的是为居民提供基本的生活服务保障；其服务对象具有一定的地域范围；其设施种类主要涉及保障居民日常生活的各类设施，如社区商业服务、基础教育、文化体育、医疗卫生等类型。

重庆市《社区公共服务设施配置标准》中规定："社区公共服务设施是指以社会服务为目的，以公益设施为主，便利社区居民生活、满足身心健康发展需要、方便社区管理而建设的具有行政管理、教育、医疗、卫生、文化、体育、商业、养老、救助、治安等功能的相关设施。"[17]

结合以上内容，将本书中社区公共服务与市政设施更新中所涉及的更新对象界定如下：本书社区公共服务与市政设施更新中所提到的"社区"并非以社区居委会作为分级标准的狭义的社区，而是包含街区、社区居委会及类似空间尺度的生活性区域。所包含的公共服务与市政设施主要的是与社区居民日常生活直接需求相关的服务设施。主要包含社区教育、医疗、卫生、商业、养老等公共服务设施与社区道路、给水排水、管线、停车等市政设施。

二、社区公共服务与市政设施更新的相关理论及典型案例

1. 社区公共服务与市政设施更新的相关理论

（1）邻里单位

邻里单位理念起源于社会学，1929 年佩里的著作《邻里与社区规划》中首次出现了邻里单位的概念，佩里的核心准则延续了早年小学与社区之间的关系，依据小学来确定邻里单位的规模，通过规划设计以落实保障每个家庭能有一个安全舒适的生活环境，保障孩子得到应有的教育。

邻里单位是居住环境中最小的单元，但是其配套设施服务很完备。根据居民的日常所需设定服务内容；根据设施的服务范围来控制人口和用地规模；有序组织社区居民的生活；同时还提出注重社区环境氛围、关注行人出行安全、不同社会阶层的居民应该增进交流等要求，这些理念对于许多街道社区公共服务设施问题的解决具有重要意义。

（2）新公共服务理论

《新公共服务——服务，而不是掌舵》[18]一书中，基于新公共管理理论的扬弃提出了一系列理念，强调公共行政在以公民为中心的治理系统中的重要位置；其中核心理念重点强调了政府"掌舵者"的角色，而非一味"服务者"。该理论涉及的七项主张大致囊括了服务型政府所具备的主要特征，并提供了一个新的公共行政范式，引导公共部门创新实践。既强调社会制度的首要价值是公平正义，又明确政府作为基本公共服务的供给者，应关注决策对于公共服务的需求；从破碎化的利益中凝结"共识"。[19]

（3）生活圈理论

国内学者提出的"生活圈"是指居民以家为中心，开展包括购物、休闲、通勤（学）、

社会交往和医疗等各种活动所形成的空间范围或行为空间。[20]

生活圈的圈层一般通过空间和时间两种尺度来进行划分，如本书前文所讲到的生活圈理论。我国目前常常将时间作为划分生活圈的尺度。各城市经常将人口规模作为衡量依据，在不同服务半径内配置各层级的公共服务设施，将居民的步行距离、通勤距离、需求导向、出行时间等作为生活圈的划分依据进行基本生活圈、城市生活圈、日常生活圈等生活圈层级的划分。例如：上海和济南的 15 分钟社区生活圈。

由于生活圈的划分常常需要考虑时间、空间两个维度的客观情况，因此生活圈的划分在各个城市中各有不同，并不存在统一的划分标准，但生活圈的宗旨都是推进公共服务在各阶层、同空间范围内的均等化。

（4）区位理论

区位理论是解释人类经济活动空间分布的区域经济学理论的分支。而公共设施区位理论是区位论的重要分支之一。[21]

1968 年 Michael Teitz 发表了《走向城市公共设施区位理论》一文，提出了公共设施区位理论，考虑在效率与公平的前提下如何最优布局城市公共设施的问题。他指出，公共设施区位决策从根本上区别于个人设施区位决策，开创了地理学中区位研究的一个新领域。[22]该理论强调公共服务设施具备非营利性。公共服务设施布局的基本原则是达到效率和公平二者平衡状态。公共设施区位选择本质上与市场化的私有设施有所区别。

2. 社区公共服务与市政设施更新的实践案例

（1）上海 15 分钟生活圈

上海的 15 分钟社区生活圈是 2016 年上海市规土局根据居民需求所颁布的一项规划导则，导则要求：在 15 分钟的步行可达范围内，为居民构建一个高效复合、共享共赢、能够应对社区多样化需求的服务设施圈。引导居民交往、共享的一种新型生活方式。按照 5 分钟—10 分钟—15 分钟的时间尺度划分为三级生活圈层（图 3.4.1）。重点关注老年及儿童的基本生活需求，分析社区居民对各类设施项目的使用频率和需求程度，将公共服务设施配置在不同的生活圈层，同时将设施配置的内容进行清晰、明确的分类，以满足社区居民差异化的使用需求。

上海 15 分钟社区生活圈为"生活圈理论"在社区生活领域中的应用起到了至关重要的引领作用。该导则基于以人为本的理念，从社区的使用主体——居民角度出发。布置各类基础保障类和品质提升类的针对性项目，保证居民的基本生活需求。鼓励各类设施综合布局，集约配置各项设施，推动设施共享，最大化地保证公共设施资源的利用效率，减少设施的重叠性。在老龄化趋势严重的当下，将老年人的使用需求做重点考虑，布置如菜市场、小型商业、养老设施等 5 分钟圈层设施，为社区公共服务设施的优化更新提供了一个范本（图 3.4.2）。

（2）"互联网 +"公共服务云平台

2015 年 7 月发布的《国务院关于积极推进"互联网 +"行动的指导意见》中明确要求加快互联网与政府公共服务体系的深度融合，构建面向公众的一体化在线公共服务体系，提升公共服务水平。[23]2016 年上海市人民政府发布《关于积极推进"互联网 +"行动的指导意见》。其中包括互联网 + 城市基础设施专项，同年 3 月上海市启动了文化上海云平台，统筹公共文

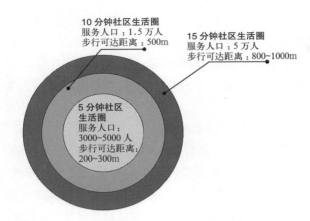

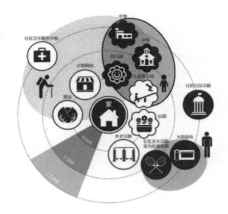

图 3.4.1　上海 15 分钟步行社区生活圈划分　　　　图 3.4.2　上海市社区设施圈层布局示意图
　　　　　　　　　　　　　　　　　　　　　　　　　　　　　（图片来源：百度）

化项目，推动公共文化服务向"互联网＋"发展，提升政府公共文化服务能力（图 3.4.3）。运用云计算、大数据等技术搭建一站式公共服务平台，仅需手机 APP、公众号等信息门户平台，居民即可通过热点推荐、附近搜索等找到众多公共文化活动。

图 3.4.3　文化云手机 AAP、文化云服务平台、文化云微信公众号
（图片来源：文化云服务平台）

（3）"广西社村通平台"

"广西社村通平台"是由广西电信开发的一种新型"互联网＋养老"综合性服务平台（图 3.4.4）。该信息服务平台借用互联网平台集合养老服务资源，为居民提供更加方便快捷的健康、养老、消费等服务，通过"智能化"方式实现个性化养老服务。

互联网技术的不断创新，对社会的发展产生了深远影响，将其运用到公共服务领域，发挥所长，从而辅助公共服务管理体系更加完善，创新治理模式。如今，"互联网＋"模式已经逐渐深入公共服务的方方面面，"互联网＋"医疗、"互联网＋"文化、"互联网＋"养老等模式已经为人们的日常生活带来了巨大的变化，它不仅便利了社区居民的生活，也为存量发展背景下的城市空间探索了新的"解压"办法。通过网络平台，实现更为方便快捷的服务，

图 3.4.4　村社通服务网站
（图片来源：百度）

不仅可以较少的占用城市空间资源，还能较大范围地服务于社区居民，解决了社区中部分人群因为出行距离而出现的设施使用不便利等问题。因此，"互联网＋"模式的实践探索对于社区公共服务的更新具有重要意义。

（4）苏州邻里中心实践

苏州邻里中心是伴随苏州工业园建设而出现的，最初借鉴了新加坡祖屋邻里中心的规划理念与模式，遵循"有序、规范、配套"的原则。整个苏州工业园区划分为三个居住镇，每个镇约 4000-8000 户，每个邻里各设 1 处邻里中心。[24] 依据"大社区、大组团"理念先后规划开发 17 个项目，每处服务半径约 1km。

邻里中心功能业态的组成以基础服务为核心，社区与商业设施相融合：包括社区活动中心、菜市、超市、卫生服务站、文化活动中心等。布局遵循交通便捷、分区明确、相对独立且开放共享的原则。邻里中心划分为大、中、小三级，小型邻里中心为典型的社区商业综合体形式，服务人群约 3 万~4 万人，中型邻里中心服务约 5 万~10 万人，大型邻里中心则涵盖社区商业功能、购物、公交首末站、城市公园等系列服务设施。

（5）上海 SYS 单元公共服务设施共享

作为上海具有一定影响力的科创中心，SYS 编制单元所在的张江高科技园区被多项国家战略覆盖。单元总面积为 5.29 k㎡，位于上海市浦东中部地区张江科学城范围内，是科学城建设规划确定的科创社区单元。单元内现状科创资源丰富，拥有 3 所国家级科研机构、2 所跨国公司顶尖研发机构、5 所大学。建成区域由于开发较早，早期开发强度过低，平均开发强度仅仅为 0.5~1.0；环境品质较普通，地区形象不鲜明；公共配套设施不足；公共空间不足，绿地活动场所较少。在张江科学城整体建设的背景下，随着单元内主要高等院校与科研院所的提升与跨越发展，原本的用地与容量指标已经不能适应发展需求，在新的发展形势下，这些单位纷纷提出了更新建设。

参照上海市控规技术准则要求及单元现状设施分析，由于较多设施位于高校与科研院所内部，从单元角度来看，文化、体育、医疗等设施的服务水平不高：体育设施中仅一处体育场非校园内向公众开放；文化设施全部在单元内。改造中按照现状功能与设施分布情况，分三类区域进行共享设施分区引导：通过公共服务设施共享配置，文化、体育、医疗等类型公共服务设施服务覆盖水平提高 80% 以上。科创类公共服务设施 15 分钟（800m 半径）服务覆盖水平达到 67%（图 3.4.5）。

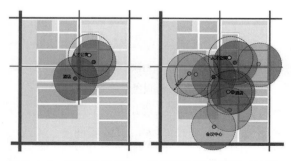

图 3.4.5　科创设施 800m 半径服务覆盖范围对比图
（图片来源：蔡嘉璐等《打造"人人共享"的科创社区——上海SYS单元公共服务设施共享配置初探》）

三、社区公共服务与市政设施的研究进展及存在的问题

1. 研究进展

（1）国外社区公共服务与市政设施研究进展

国外对于社区公共服务设施的研究起步较早，大体上是自20世纪60年代开始，为了实现公共服务设施的配置效率，保障城市的循环健康演进。国外许多国家主要针对设施配置的位置、可达性、空间公平与社会经济效应等多方面进行了众多研究，目前已形成较为完善成熟的理论体系和研究方法。研究与应用结合紧密，数据资料获取与研究手段更加现代化，研究的核心从早期更加关注公共服务设施配置"应用实践"类的偏技术研究逐渐转向"建设理念"等相关的综合性全面研究。在社区的管理与服务设施配置的标准体系层面，许多国家有专门的《城市设施选址标准》等相关政策法规针对设施的类别与项目标准、设施类别与项目信息标准等作出了详细的指导与规范。

（2）国内社区公共服务与市政设施研究进展

尽管在一定程度上我国的城市发展稍落后于发达国家，但是随着近些年我国城市发展水平的不断提高，学者们针对社区公共服务与市政设施的研究越来越丰富，研究的方向涉及设施空间布局、社会差异、居民需求、满意度评价等多个方面，为我国的社区公共服务与市政设施建设实践提供了有力的理论支撑。

我国社区公共服务与市政设施的规划和建设始终遵循着一定的规范和准则，这些规范和准则是保障公共服务设施建设和发展的基本内容。受到政治经济制度、住房制度等政策的影响。包含设置级别、项目、标准三大要素的公共服务与市政设施配置标准体系在时代的发展过程中进行了多次调整。改革开放前我国的公共服务设施与市政配置高度遵循计划经济体制，将人口规模、区域分级等作为设施配置的标准，且政府对公共服务与市政设施的决策、监管等具有绝对的控制权，公共服务与市政设施供给制度呈现出明显的"自上而下"的特征；改革开放后，随着经济的发展、社会体制的转型以及人口结构的变化，早期的规范和标准所拟定的时间及背景都发生了变化。我国的公共服务与市政设施供给改革不断深化，公共服务与市政设施逐渐呈现出了供给主体多样化、资金来源多样化、配置标准多样化以及实施机制多样化的多元化发展态势（图3.4.6）。但目前我国还没有正式颁布国家级的社区公共服务设施配置标准，仅有个别城市颁布了地方公共服务设施配置标准，绝大多数社区在更新过程中依然以《城市居住区规划设计规范》中的相关条文规范及2019年颁布实施的中国首个针对旧居住区综合改造的团体标准《城市旧居住区综合改造技术标准》（T/CSUS 04-2019）为参照，未来还需要丰富的理论研究与实践探索成果为设施专项规范的制定提供一定的支持与保障。

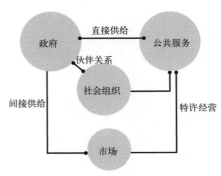

图3.4.6　多样化公共服务设施供给方式图示

2. 社区公共服务与市政设施存在的问题

早期建设的老旧社区中，社区公共服务与市政设施的配置由于受到计划经济体制的影响，许多建设规范大多不能适应当下市场经济体制的要求。现有的设施配置滞后于经济与社会发展的客观实际，逐渐不能够满足居民的使用需求。社区公共服务与市政设施存在的众多问题中不仅包含了许多物质实体元素的影响，也包含了许多政治、经济等众多复杂的非物质要素的影响。由于这些非物质要素会受到众多客观不可控因素的影响，故本书中所涉及的社区公共服务设施存在的问题和更新方法主要为物质元素方面，且不涉及宏观层面的设施配置方式，主要为微观层面提升居民使用满意度的方法。

（1）设施配置不达标

由于建设用地有限、设施规划管理不到位、人口规模迅速增加等因素的限制，老旧社区公共服务与市政设施目前出现的最主要问题基本都是设施配置的不达标。其中主要包含设施的规模、数量、类型等几方面无法满足《城市居住区规划设计标准》中对于社区公共服务设施配置的规定。例如：随着社会生活的变化和城市人口规模和密度的增加，设计初期的社区幼儿园规模不能满足现有规范的要求，无法承载目前社区居民人口结构状态的使用需求；社区内公共卫生间及各类卫生服务设施配置数量严重不足，不能满足相关规范要求等。同时由于早期的设施规划缺乏一定的前瞻性设计思维，公共服务设施的类型也存在滞后性问题。

例如：北京市西城区广外街道现有的社区服务中心在数量上满足了北京市关于社区公共服务设施规定的"每个街道设置一处"的要求（表3.4.1）。但是社区服务中心的现状规模面积总量与北京千人指标要求差距大。设施的规模不能满足北京的相关规定（表3.4.2）。其次根据《国标》中要求社区服务中心1000m的服务半径画圈（图3.4.7），可看出街道东部片区覆盖情况较好，但西部片区覆盖不到。

社区公共服务设施概况 表3.4.1

名称	级别	用地面积	建筑面积（m²）			权属	租用空间权属单位	是否独立占地
			总计	地上	地下			
广外街道政务服务大厅	街道	0	337.35	337.65	0	租用	金正公司	否
广外社区服务中心	街道	0	880	880	0	无偿使用	区政府机关事务服务中心	否

（资料来源：姚妙铃《北京西城区广安门外街道社区公共服务设施配置优化研究》）

社区服务中心规模对比分析 表3.4.2

设施项目	现状建筑面积（m²）	按照千人指标标准应规划面积（m²）		一般规模（m²/处）			
		北京指标	上海指标	国际指标	北京指标	上海指标
社区服务中心（合计）	1218（建筑面积）	3720~5580（建筑面积）	1860（建筑面积）1116（用地面积）	700~1500（建筑面积）600~1200（用地面积）	120~1500（建筑面积）	1400~2000（建筑面积）

（资料来源：姚妙铃《北京西城区广安门外街道社区公共服务设施配置优化研究》）

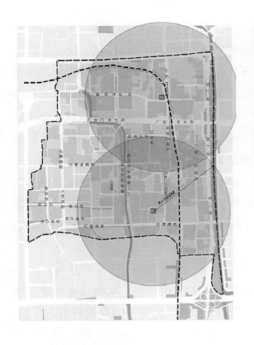

图 3.4.7　社区服务中心服务范围分析图（左）
图 3.4.8　社区公共座椅损坏严重（右）

（2）设施质量低下

设施质量低下是社区现有设施存在的另一重大问题。由于早期建设标准低，后期使用过程中缺乏正确的管理和维护，以及设施中的使用耗损严重等原因，社区公共服务设施整体质量低下，存在一定安全隐患、品质低下等问题。例如社区内的室外健身点由于缺乏管理，经常布满灰尘甚至破损严重；广场绿地等公共空间由于缺乏有效的管理或使用不当致使设施破损、无法使用；公共座椅等配套设施由于年久失修破损严重（图 3.4.8），设施整体质量低。

（3）设施布局不合理，可达性差

在社区长期生活使用的过程中，社区公共服务与市政设施的增加常采用的是见缝插针的形式。这种方式虽然在一定程度上弥补了设施不足的问题，但会出现严重的设施空间布局不合理、可达性差的问题。会出现诸如部分区域设施落后、配套严重不足，但是需要服务的范围较大，需要承载的服务人口远远超过了规划服务的人口数；一些区域的建设位置好，配置好，但周围的居民人口较少的问题。空间分布的不均使得部分设施资源过度集中或较为缺乏，服务人口及半径不合理，使资源造成不必要的浪费。不利于城市及社区的持续发展；除此之外，一些公共服务与市政设施以局部或封闭状态的内部区域为服务范围，以行政边界作为资源配置的硬性分级依据与标准，不仅无法满足社区居民日益增长的需求，且部分基础设施可能会出现闲置状态，资源无法最大化使用，形成严重的资源闲置与浪费。

（4）设施配置与需求错位，利用率低

不同的区域和社区具有其特殊的属性，而其独特的属性决定了不同社区在公共服务与市政设施配置方面具有特殊的需求。与居民需求不匹配的错位设施配置会造成资源的浪费，常表现在以下几个方面：①"人口构成的需求层次"不匹配。例如：老年人口聚集的社区对于医疗卫生设施的需求更高，低收入人口居住的社区对于医疗、教育设施的需求明显高于其他设施。因此在设施配置时就应该按照实际情况区别对待。②"需求的空间分布"不匹配。许多社区的公共服务与市政设施配置虽然满足规范要求和标准，但是由于其价格、区位、时间等因素，居民的使用效率较低。例如：社区的卫生医疗、商业等设施在居民的日常生活中使用频率较高，但一些社区的商业及卫生设施却位于社区的边缘区域，居民使用不便捷，不能很好地服务社区居民的生活。③"时代发展的需求"不匹配，居民的使用需求随着观念发展和生活水平提高而不断变化，但早期建设的一些项目未能考虑到不断发展变化的社区居民需求，设置方式常常呈现出明显的均一化特征。设施的配置与居民需求匹配度低，无法满足社区居民多元化的使用需求，导致部分设施利用率低。例如：早期社区配置的放映室或电影院随着时代的发展逐渐不能与人们当下的生活方式相匹配，设施设备落后于时代的发展，逐渐退出居民的生活。因此就需要根据人们不断发展变化的使用需求，提升各项设施设备的品质，甚至转变其现有的功能。

(5) 管理缺失，设施不当使用

部分社区公共服务与市政设施由于管理缺失造成了设施的使用不当，从而造成一定程度的资源浪费。例如：一些社区文化服务中心由于社区管理的缺失，出现了闲置或商用的现象。社区的文化娱乐设施常常在工作时间开放，下班时间关闭，时间安排与社区居民的使用时间恰恰相反，造成了设施的不当使用。

四、社区公共服务与市政设施更新改造原则

1. 整体协调原则

社区是城市的一个基本单元，社区公共服务和市政设施的运行与城市公共服务和市政设施的运行一样，是一个完整的系统单元，承担着社区服务的重要作用，共同组成了城市公共服务的整体。因此社区公共服务与市政设施在更新和改造中不应该局限于本社区自身的服务需求，也应该考虑到社区周边地区的配套现状和城市的总体规划要求，从城市、区域、社区整体出发，统筹考虑，处理好各要素之间的关系，遵循整体协调的原则，促进社区均衡发展。

2. 需求导向原则

社区公共服务与市政设施的直接服务对象是长期生活、停留于社区的居民，改造需求的呈现是社区居民在社区长期生活中的最真实反馈，只有以社区居民需求为导向的更新改造才能满足设施使用主体社区居民的使用诉求。以社区居民和服务对象的实际需求为导向是社区公共服务设施更新改造必须要秉承的基本原则，无居民需求为导向的社区更新改造将失去更新改造最基本的意义。

3. 差异化配置原则

不同的社区由于区位、人口结构、规模等现有状况不同，所呈现出的更新改造需求也大不相同。因此设施的更新改造不应该采取"复制粘贴"的重复模式，而应该针对每个社区的特征，分析其差异化的需求，采取与之相互匹配的更新改造方式。

4. 资源共享原则

作为社区主要的公共资源之一，社区公共服务与市政设施在规划、供给、使用等方面的

共建、共享在很大程度上会使得设施的利用率大大提高，更好地实现设施的集约化配置、扩大设施的服务范围、优化设施布局、提升设施的服务质量和水平。但是资源的共享并非无控制地开放社区，而是根据现实情况有针对性地将服务对象、共享形式、开放时间及范围等进行合理的配置。从而有效地提升公共服务资源的管理力度和管理品质，规范居民文明参与社会活动，鼓励社区公共服务资源的开放共享。

5. 可持续发展原则

社区公共服务设施的配置与城市、社区、区域的经济发展水平有一定关系，设施配置会随着社区的发展不断更替。为了保证设施后期能够得到可持续的使用，设施的更新改造过程就需要为后期的再建设、再改造保留一定的空间，从而满足后期更新改造建设的增补。

6. 市场化原则

随着我国市场经济的迅猛发展及社会发展的不断变革，在设施的配置与维护上，资金的来源是设施建设与维护的基础。毫无疑问的是单一的政府支持投资方式不能够满足当前社会变革的需要，而市场化的参与是在公共服务与市政设施建设和维护中效率提升、服务提高的重要方式。市场化的更新改造可以充分利用市场在服务领域的优势，营造开放、平等的公平市场竞争氛围，推动资金的最大化利用，为居民提供更多、更好、更多样的服务选择，实现最大程度的供需双方共赢。

五、社区公共服务设施更新方法

与社区公共服务与市政设施存在的主要问题相同，针对这些问题更新改造的方法同样涉及各类物质实体硬件设施的更新改造和涵盖资金、政策、机制等各类软件设施的改进。但是由于资金来源、管理方式等软件设施的更新涉及的因素较为复杂。因此本书关于公共服务设施更新方法部分主要针对的是各类公共服务设施中的硬件设施。

1. 规范设施配置总量及类型

社区公共服务设施总量和类型的不达标会直接导致社区设施供求关系出现严重矛盾，影响居民的使用。因此按照相关法律法规规范配置设施总量及类型是社区公共服务设施更新的首要工作。即按照相关设施配置规范的要求，在社区现有设施、在建设施的基础上根据相关规范及社区居民的具体使用需求，坚持以人为本的基本原则，遵循社会及城市的发展趋势，规范补充设施总量及类型。

社区公共服务设施配置标准是城市社区建设、管理和服务的根本依据和技术支撑。目前不少地方制定了城市社区公共服务设施配置的标准。例如：重庆市《社区公共服务设施配置标准》按照人口规模及属性将社区分为城镇社区、农村社区，其中城镇社区又分为标准街道社区、标准基层社区二级。由此规定社区内各项设施的配置数量及面积（表3.4.3）。除此以外，《广州市社区公共服务设施设置标准》按照街道级（常住人口3.5万~10万人，相当于1~2个居住区规模）、居委级（2000户，约0.6万~0.75万人，相当于2~3个居住组团规模）制定了涵盖设施项目、服务规模、设置规定及具体的设置要求与服务内容等的公共服务设施配置。《北京市新建改建居住区公共服务设施配套建设标准》按照人口规模分为4万~6万的居住区和 1 万 ~2 万人的居住小区，规定各级公共服务设施的一般规模与千人建设指标。除地方设施配置标准以外，公共服务设施更新标准还可以参照《居住区公共设施设置标准》《城市居住区规划设计标准》《城市居住区公共服务设施设置规定》等相关规范作为判定参考。

重庆市标准街道社区（3~5 万人）公共服务设施配置标准表　　　　　表 3.4.3

类别		配置数量	一般规模		附注
			用地面积（m²）	建筑面积（m²）	—
社区行政管理服务设施	社区服务中心	1 座	—	1000~3000	
社区安全保障服务设施	派出所	1.5 警员 / 千人	—	35~50m² / 警员	独立占地
	救助管理服务中心	1.43 床 / 万人		35m² / 床	
社区医疗保健服务设施	卫生服务中心	1 座		1000~3000	
社区老年人服务设施	老年服务中心（站）	1 座		1500~2500	不少于 50 床位
社区文化体育设施	社区图书馆	1 座	—	1500~2000	
	文化活动中心	1 座		100~200m² / 千人	
	健身场地	—			
社区商业服务设施	副食品市场	1~2 座	1~2 座	1000~1200	—
	邮政储蓄所			200~300	
	综合超市			800~1500	

（资料来源：重庆市《社区公共服务设施配置标准》）

（1）社区教育设施

本书中所涉及的社区教育设施类型主要为社区幼儿园及各项基础教育设施。在规范设施总量及类型的改造中，首先应该按照社区人口密度、年龄结构，按照相关规范计算满足各社区所需要教育设施的面积、设施的服务半径，平衡现有设施的规模（图 3.4.9）。

图 3.4.9　鞍山三村社区增设社区老年大学

（2）社区医疗卫生设施

社区的医疗卫生设施主要包含社区卫生服务中心、社区卫生站、社区药房等。更新改造中首先应该按照相关规定以及社区的规模增设各类社区医疗卫生设施，如社区防疫站、医疗服务中心等（图 3.4.10）。

同时还可以将社区部分医疗卫生设施进行市场化改造（图 3.4.11），满足居民的实时用药需求，为居民提供快捷、高效的基础医疗服务。

图 3.4.10　增加社区卫生服务中心

图 3.4.11　引入社区连锁药店
（图片来源：百度）

（3）社区文化体育设施

在居民生活质量、精神文化需求逐步提高的基础上，可以根据社区的实际情况，增加室内外公共文化活动场地及新类型的文化体育设施（图 3.4.12），丰富居民的日常生活，提高居民生活质量。同时为满足目前人们日益增长的体育锻炼需求，增加社区健康步道、健身体育设施等各项体育设施（图 3.4.13）。

图 3.4.12　增设社区舞台

图 3.4.13　增加社区健康步道

（4）社区商业服务设施

设置标准化菜场、超市、便利店等各类便民商业服务设施是社区商业设施更新的基础，标准化、模式化的基本商业服务设施能够保障社区居民的基本使用需求，且有利于引导特色商业进入社区，同时还可以将居民的就业与社区公共服务相结合，鼓励社区低收入人群加入商业服务中。将社区再就业和社区商业有机结合，整合社区分散的商业资源，规范商业经营，实现资源的高效化利用（图 3.4.14）。

图 3.4.14 社区便民便利店　　　　　　图 3.4.15 增加社区岗亭

（5）社区服务设施与行政管理设施

在社区服务与行政管理设施类设施中，行政管理类设施属于纯公共产品范畴，由政府提供并直接运营。因此本书中仅对社区服务设施的更新方法进行阐述。首先应在社区基本服务设施正常工作的基础上查漏补缺，保证社区委员会、社区岗亭、敬老活动站等规模能够满足社区居民的基本使用需求（图 3.4.15、图 3.4.16）。同时还可以将先进的技术与社区服务相结合（图 3.4.17），升级、创新社区服务新模式，增加社区服务新类型。依托先进的信息处理技术，搭建层次丰富的多功能社区一站式服务平台，打造社区生活服务圈，为居民提供高质量的社区便民服务。

图 3.4.16 增加社区委员会　　　　图 3.4.17 增设社区智慧服务新类型
　　　　　　　　　　　　　　　　　（图片来源：百度）

（6）社区市政公用设施

在市政公用类设施中，燃气供应站、变电站、邮政所、公交首末站分别归属于燃气、电力、邮政、公交等专营行业，由专营行业投资、建设、运行（图 3.4.18）。而社区公共卫生间、社会停车场、出租车停靠站点等社区可改造的设施应根据相关规范、社区周边现状及社区使用需要增加各类设施（图 3.4.19）。

2. 提高设施质量

社区的各类设施在后期的使用过程中，不可避免地会出现设施陈旧、破败的问题，因此针对社区公共服务设施的更新，除规范设施的配置数量及类型外，还应充分利用公共服务设施的现有资源，定期维护和保养社区内各类设施，提升现有设施质量，避免出现设施损坏、破败的现象，延长使用寿命，保证现有各类设施的正常运行。例如：对于社区的体育设施，社区可以成立社区体育设施维护小组，定期对社区的体育设施进行检查和维护，对现有设施进行保养和维护，避免或减少设施的损坏，保证设施正常使用，同时延长其使用寿命（图3.4.20）；对于社区医疗卫生服务设施，在确保现有设施具有常见病诊断、保健、注射等基本医疗功能，保证居民能够舒适候诊、放心就诊的基础上。通过提高现有社区卫生服务中心的配置标准，加强社区医疗的监督管理。保证社区诊疗的基本安全，提高社区医疗的诊疗质量，为居民提供更加丰富的医疗保健选择；社区市政设施的更新改造可将社区的供电、排水、通信、燃气等设施进行科学的梳理和规划，将建筑外立面或空中悬挂的各类线缆进行地埋、修缮或更换老化管线设施，根据居民需求增设天然管线、网线等新管线设施，使社区的各类设施能够更好地服务于社区居民的生活。

3. 优化设施布局，提高设施可达性

优化设施空间布局，提高设施的可达性，

图3.4.18　社区公交停站点

图3.4.19　社区非机动车车库

图3.4.20　定期维护社区体育设施
（图片来源：百度）

实现服务范围全覆盖。首先应该重点考虑设施本身的特征、不同人群的需求、设施之间的关联度等要素。对社区中功能相似或互补的设施集中设置，方便居民的日常使用，提高设施的使用效率。解决设施在落地实施的过程中选址困难、分布不均、规模面积不足等问题。激发地块的活力，营造良好的设施使用环境，提高设施的可达性。公共服务设施的布局配置相对集中，应形成一个明确的核心以增强吸引力，形成规模效应；也可以根据使用人群的活动规律，分析设施空间布局的差异性，从而实现设施的布局安排与居民的步行规律及设施使用频率的高效契合。例如：建设"生活圈"设施布局模式，设置"15分钟便民商业圈"，社区居民15分钟即到达购物中心、超市餐饮店、便利店等各类基础商业服务网点。依托"生活圈"的配置理念更好地应对社区多样化的生活需求，引导设施的复合化配置。

4. 平衡需求与配置，提高设施利用率

设施的供求出现错位是社区设施出现利用率低、资源浪费的重要因素之一。一些社区的局部公共服务设施尽管不满足规定要求，却需要承载巨大的服务人群；而有一些设施虽然满足规定要求，但是由于设置区位、价格、管理等原因，利用效率很低。因此根据社区居民对于各类设施的需求，合理分配公共服务设施的配置数量及类型是平衡供需的最好方式。在实际的更新建设中可根据居民的使用需求将其分为强需求度设施、中需求度设施及低需求度设施三类，对强需求度的设施优先配置，首先保证强需求度设施的建设与配置，后期随社区的不断发展进而完善中需求度和低需求度设施。

由于各个社区的规模、家庭结构形式、人口组成以及职业分布等因素的不同，对于社区公共服务设施的需求也存在差异。例如：由于建造年代久远，上海某老旧社区居住人口老龄化严重，老年人口较多，对于康复中心、老年活动室、养老院等相关养老设施的需求较高。在设施的更新中需要更多地关注社区老年人口。社区可以探索新型的居家养老模式，引入"机构—社区—居家"的新型养老模式，以社区养老服务中心或家庭为中心，打造社区、医院、养老机构、居民之间的良性互动与合作，为社区居民提供更加全面完善的急救、护理、生活照料、家政保洁等服务，为老年人养老问题的解决探索新渠道（图3.4.21）。而一些以青年人为核心、年轻家庭较多的社区，儿童及青少年人口偏多，对于基础教育设施及休闲娱乐设施的需求量会相应增加。因此可以按照一定比例，配备相应的社区文化教育活动场地（图3.4.22）。如增设图书阅览室、科技活动中心、青少年学习中心等（图3.4.23），合理安排场地位置及活动开放时间，丰富社区居民的生活。

图 3.4.21 设置老年人活动健身区

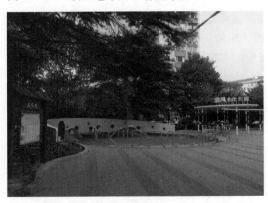

图 3.4.22 增设儿童活动区域

图 3.4.23 增设社区图书馆
（图片来源：百度）

共建共享也是平衡社区公共服务设施需求与配置的一种重要手段。设施共建共享即摆脱早期以行政等级为标准的固定化设施配置方式，将社区周边区域或更大范围作为设施配置判定的依据或参考，为了最大限度地共享公共服务设施，还可将设施配置于社区与城市的边界上，通过这种开放的布局形式促进相邻社区之间居民交叉使用，从而在一定程度上弥补设施需求与配置之间的错位，提高设施的利用率。《广州市社区公共服务设施设置标准》中规定校内运动场、图书馆宜相对独立布置，在有条件的情况下可以向社会开放。当其运动场或图书馆向社会开放并符合规模要求、开放时间要求时，可计入街道级体育、文化设施指标，鼓励设施的共建共享。

在社区医疗卫生设施方面，可以充分利用社区周边的医疗卫生设施和雄厚的医疗技术力量，与周边医院建立帮扶关系，定期进行社区义诊（图3.4.24），缓解社区医疗卫生设施配置标准低、技术力量薄弱的问题。同时社区周边的中小学以及周边社区的文化娱乐设施也是社区居民进行各类文化娱乐设施的重要场所（图3.4.25）。但是目前许多场所都谢绝外人入内，内部各类设施仅服务于内部人员。设施的共享可以在不改变现有设施总量的基础上最大化利用周边资源。因此更新改造中可将部分地区的文娱设施在固定时间面向社区居民开放。整合现有的资源设施，实现资源的共享和文化的共建共享，一方面增加区域活力，另一方面弥补区域设施的不足，提高区域资源的利用率。

5. 优化设施管理，保证设施合理使用

对于社区公共服务设施管理缺失、使用不当的问题。首先应该明确责任，健全和完善社区管理制度，提高社区监管力度，加强对社区现有设施的管理与维护，保证社区公共服务设施的正常使用。平衡社区居民的主要需求与现存闲置设施之间的关系，必要时可增加设施管理人才团队，负责专业的设施管理工作，保证社区公共服务设施的程序化、标准化运行和发展。

例如：上海市黄浦区的贵州西里弄社区，由于社区建设历史悠久，社区各类公共服务设施缺失。且多数家庭的户内空间都存在着室内空间狭小、缺乏待客的客厅空间、厨房空间等问题。针对这一问题，在社区公共服务设施更新中贵州西里弄社区提出了"设施共享"的理念。将社区内闲置的居委会活动室改造成了共享厨房、客厅及书房，由居委会主要管理，居民提前预约场地后即可携带食材、餐具等所需物品，与来客共同在此聚会、聊天、吃饭，使用完自行清洁场地后交还于社区。居委会适当收取一些费用以保证空间

图 3.4.24 共享周边医疗资源
（图片来源：百度）

图 3.4.25 共享周边体育设施

的日常维护之需，形成一种可持续的运营机制（图3.4.26）；社区共享书房针对社区居民免费开放，由社区志愿者组成值班团队负责维护和管理。（图3.4.27）。共享机制的实施将社区的现有闲置空间打造成了更具有团体性、共享性的空间；通过社区委员会的组织干预、社区居民的自治等方式为社区公共服务设施的更新探索新渠道，也使社区居民之间的关系更为密切。

6. 拓展设施与服务新形式

社区设施智能化是新时代社区更新中的重要手段，从各项公共服务设施的基础改造到提升，再到各类设施及服务的完善，社区公共服务设施的更新是一个逐步递进的过程。在社区各项公共服务完成基本的改造与提升后，完善服务内容、拓展设施与服务的新形式是老旧社区公共服务设施更新改造中的锦上添花，更是实现社区更新换代、品质提升的重要手段。社区安防设施、物业管理系统、社区服务平台以及社区监控等设施的智能化改造升级可以较大程度地改善居民的生活环境质量。许多老旧社区存在着停车难、人口监管差、安全系数低等问题，给社区的管理带来了较大的难度。针对这样的情况，可以将智能化设施纳入公共服务设施的更新改造范围内，安装人脸识别系统、社区监控、智能化门禁设施、全域监控、出入口管理、车辆管理等智能化管理系统，建立智能化系统，改善老旧社区停车难、人口杂的问题（图3.4.28）。

图 3.4.26 社区共享客厅

图 3.4.27 共享客厅使用公约

例如：针对2020年春节期间爆发的重大疫情，人们居家隔离的落脚点大多位于24小时生活居住的社区，这样的生活方式改变社区的巨变。为了减少社区居民之间的接触，声控电梯、无接触快递派送、远程医疗等早期各项颠覆性的社区场景成了特殊时期社区生活中的"刚需"，人们长期生活的社区重要性更加凸显，社区内各项公共服务设施的智能化改造成为了更新中的必然。

广东佛山某AI社区中利用新技术，借用手机APP，社区居民即可实现社区"无感"通行，公共区域零接触，手机可以远程开启小区大门、单元门、车库单元门智能门禁，在特殊时期可

图 3.4.28 场中路3308弄小区安装智能化门禁设施

以减少不必要的人员接触；进入小区后，远程呼叫预约电梯，踏入单元楼即可乘坐已到达的电梯，减少不必要的停留。人脸识别技术的运用可以为社区居民自动开门；对于陌生人员及特殊时期未戴口罩的人员，AI识别后物业将会及时追踪、提醒。对于处于居家隔离时期的人员，一旦离开住所，将会被监测和记录，并及时向物业示警，防止出现人员接触和交叉感染。通过摄像头拍摄垃圾桶，经后台计算分析后，AI系统能有效地识别生活垃圾是否溢出，当垃圾溢出，系统后台将会自动触发工单，提醒物业人员前来清洁，减少细菌和病毒的传播，除此之外还有许多的智能化设施更新改造。未来这种以社区居民为中心，社区场景智能化、服务在线化的智慧社区服务定会重塑社区居民的生活。

六、社区市政设施更新方法

关于社区市政设施改造方法，主要包含社区道路的修复重建、排水设施的疏通改造、照明设施的更替、各种管线的规范完善等。可采取的更新方法主要包含以下几种：

社区市政设施更新首先是清除社区居民种菜、养禽等私占的公共用地，释放社区公共用地。社区道路的更新主要可以通过修复、新铺的方式平整破损路面，使其无坑洼、无缺损，保证道路的畅通，使道路可以达到城市居住区道路建设的相关规范与标准；由于建造年代久远，老旧社区排水设施多存在老化、破损现象，雨天会出现排污困难、路面积水等问题，因此可以通过疏通或翻建地下管网等方式疏通社区排水线路，保证排水顺畅；各类管线的更新主要可通过修整、规范现有的各类管线及设施设备，统一控制管线高度及线路走向，避免出现私拉乱建现象，同时将居民新增需求纳入考虑范围，增加新的线路；停车设施的更新主要可通过修缮、改扩建、新建车库，或增加立体停车等方式以满足居民的停车需求，卫生设施的更新首先应规范环卫设施的覆盖量，增设标准化卫生设施，保障社区生活垃圾的日常倾倒。

例如：广州市越秀区仰忠社区针对社区内消防水管不能正常供水、消防箱器材缺乏、供水管损坏、排污管损坏等设施落后损坏问题；通过供电线、通信线及有线电视线下地，更换楼道内部电表箱，改造煤气管、消防管、供水管道，清疏维修排水及化粪池，社区路灯升级改造等内容的"三线、三管"整治改造，大幅度提升了社区居民的生活质量。

"三线"改造后社区整体呈现出了"各家共建、主干下地、支巷拉刮、剪除旧线、光纤入户"的新局面，光网覆盖率达到了100%（图3.4.29）；"三管"改造后完成了燃气管道的管网铺装，为符合安装条件的住户安装接通了燃气；更换了社区内破损的市政水管与水阀，完成了公共

图3.4.29 室外"三线"改造前（左）后（右）对比图

（图片来源：https://page.om.qq.com/page/OumeKqv_luHyss0iN8vamazg0）

图 3.4.30　室外"三管"改造前（左）后（右）对比图

（图片来源：https://page.om.qq.com/page/OumeKqv_luHyss0iN8vamazg0）

管网的整体改造；在排水、排污管道方面，疏通维修了社区内堵塞的管道；社区硬件设施焕然一新（图 3.4.30）。

　　社区市政设施与社区居民的生活息息相关，对于促进城市社会经济的发展、满足人民群众生产生活、保障社区生活安全运转、改善社区环境具有重要作用，但是市政设施的更新改造所涉及的方面较多、范围及元素较庞杂，由于篇幅有限，本书关于社区市政设施更新方法的部分将不作过多详细的阐述。

七、小结

　　社区各类公共服务及市政设施的更新改造，首先是按照相关法律法规规范配置各类设施的建设规模和布局，增补缺失的及社区居民新需的各类设施，满足居民的使用需求；而后是对现有的低品质设施进行合理的消减和合并，提升现有服务设施的建设质量和层次，改进现有设施的规模和品质，以解决设施破败、损坏、缺失等造成的使用问题，完善设施的功能并使其专业化、市场化；其次是优化公共服务设施的空间布局，公共服务设施的选址和布局在很大程度上会影响设施的使用频率。距离远的设施使用率就会低，而距离居民主要活动范围近的则是居民的首选，因此更新改造时，应该将居民使用频率较高的医疗服务、文化体育等设施设置在社区的中心区域，方便周边居民使用。行政管理设施等使用频率较低的服务设施布置在社区周边区域。同时社区资源的共享是对社区现有资源的最大化利用，也是提升设施使用率的有效手段。设施配置的层级建设始终是以行政层级和服务人口规模两方面作为主要的配置依据，因此设施的布置要按照公共服务设施的建设层级，增加相应的设施，根据设施服务人群的最大需要实行设施的差异化配置更新。

思考题：

　　1. 社区公共服务设施主要包含哪些方面？

　　2. 社区市政设施包含哪些方面？

　　3. 目前我国老旧社区公共服务设施存在的问题主要有哪些？

　　4. 思考社区公共服务与市政设施的更新趋势？

　　5. 总结社区公共服务与市政设施更新的方法主要包含哪些？

　　6. 列举一些社区公共服务设施的智能化更新方法？

第五节　社区环境与景观优化提升

一、社区环境与景观相关概念

1. 社区环境

环境是指影响人类生存和发展的各种天然的和经过人工改造的自然因素的总体[25]。

社区环境的主体是社区居民，社区环境是社区主体赖以生存及社区活动得以产生的自然条件、社会条件、人文条件和经济条件的总和。社区环境也可理解为承载社区主体赖以生存及社会活动得以产生的各种条件的空间场所的总和。

社区环境可分为自然环境、社会环境以及人文环境。自然环境是指社区的区位、用地条件、社区内的绿化、净化和美化状况。社会环境是指社区的生活环境、消费状况和治安状况。文化环境是指社区的文化氛围、生活习惯和人际关系状况。本书所指的社区环境主要指社区的自然环境与文化环境。

2. 社区景观

社区景观是指社区与建筑相互联系的环境，物质和精神元素共同构成了这个环境，是由一系列形态和人类的精神共同组成，是实体形态的体现和人类对于环境的向往相互结合。社区景观可以分为自然景观和人工景观，它包括原生形态景观和人工营造景观两大部分。

社区景观设计由地形、铺装、植被、水体、景观构筑物五大要素构成。这五个元素之间存在着相对独立且相互关联的关系，共同构成整个景观系统。各个元素之间既相互融合，又在整个环境中相互制约，局部构成整体，整体把控局部。

二、社区环境与景观的相关理论、发展以及趋势

1. 相关理论

"有机更新"理论是吴良镛教授在设计实践中总结出来的，关于"有机更新"，就是指在改造过程中在遵循一些改造规则和要求的前提下，使各个部分达到相对完整性的同时，处理好各个部分与整体之间的决定性与制约性关系，再立足整体，使部分之和的作用超越整体。具体来说就是在改造过程中应该在保护原有文化的基础上，对无法使用和完全损坏的材料进行更新和替换，而不是忽视文化的重要性，直接改变原材料，只有在尊重历史文化的基础上对每一部分进行改造，才能够使城市整体环境得到改善，达到有机更新的目的。

"文化生态理论"是指通过研究整个的自然和社会的各种因素在人类生存与发展的过程中的交互作用，从而来研究文化的产生和发展以及它的变异规律的一种学说。基于文化生态理论，在设计过程中可以更好地将社区发展的规律进行系统的分析与归纳，使社区文化得到更好的传承与保护。[26]

"海绵社区"理念是"海绵城市"理念的衍生，其本质是将社区的生态材料与绿地系统有机联系起来，将社区从物质水泥主导的社区转化为生态可持续的社区。海绵社区的形成涉

及屋顶花园设计、垂直绿化的应用、雨水花园的营造以及多样化透水材料的运用。[27]建设"海绵社区"有利于缓解社区里的内涝灾害、水资源短缺问题及水污染问题，可以帮助恢复社区与城市生态系统的平衡。

"共生思想"（Symbiotic Thought）由日本建筑师黑川纪章（Kisho Kurokawa）于20世纪80年代提出，该思想强调城市和建筑与人、自然共生共存。景观设计中的"共生思想"是通过"共生"理论构建人类与建筑、景观之间的和谐关系，提高人的居住品质，同时又满足环境可持续发展，是景观设计的一个原则。取材、用料、设计应当尊重原生态环境，多利用仿生设计，形成设计与生态之间的融合。在景观设计中体现出"虽由人作，宛如天成"的人与自然共生、自然与城市共生的意境，是景观设计的最佳表现形式。[28]

"景观都市主义"（Landscape Urbanism）由加拿大美裔建筑师和城市规划师查尔斯·瓦尔德海姆（Charles Waldheim）提出。它是一个"景观"与"都市主义"合成的概念，"景观"一词在其中具备核心意义。[29]它的出发点是认为城市中最持久的元素常常与一些根本性的景观结构有关，如地质地形、河流及港口以及气候等，并且认为这并不是对全球化的现实或技术主义发展影响的抵制，而是充分认识到场所的重要性，以及场所与自然系统的联系之后而得出的认识。提出通过建立与生态系统相联系的景观基础设施网络（Network of Landscape Infrastructure），找到一条适合开发城市的途径。

2. 发展现状与趋势

随着城市建设与住宅建设的发展以及居民生活水平的提高，居民对生活环境的需求也变得多样化，社区环境的质量与景观的营造也逐渐得到了居民的重视，大众关注的焦点从原来满足基本生活住房需求转向对营造社区环境和景观的关注。在近些年的社区更新热潮中，社区环境与景观的更新取得很大的成果，例如上海由创智天地、四叶草堂、方寸地农艺市集等创建的"都市农园"，同济大学设计创意学院与四平社区共建的"四平空间创生行动"项目等。但国内现阶段的社区更新在环境卫生、绿化生态、环境设施、人文历史、管理维护等方面仍存在较多问题，有待循序渐进地完善与解决。

不同的社区都有着自己与众不同的地理环境、发展现状以及历史文化，社区环境与景观的发展及更新也需要跟着时代的变化而逐渐变化，以满足居民多元化的生活需求。在近些年以来的社区更新进程中，社区环境与景观方面出现了一些新的发展趋势，例如"绿色生态社区"：通过利用当地资源和能源的高效循环来维持原有的社区生态系统平衡，减少废物排放，实现社区和谐、经济高效、生态良性循环的社区；"社区花园"：充分利用零星空地、闲置建筑物和地块，优化既有微绿地资源，完善居住区附近绿地空间，改善现有社区内未充分利用的空间以及营建新的绿色空间等，是对社区绿化的良好补充方式之一；"社区艺术"：艺术家们利用公共性、互动性、艺术性等公共艺术的特点，带领与辅助居民完成艺术作品、活动甚至是艺术行为，以一种柔和的改造方式渗入社区，在改善社间环境条件、提升社区景观品质、唤起社区居民归属感等方面给予了综合性的改变。这些趋势是社区环境与景观更新的实践结晶，为社区环境与景观的发展方向提供了良好的引导。

三、国内社区环境与景观现状问题

1. 社区环境问题

（1）社区环境设施不完善

社区环境设施是指一些公共服务设施和公共活动设施，如晾衣架、座椅、游乐健身器械等。社区的环境设施是一个社区品质的关键，完善的社区环境设施不仅能够满足社区居民生活的需要，更能够提高社区居民的幸福感。

①数量与类型不足

现在国内的社区，尤其是老旧社区由于旧时建筑布局、时代需求等制约性因素，严重缺乏公共活动设施，如健身器械、休息座椅等，同时也缺乏公共服务设施，如照明灯、停车棚、移动花箱、垃圾桶等。不仅资源配置不足，在种类上也不够丰富。例如，许多老旧社区住宅房屋面积狭小，没有设置阳台，而一般老旧社区的公共晾晒设施少量集中布置在社区内的大型空地或绿地，只对空地或绿地周边住户相对方便，因此在家附近街道边的树枝和灌木上随意晾晒衣服和被褥的现象随之产生，大大影响了社区环境的美观（图3.5.1）。

②分布位置不合理

老旧社区里各类环境设施往往呈现不同的功能分离、空间分离的现象。由于社区内部空间限制、用地置换等因素，导致设施分布不合理，居民与设施之间的距离过远，造成居民使用设施不便，影响设施的使用效率。而社区内逗留时间最长的人群主要是老人、小孩与孕妇，环境设施的分布不均会影响这类特殊群体的使用，从而使社区活力日渐减弱。

③设施老旧与破损严重

部分老旧社区由于饱经多年的风雨，且缺乏统一、良好的维护与管理，环境设施普遍存在着老旧与损坏的现象，甚至存在着一定的安全隐患，影响居民的使用与人身安全（图3.5.2）。

（2）社区环境质量不高

①环境卫生差

生活垃圾是社区环境中主要的污染源。生活垃圾随着国内经济的发展以及生活方式的改

(a) 上海场中路3308弄小区自行搭建晾衣

(b) 上海某社区任意晾晒现象

图3.5.1　随意晾晒现象

图3.5.2　某社区被损坏的设施

（图片来源：www.flybridal.com；roll.sohu.com）

变，呈现产生量增加、组分复杂化、污染程度加剧的趋势。当下大部分社区都设有独立的生活垃圾收集站，但长期的管理与维护不当导致出现垃圾的堆积、溢出以及垃圾设施的损坏与乱置现象。部分老旧社区的住宅楼垃圾收集还采用旧时那种上下通道的方式，这种形式的垃圾通道易造成低楼层的垃圾拥堵、楼道异味、楼道与地面不干净等现象。目前垃圾分类还没有完全普及，很多社区的垃圾分类还处于起步阶段，许多居民没有垃圾分类的意识(图3.5.3)。大部分社区普遍还存在着墙体、电线杆等物体上乱贴广告、乱涂乱画的现象。总体来说社区内的环境卫生差主要体现在生活垃圾的处理与管理不当与社区居民的环保意识不强。

②公共空间私有化

公共空间私有化体现在社区公共空间中居民随意堆放杂物及建筑垃圾、任意粘贴广告、自搭自建花园和菜园等行为（图3.5.4）。这些居民的自发性行为虽然在一定程度上增加了社区绿化，改善了社区的绿化环境，但随意占地占道，缺乏系统的规划管理，造成部分道路拥堵和卫生问题，甚至造成安全隐患，严重影响了社区环境效果与社区整体形象。

③绿化不足且质量低

国内老旧社区由于历史条件的局限性，导致在建设布局过程中，忽略了绿化在社区中的重要性，而相对较新的社区普遍绿化率要比老旧社区高。大部分老旧社区往往会采用牺牲绿化来满足现代发展的空间需求，另外许多社区存在着半绿化的闲置场地，既没有很好地起到绿化作用，也没有很好地利用场地的功能性，实属浪费空间资源。很多老旧社区没有正规物业公司的管理，甚至没有物业，因此极其缺乏专门的绿化管理与维护人员，产生草木无人修整、植物病虫害无人施治等问题。另外，不论是较新的社区还是老旧社区里，都存在着居民自行栽种与添加绿化的现象，但由于缺乏统一设计与管理，难以有效地满足社区绿化的需求。

④步行空间组织不合理

步行空间是社区空间组织的重要组成部分，也是构成社区形象和社区景观的基本要素，良好的步行空间规划可以大大提升社区环境的活跃度。随着私家车的增加，社区道路已难以满足行车和停车要求，原有的道路几乎都被机动车挤占，导致自行车与人行混行，使步行的安全性下降。许多社区的步行空间，其规划不符合居民的生活习惯，有些绿化设施的布置也

(a) 上海场中路3308弄小区乱贴现象　　(b) 上海番禺路222弄垃圾站　　　　图3.5.4　上海愚谷邨自行栽种现象

图3.5.3　环境卫生差

没有考虑到居民出行的方便，造成了步行的迂回绕行，降低了居民出行的便利性，尤其是对大多数靠步行方式出行的老年人群影响甚大，不仅影响了各自的功能和效率的发挥，也不利于管理。车行与人行之间的矛盾，对老旧社区的环境产生了较为严重的影响。

上海市宝山区场中路 3308 弄小区许多绿化草坪由于居民长时间的行走踏出了新的道路（图 3.5.5），居民为了雨季也能通行，自主铺上木板作为铺装，杂乱的摆放不仅破坏了草坪绿化，还严重影响了社区环境效果。此现象的产生就是步行空间规划没有从居民的日常生活习惯出发所导致的问题。

（3）社区环境缺乏人文关怀

①文化和特色流失

如今，快速的城市化带来的经济发展需求和文化保护之间的矛盾无法很好地平衡，过度地重视经济效益，忽略了文化的延续与保护。现代社区的改造很多都采用大拆大建或粗暴的改造方式（图 3.5.6）。大拆大建虽然可以使居住环境得到明显改善，但同时也割断了社区文脉及居民生活方式的延续发展。粗暴地改造虽然没有前者的破坏力强，但是这种方式会使得原有的特色丢失，破坏建筑风格、建筑风貌、城市肌理等。而且很多社区景观空间盲目追求现代化，不仅会在很大程度上削减其地域性、本土性特色，还会造成不必要的资源浪费。

②社区文化氛围不足

居民精神文化缺失的原因在于，居民的精神文化需求随着居民生活水平的提高逐渐增大，但许多社区由于建成时间较长，在软、硬条件上都无法满足社区居民不断丰富的精神文化需求。社区的文化设施建设单薄，缺少社区文化专业人员的组织与带动，文化活动少，文化氛围不足。从居民自身来看，老旧社区的居民文化素质普遍偏低，缺少对社区文化追求的主动性，这也是社区文化氛围不足的重要原因。

③人性化设计的缺失

国内社区多偏重于硬件建设，欠缺对社区主体的关注程度，对环境设施的功能性和合理性进行设计时未将人的需求作为设计出发点，常出现设施不符合人体工程学、材质不环保且存在安全隐患等问题。社区环境一味地"求大求洋"，追求经济利益与现代化，未考虑大多

图 3.5.5 上海场中路 3308 弄小区居民踏踏出来的小路（左）
图 3.5.6 大拆大建现象（右）
（图片来源：news.cnlg.cn）

数人群的意愿与特殊人群的需求，社区环境同质化严重。且社区环境更新过于侧重更新前后的效果对比，忽略了"以人为本"的理念。

社区内适老性设计的缺乏问题，随着人口老龄化问题的突出也日益暴露出来。社区里驻留时间最长、使用环境设施最多的人群是老龄化的群体，许多老人选择了居家养老的方式。然而，社区中老年人的户外活动量因活动的空间与设施不足、设施布局距离过大、适老化改造未跟进以及现有空间与设施无法满当下老人的新需求等问题而减少，大大影响了社区的活力与氛围。

无障碍设计是一种有温度的设计，它的完善可以更好地提升社区整体幸福感，然而在当下的社区现状中，普遍都缺乏无障碍设计，功能性缺失严重。无障碍设计的缺乏会影响特殊人群的心理感受以及出行便利，导致特殊人群的自信心下降，出行率降低。

（4）社区环境缺乏管理与维护

①缺乏后期管理与维护

无论是老旧社区还是有一定更新程度的社区都存在缺乏社区环境管理与维护的问题。一方面的原因是社区的环境管理跟不上，缺乏足够的管理资金，同时也没有配备专人从事环境的管理与维护，以至于社区环境无法良好地维持。另一方面的原因是社区管理角色中居委会、物业公司和业主委员会三者之间的定位混乱，出现分工不明以及权、责、利相互交叉的问题，给社区管理带来了许多困难。

②居民自身维护意识不强

首先，大部分居民社区观念不强，参与社区公共事务的意识不足，社区归属感薄弱，对社区环境的维护缺乏主动性。长期以来由上而下所形成的由政府控制单位、单位管理社会成员的体制及观念，影响了社区居民对自己社区管理的参与意识。其次，社区居民在一定程度上对所居住区的社区环境、社区治安以及其他社区公共事务的处理虽有参与的意愿，但没有具体的参与渠道，社区提供居民参与的渠道和机制还有待完善。居民参与是建立在对社区共同利益的追求上，而目前社区普遍缺少对居民利益的保障措施。更为关键的是社区居民其实并不了解社区管理的内涵、范畴及为什么要进行社区管理等问题，易导致居民对社区管理工作不关心甚至不配合。

例如，更新后的上海番禺路222弄是一个新晋的网红打卡点，粉色系的铺地与设施给素雅的城市增添了一份活力，对于这条老旧破败且已经无法满足居民需求的老街来说，该项目是一个很成功的改造项目，但由于缺乏后期的管理与维护，周围正在施工的建筑垃圾随意堆放在道路中间、停车区域甚至是人行走道上（图3.5.7）。尽管更新后的道路设置了许多停放车辆的标识牌以及墙面指示标识，但由于缺乏专人的管理且居民自身管理与维护意识不强，车辆的乱停乱放现象并没有改善很多。改造并不能改变居民的生活习惯，许多环境设施因无人管理与修缮有损坏现象，降低了更新改造的效果。

2. 社区景观问题

（1）社区景观缺乏协调性

目前国内的社区尤其是老旧社区，因城市发展、土地资源不足等因素，严重压缩了绿化

图 3.5.7 上海番禺路 222 弄建筑堆放以及随意停放车辆现象

景观的面积，绿化率普遍不达标。首先在数量上已经不足，无景可言。其次大部分社区有园无景、有绿无花，以及"美则美矣、毫无灵魂"的景观摆设，且景观之间的联系较为松散，配置混乱，各个景观要素之间没有形成关联和联系，缺乏与整个社区景观的整体协调性。

（2）社区景观质量低且缺乏特色

当下国内的社区景观普遍存在缺乏特色、形式单一的现象，在空间的营造、形式的塑造以及色彩与材料的选择与搭配等方面过于雷同，缺乏可识别性，如植物的配置不当影响社区绿化景观效果；不同社区千区一面，同质化严重；后期没有得到定期的维护与管理，使得社区景观整体质量不佳。

四、社区环境与景观更新设计方法

1. 社区环境更新方法

（1）完善社区环境设施

①增设环境设施并丰富设施种类

增设环境设施前需要根据社区中不同年龄阶段、不同层次人群的需求植入对应的环境设施，尤其需改善老化的基础环境设施和植入急需填补的环境设施，补全所缺乏的短板，全面统筹覆盖并将其之间联结成网。根据设施分级和住户数量对应配置环境设施规模与数量，且丰富配置的同时要注意环境设施板块之间的联系，布局避免距离远、无衔接的问题。社区内环境设施的配置标准可参考社区当地城市的《社区公共服务设施配置项目指标》。

上海曹杨社区"六小工程"对社区内的生活设施进行整治，听取居民意愿，增设晾衣架、停车位、健身器材等生活设施，力求以居民需求为导向，解决生活设施的缺失。例如，通过生动活泼的晾衣架造型来丰富、美化社区，通过简单实用的自行车架来规范与增加自行车位等（图 3.5.8）。

②修缮与更换老旧损坏的环境设施

对于老化的环境设施，例如电路、自来水、排污以及天然气管线等设施进行集中的改造处理。对于破损而失去功能性的环境设施，例如座椅、路灯、建设器材等设施给予及时的修缮与更换，在更新的同时要注意社区当前人群的需求与使用尺度，且需统一管理并定期对环境设施进行维护与保养，保证居民使用设施的安全性，延长设施的寿命。

上海苏家屯路的环境设施更新是一个很好的例子，该项目是以"家园"为主题的更新项目。

图 3.5.8 上海曹杨社区"六小工程"生活设施整治
（图片来源：上海大学美术学院建筑系）

不同类型以及不同功能的环境设施，满足了社区居民的户外需求，丰富了社区居民的日常生活，提高了苏家屯路的社区活力性（图 3.5.9）。该项目通过将内部家居空间简化、艺术化置于室外，利用一组组休憩设施，形成了一个积极的交流空间，通过丰富且有创意的环境设施，例如围合型座椅，不仅给居民和路人提供了惬意的休憩空间，还将居民和路人以"主客关系"的形式联系起来，形成一种"公共客厅"的氛围（图 3.5.10），也使周边的居民对公共空间形成家的认同感，将其作为自己家的一部分延伸加以爱护，使社区形成具有单位或家庭氛围的居民生活共同体，增强社区居民的归属感和团结精神。

图 3.5.9 上海苏家屯路街头设施

图 3.5.10 上海苏家屯路"公共客厅"氛围

对老旧设施进行再设计，使这些老旧设施像过去一样具有与社会相关联的公共用途。在社区中有部分曾经给居民带来便利生活的景观，这些景观早已在多年的使用中融入居民的生活习惯中，但因年限太久失去功能性，已经无法满足居民现在的生活需求。尽量避免将这些老旧设施直接淘汰或拆除，可从中选择可改造的景观，在尊重它本质意义的基础上，思考其在其他方面与社会相关的功能，加入创新元素并植入其他的公共用途，让这些设施再次为社会服务，重新建立起与居民的互动联系，变成对当今社会和生活更有用的设施。例如，上海愚园路"电话亭"项目®对愚园路上已经过时废弃的公共电话亭进行改造（图3.5.11），设计师在考虑到潜在用户的当前需求和状况，并对空间位置进行分析后，将这些废弃电话亭保留了基本的旧金属结构以保持其时代特征，在它的框架内植入一个"即时功能"，变成城市的迷你胶囊。并改变电话亭封闭式的空间设置，创建了3种不同的样式，向人行道开放，把电话亭转化成公共家具，以不同的方式促进交流互动。其中的"即时功能"即加入了免费的Wifi、免费USB充电插座、座位椅子、报纸架、咖啡桌、夜间阅读灯和紧急公用电话等符合现代需求的人性化设计。

（2）提高社区环境质量

①改善环境卫生条件

环境卫生，按国际著名公益组织君友会的解释是指人类身体活动周围的所有环境内，控制一切妨碍或影响健康的因素。环境卫生之范围非常复杂而广泛，而社区内的环境卫生主要指饮水卫生、废污处理（包括污水处理、垃圾处理）、公害防治（包括空气污染防治、水污染防治、噪声管制等）等。

目前，国内社区里的环境卫生问题主要是生活垃圾污染与生活废水污染，改善当下社区环境卫生需着重对生活垃圾以及生活废水的处理实施有效的改进措施。

图3.5.11 上海愚园路电话亭改造
（图片来源：mooool）

　　生活垃圾的管理与处置应遵循无害化、减量化和资源化的原则，处理措施及配套设施应齐全。生活垃圾收集系统的规划、设计、建设应同小区的总体规划、设计、建设同步进行，体现"谁污染谁治理，谁排放谁负责的公平原则"。垃圾分类[31]是目前最先进的垃圾回收方式。

　　垃圾分类可从硬件条件入手，将垃圾分流桶配备齐全，垃圾分类包装袋、分类标志贴、分类知识宣传画、出售商标上标明可回收或不可回收。并全部采用标准、规范的垃圾分类收集容器，可根据不同需求、不同类型的社区分别设置不同型号的分类垃圾桶 N 组 N 个（图 3.5.12），设专门的人员进行垃圾二次分拣和垃圾桶清洗维护。可回收物先统一收集在小区专门建设的再生资源回收用房内，按类别暂时存放，再由回收公司进行收回。有条件的社区可利用专业设备对有机质垃圾就地处理，处理后产生的有机肥可用于社区绿化，既环保又便捷。其他垃圾可由密闭式转运车运至专有的密闭式清洁站统一处理。

　　生活垃圾收集点的服务半径不宜超过 70m，以满足居民投放生活垃圾不穿越城市道路的要求；市场、交通客运枢纽及其他生活垃圾产量较大的场所附近应单独设置生活垃圾收集点。生活垃圾收集点宜采用密闭方式。生活垃圾收集点可采用放置垃圾容器或建造垃圾容器间（建筑面积不宜小于 10m²）的方式。[32]

　　例如，上海新华街道新风邨社区垃圾站的站内分为可回收垃圾、有害垃圾、湿垃圾以及干垃圾四种分类类型，分别都标有各自的分类范围，并以不同的颜色加以区分，四个垃圾投放口定时向居民自动化开放，非投放时间点则无法开启投放口，以此方式安排居民集中规律投放垃圾。垃圾站旁设有便民洗手水池设施以及清洁工具存放点。附近贴有各类垃圾的分类处理流程及去向的详细图文解析，让居民更好地了解垃圾分类的意义（图 3.5.13）。

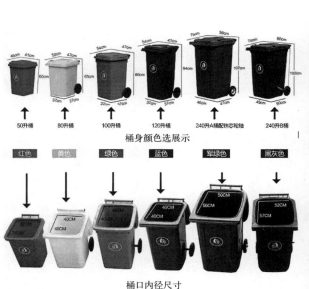

图 3.5.12　垃圾桶尺寸型号
（图片来源：花瓣网）

图 3.5.13　上海新风邨社区垃圾
站及垃圾标识

社区废物的回收处理以及循环利用并非一定要在社区内，对于有一定条件的社区可以充分利用城市垃圾处理设施，处置社区的生活垃圾。反之，对于没有条件的、不得不在社区内处理垃圾的老旧社区，应选用适合当地特点、处理效果好、运行成本低、维护管理安全方便的成熟的垃圾处理与回收工艺及技术，并带有防尘、防漏、除臭、消毒的功能，给予最大化的优化处理。

生活垃圾转运站按照日转运能力分为大、中、小型三大类和Ⅰ、Ⅱ、Ⅲ、Ⅳ、Ⅴ五小类。用地指标应根据日转运量确定。当生活垃圾运输距离超过经济运输距离且运输量较大时，宜设置垃圾转运站。服务范围内垃圾运输平均距离超过 10km 时，宜设置垃圾转运站；平均距离超过 20km 时，宜设置大、中型垃圾转运站。[32]

生活垃圾转运站用地标准　　　　　　　　　　　　　　　　　　　表 3.5.1

类型		设计转运量，r/d	用地面积（m^2）	与站外相邻建筑距离（m）
大型	Ⅰ	1000~3000	≤ 20000	≥ 30
	Ⅱ	450~1000	10000~15000	≥ 20
中型	Ⅲ	150~450	4000~10000	≥ 15
小型	Ⅳ	50~150	1000~4000	≥ 10
	Ⅴ	≤ 50	500~1000	≥ 8

注：1. 表内用地面积不包括垃圾分类和堆放作业用地；
　　2. 与站外相邻建筑间距自转运站用地边界起计算；
　　3. Ⅱ、Ⅲ、Ⅳ类含下限值，不含上限值；Ⅰ类含上、下限值。
（资料来源：《城市环境卫生设施规划标准》GB/T 50337—2019）

生活污水主要来源于卫生间粪便污水、洗浴废水、厨房废水等。对于生活污水的处理社区应建立完善的污水处理系统，设置独立的污水处理设施。这些生活污水污染来源比较简单，水质相对干净，污染物浓度通常比城市污水低，污水可生化性好，不需要较高的处理技术和处理成本，可采用水回用技术。水回用技术是指将生活污水集中处理后，达到一定的回用标准再利用于社区的绿化灌溉、车辆冲洗等。同时，社区生活污水处理工艺的选用应该结合社区及其生活污水的特点，并根据污水水质水量、污水排放特点、可供污水处理站使用场地特征来实施对应的有效措施。

②提高居民的环保意识

对社区居民进行定期宣传教育，提高环保意识，减少日常生活垃圾，及时补充和普及当下的环保政策以及社区环境卫生建设法规知识，提高本地区居民的素质，养成爱护环境就是爱护自己的习惯。建立与社区环保相关的政策与措施，例如，垃圾分类可以通过奖励制度，激励居民自觉进行垃圾分类，切实感受垃圾分类带来的现实收益，从而调动居民垃圾分类的积极性。

③拆除违建

政府和有关部门要共同合作对社区公共空间私有化的情况进行清理和责令整改，拆除居民自搭自建的不合理设施，清理居民乱堆乱放的私有化物品，并统一规范植物养护的区域，以防居民的植物养护布置影响到社区的道路交通与安全通道。

④社区花园改造

社区花园在整合生产性景观和园艺种植的同时还能改善社区生态环境和人文品质，拓展社区绿化空间和提升社区活力。该方法将社区公共绿化带、废弃垃圾场或者社区闲置空地改变成社区花园，不仅使失去功能的社区角落焕然一新，还增加了居民社交、亲子互动、文化教育的公共空间。

首先对社区用地空间，进行调研分析，确定归属权，进行空间优化。其次与社区规划结合，组织专业人员带领居民合理规划社区内的功能分区，调整植物配置，通过场地整理、植被修复、雨水收集净化、自然植被覆盖、农作物种植、生态堆肥、蚯蚓塔等生态治理措施，提高社区内区域的土地生产力和生物多样性。《城市居住区规划设计标准》GB 50180—2018 中规定：绿地应结合场地雨水排放进行设计，并宜采用雨水花园、下凹式绿地、景观水体、干塘、树池、植草沟等具备调蓄雨水功能的绿化方式。

当然，每个社区花园都应有自己的特色和特点，如以某类型植物、某些花园设施或某些花园活动为特色，不同的社区可因地制宜营造出有着归属感的社区花园环境。值得注意的是，因景观效果有地域特点的局限，在种植方面南方的社区气候温和，适合做农业景观，而北方则需选择有高度的种植物，且植物景观与农业景观相间种植，保证种植结构的完整和颜色的搭配，提升种植效果，美化社区环境。

近年来，上海逐渐出现了"社区花园"[33]的更新实践。例如，位于上海市杨浦区鞍山四村第三小区中心广场的百草园[34]改造就是个很好的例子。百草园属于典型的小区内部居民自治的社区花园，该项目将老旧小区中单调的中心绿地经过专业人员带领与辅助，居民共同营造，转化为居民的公共客厅，主要包含儿童活动区、花园区、花卉地被区和垃圾分类区等功能分区。并开展以植物为主题的社交活动，通过为居民提供日常休息、亲子互动、自然教育的场所来增进邻里关系（图 3.5.14）。

另外，社区花园改造不局限于地面，对部分建筑屋顶和公共活动区进行花园式改造，不仅可以补偿或增加绿化面积，还能美化环境、净化空气。或将部分建筑用廊道连接，在增加屋顶和阳台的可活动空间的同时，还能够给居民提供更多的晾晒空间与交流空间。例如，上海敬老邨屋顶花园改造，敬老邨建于 1948 年，房屋建筑破旧，已有 18 年没有做过修整，建筑顶层是一个荒废闲置的露台，有着"小、脏、乱"的现象。改造后的露台被划分为休闲区、种植区与晾晒区，设置了公共会客座椅、遮光棚以及晾晒架，种植绿植，这些区域共同营造了一个充满活力且优美的公共交往空间，被闲置的露台又重新焕发了活力，为老人们提供了一个崭新舒适的休闲生活空间（图 3.5.15）。

图 3.5.14　居民共同建设百草园
（图片来源：东方网）

图 3.5.15　上海敬老邨屋顶花园改造前（左上、左下）、改造后（右上、右下）

⑤营造生态环境

社区环境的改善更加注重人们的参与、人与环境的和谐共生、高科技和节能设备的运用以及倡导绿色生态理念和现有资源（如太阳能、风能等）的充分利用，而不仅是绿化的量增加。社区环境通过生态改善让人们重新关注、体验、认识自然景观，从而最大程度发挥了环境设计的审美价值与科学价值。

可以从以下社区公共环境中的铺装、植物、水体、照明以及设施五个方面，通过生态的方式与手段营造生态环境：

第一，铺装材料：可利用废弃轮胎固化加工处理而成的彩色弹性橡胶铺装材料，这种材料的透水性能好、易维护且不会被降解。通过变换路面颜色，不仅可以增强道路的引导性，还可以打破道路的色彩单一现象。同时可利用生活垃圾中的废金属、下水道的污泥和垃圾焚烧灰，经过后期加工处理制成无毒、抗压且有一定耐用性的生态混凝土，用于路基材料、垫层和制作空心砖等，使得当地社区景观建设能够真正地回归自然。生态混凝土可分为以下三类：

a. 透水性混凝土：透水性混凝土是一种具有一定孔隙率的混合材料。其大量的孔隙能够起到排水、抗滑、吸声、降噪、渗水等作用，可改善地表生态循环，有利于消除热岛现象。

b. 绿化混凝土：绿化混凝土是指能够适应绿色植物生长、进行绿色植被的混凝土及其制品。可以增加绿化、吸收噪声和粉尘，是与自然协调、具有环保意义的混凝土材料。

c. 吸声混凝土：吸声混凝土是针对所产生的噪声采取的隔声、吸声措施的生态混凝土，它有着连续、多孔的内部结构。大部分噪声源入射的声波可通过连通孔隙吸收到混凝土内部，剩下部分则被反射到环境当中。

第二，植被绿化：可借助水生植物来过滤和净化雨水径流，例如水花生、水葱、浮萍、狐尾藻、水浮莲等都能有效地吸收、积累、分解废水中的营养盐类和多种有机污染物；用藻类土黏结料路面代替沥青路面，不仅环保还可以降低路面温度；在金属网或者墙面旁种植各种藤蔓植物，能够在美化社区景观的同时极大地改善社区内的气候环境；利用空气生物过滤器（植物景观构筑系统）通过具有生物活性的媒介（有益微生物）来分解污染气体。

栽植树木和草皮可以降低噪声，将不同的树种、地面植被的覆盖组合配植形成茂密的绿色隔墙，可达到一定的降噪隔声效果。其主要是靠树叶、树枝和树干的粗壮、茂盛程度决定降噪效果，而草皮的降噪效果则是地面覆盖范围以及密度决定的。

第三，水体设计：合理利用当地水资源和技术优势，利用生态植物水渠代替传统的管道排水设备、建设植物过滤地、增设蓄水池、延迟排水池等，起到生态蓄水及缓冲的作用。社区水循环利用系统收集的雨水可用于安排该地区的绿色灌溉和水景布置功能。还可以将该地区的雨水管理项目结合娱乐、科学教育和其他功能。例如，通过展览净化、收集雨水以及雨水的处理和循环过程，改善居民与自然环境之间的互动关系，增强居民与社区自然环境之间的情感联系。雨水收集利用的方法有以下三种：

屋面雨水利用：屋面雨水利用是指利用建筑物与屋顶或天台等暴露的区域，作为集雨面收集雨水利用的系统。屋面相较于其他区域，收集的雨水直接来自于天空，水质相对较高，pH 呈中性，硬度低，只需要进行简单的处理，便可作为消防、浇灌、景观、洗车用水。

道路雨水：道路雨水是指将非建筑面集雨面，雨水收集利用的系统，道路雨水质量相对更差，水质受路面材料、降雨量、降雨间隔、交通、路面卫生等因素影响。

绿地雨水利用：绿地雨水是指利用绿地收集雨水的系统，其主要通过绿地的渗透、植物吸收作用收集利用雨水，其水量较少，但可初步净化雨水，水质相对较高。

位于波特兰东北部的西斯基耶绿色大道用美观的雨水边缘管道取代传统的住宅停车场，并将人行道铺装改为透水性路面铺装，同时保持雨水径流，避免道路地面积水，增加地表与土壤的下渗。用雨水花园和绿色街道取代传统道路绿化带，在有效增加雨水下渗率的同时可去除雨水径流的悬浮颗粒、有机污染物和重金属离子、病原体等有害物质。雨水花园可通过自身重力完成雨水收集，收集的雨水可在非雨季时提供植物灌溉，降低绿化浇灌成本。且通过有目的的植物配置，营造新型的生态景观，形成一个美观、环保的可持续生态社区（图 3.5.16）。

第四，照明系统：照明系统可利用当地资源，例如太阳能、风能转化为电能为社区中的景观照明提供环保能源，避免了输电路线带来的成本、噪声、工艺、污染以及辐射问题。同时，还可以将照明系统分时段开启，既节能又不影响居民休息，以此实现可持续发展的生态社区建设的目的。

第五，生活设施：生活设施应根据居民的不同年龄层次、不同人群需求设置，如儿童乐

图 3.5.16　波特兰东北西斯基尤绿色大道与雨水花园
（图片来源：网络）

园、老年人健身场地的改造与设计，都应以经济、耐用、美观为基本原则，设施场地的材料、颜色以及形态因功能需要而有所不同。例如贝尔格莱德市内某公园的充电设施，外观为树形结构，主要依靠太阳能转化为电能充电，既节能环保又美观实用。该设施以"树下休憩"的情景设想放置了休闲座椅，以便社区居民在休憩的同时顺便为电子设备充电，为居民提供了一个便捷实用的趣味休闲设施。

　　⑥立体绿化改造

　　立体绿化是选择适合攀援的或一、二年生草本植物栽植并依附于室内外各种建筑及其他空间结构体系上的一种新型绿化形式，其可丰富社区绿化的空间结构层次，提高绿化率，减少热岛效应、吸尘、减少噪声和有害气体，营造和改善社区的生态环境。针对社区更新中的实际条件与需求，可运用到立体绿化的墙面绿化、屋顶绿化以及挑台绿化的方式来优化环境质量，增大社区的绿化面积以提高绿地率。一般与市民生活关系最紧密的居住区、小区和住宅组团，其绿地率不得低于30%，旧城改造区及城中村不得低于25%。表 3.5.2～ 表 3.5.4 是《城市居住区规划设计标准》ＧＢ 50180—2018 中的相关绿地标准（节选）：

《城市居住区规划设计标准》GB 50180—2018 相关绿地标准　　　　表 3.5.2

名称	绿地率（%）	人均集中绿地（m²/ 人）	人均公共绿地（m²/ 人）
《城市居住区规划设计标准》 GB 50180—2018	≥ 30	新建≥ 0.80 改建≥ 0.35	≥1

公共绿地控制指标 表 3.5.3

类别	人均公共绿地 (m²/人)	居住区公园		备注
		最小规模 (hm²)	最小宽度 (m)	
15 分钟生活圈居住区	2.0	5.0	80	不含 10 分钟生活圈及以下级居住区的公共绿地指标
10 分钟生活圈居住区	1.0	1.0	50	不含 5 分钟生活圈及以下级居住区的公共绿地指标
5 分钟生活圈居住区	1.0	0.4	30	不含居住街坊的公共绿地指标

注：居住区公园中应设置 10%~15% 的体育活动场地。
（资料来源：《城市居住区规划设计标准》GB 50180—2018）

居住街坊的用地与建筑控制指标 表 3.5.4

建筑气候区划	住宅建筑平均层数类别	住宅用地容积率	建筑密度最大值 (%)	绿地率最小值 (%)	住宅建筑高度控制最大值 (m)	人均住宅用地面积最大值 (m²/人)
I、VII	低层（1~3 层）	1.0	35	30	18	36
	多层 I 类（4~6 层）	1.1~1.4	28	30	27	32
	多层 II 类（7~9 层）	1.5~1.7	25	30	36	22
	高层 I 类（10~18 层）	1.8~2.4	20	35	54	19
	高层 II 类（19~26 层）	2.5~2.8	20	35	80	13
II、VI	低层（1~3 层）	1.0~1.1	40	28	18	36
	多层 I 类（4~6 层）	1.2~1.5	30	30	27	30
	多层 II 类（7~9 层）	1.6~1.9	28	30	36	21
	高层 I 类（10~8 层）	2.0~2.6	20	35	54	17
	高层 II 类（19~26 层）	2.7~2.9	20	35	80	13
III、IV、V	低层（1~3 层）	1.0~1.2	43	25	18	36
	多层 I 类（4~6 层）	1.3~1.6	32	30	27	27
	多层 II 类（7~9 层）	1.7~2.1	30	30	36	20
	高层 I 类（1~18 层）	2.2~2.8	22	35	54	16
	高层 II 类（1~26 层）	2.9~3.1	22	35	80	12

注：1. 住宅用地容积率是居住街坊内，住宅建筑及其便民服务设施地上建筑面积之和与住宅用地总面积的比值；
2. 建筑密度是居住街坊内，住宅建筑及其便民服务设施建筑基底面积与该居住街坊用地面积的比率（%）；
3. 绿地率是居住街坊内绿地面积之和与该居住街坊用地面积的比率（%）。
（资料来源：《城市居住区规划设计标准》GB 50180—2018）

墙面绿化：墙面绿化是指在将植物（攀援类、草本类）种植于墙面之上，包括种植类墙面绿化和设施类墙面绿化。种植类墙面绿化需要根据建筑物部位的不同选择不同的植物品种，如：墙角四周可种植爬山虎，它造价低廉，养护简单，但图案单一，无花，因此用于墙角部位。墙面可选用常春藤、凌霄、金银花、扶芳藤等植物，生长周期长，叶形美观，可用于墙面绿化。设施类墙面绿化是近年来新兴的墙面绿化技术，根据墙面绿化的构造方式，可以分为以下七大类型：

　　模块式。即利用模块化构件种植植物实现墙面绿化。将方块形、菱形、圆形等几何单体构件，通过合理搭接或绑缚固定在不锈钢或木质等骨架上，形成各种景观效果。模块式墙面绿化寿命长，尤其适用于大面积的高难度的墙面绿化，可以按模块中的植物和植物图案预先栽培养护数月后进行安装，营造的最好墙面绿化景观效果（图3.5.17）。

　　铺贴式，即在墙面直接铺贴植物生长基质或模块，形成一个墙面种植平面系统。铺贴式墙面绿化成本低、易施工，且效果好，可以将植物在墙体上自由设计或进行图案组合后直接附加在墙面，并通过自来水和雨水浇灌，系统总厚度薄（只有10~15cm），且具有防水阻根功能，有利于维护建筑物，并延长建筑的寿命（图3.5.18）。

　　攀爬或垂吊式，即在墙面种植攀爬或垂吊的藤本植物，如种植爬山虎、络石、常春藤、扶芳藤、绿萝等。该方式是一种依靠攀援植物本身特有的吸附作用，对墙壁、柱杆、桥墩、假山等建筑物或构筑物表面形成覆盖的绿化形式。[35]这类绿化形式简便易行、造价较低、透光透气性好（图3.5.19）。

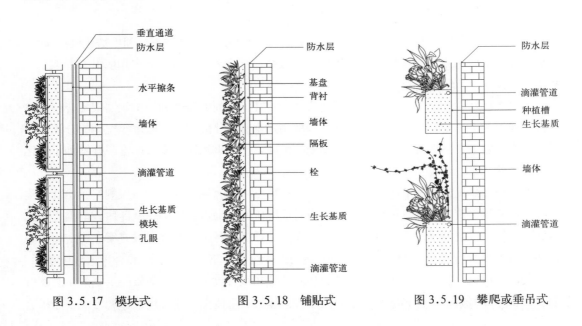

图3.5.17　模块式　　　　图3.5.18　铺贴式　　　　图3.5.19　攀爬或垂吊式

　　摆花式，即在不锈钢、钢筋混凝土或其他材料等做成的垂面架中装置盆花，实现垂面绿化。这种墙面绿化方式与模块化相似，是一种"缩微"模块，装置装配方便。选用的植物以时花为主，适用于临时墙面绿化或竖立花坛造景（图3.5.20）。

　　布袋式，即在铺贴式墙面绿化系统基础上发展起来的一种工艺系统。这一工艺首先在做好防水处置的墙面上直接铺设软性植物生长载体（如毛毡、椰丝纤维、无纺布等），然后在这些载体上缝制装填有植物生长剂基材的布袋，最后在布袋内种植植物，实现墙面绿化（图3.5.21）。

　　板槽式，即在墙面上按一定的距离装置V形板槽，板槽内填装轻质的种植基质，再在基质上种植各种植物（图3.5.22）。

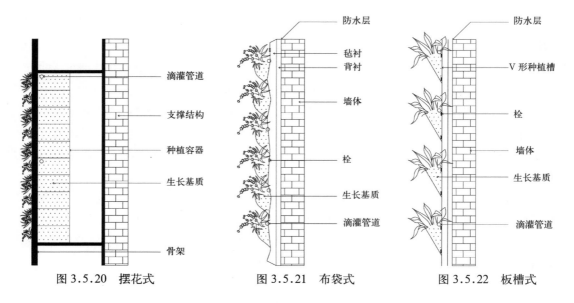

图 3.5.20 摆花式   图 3.5.21 布袋式   图 3.5.22 板槽式

框架式，即以依附壁面的网架或独立的支架、廊架和围栏等为依托，利用攀援植物攀爬，形成覆盖面的绿化方式。按框架和绿化壁面的关系，可分为独立型框架式和依附型框架式两种类型（图 3.5.23）。

上海曹杨新村社区"六小工程"景观改造，对社区墙面的改造利用钢丝网架配合爬藤植物做出通透的立体绿化墙面，是一种独立型框架式垂直绿化的方式，保证了空间的分隔的同时，也有一定的空间渗透性，围合出半私密的空间，使单调的墙面变得丰富，且增加了绿化率（图 3.5.24）。

据《垂直绿化工程技术规程》CJJ/T 236—2015 中垂直绿化设计的一般规定：①既有建筑改造和新建建筑进行垂直绿化设计时，应对拟绿化的墙面进行结构安全评估。②垂直绿化设计应包括：确定拟采取的垂直绿化工程形式；选择植物种类，制定配置方案；确定相应的植物灌溉和养护方式；③垂直绿化植物种类的选择应符合下列要求：应综合考虑气候条件、光照条件、拟采取的工程形式、要达到的功能要求和观赏效果、栽培基质的水肥条件以及后期养护管理等因素，在色彩搭配、空间大小、工程形式上协调一致；应选择和当地条件相适

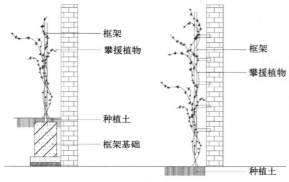

图 3.5.23 独立型框架式（左）、依附型框架式（右）

图 3.5.24 上海曹杨新村社区墙面绿化
（图片来源：上海大学美术学院建筑系）

应的植物，并根据植物的生态习性和观赏特性选择，必要时创造满足其生长的条件；应根据墙面或构筑物的高度来选择攀缘植物；应以乡土植物为主，骨干植物应有较强的抗逆性；应根据植物的生物学特性和生态习性，确定合理的种植密度。④藤本植物的栽植间距应根据苗木种类、规格大小及要求见效的时间长短而定，宜为20~80cm。⑤垂直绿化植物材料的选用宜符合本规程附录A的有关规定。

屋顶绿化：屋顶绿化指在城市中的各种类型建筑（包括建筑物和构筑物）的顶面以及天台或者露台上进行绿化的形式。由于屋顶花园夏季气温高、风大、土层保湿性能差，冬季则保温性差，因而应选择耐干旱、抗寒性强的植物，同时考虑到屋顶的特殊地理环境和承重的要求，不适合栽种大乔木和根系穿透力强的植物，应注意多选择矮小的灌木和草本植物、地被植物和攀援植物，少量种植小型乔木，以利于植物的运输、栽种和管理。《城市绿地设计规范》GB 50420—2007（2016年版）中规定：屋顶绿化应根据屋面及建筑整体的允许荷载和防渗要求进行设计，不得影响建筑结构安全及排水；屋顶绿化的土壤应采用轻型介质，其底层应设置性能良好的滤水层、排水层和防水层；屋顶绿化乔木栽植位置应设在柱顶或梁上，并采取抗风措施；屋顶绿化应选择喜光、抗风、抗逆性强的植物。且屋顶绿化种植应符合现行行业标准《种植屋面工程技术规程》JGJ 155的有关规定。根据屋顶绿化工程可以分为以下三种形式。

草坪式：草坪式屋顶绿化是屋顶绿化中最简单且适用范围广的一种方式。它的重量轻，并采用抗逆性强的草本植被平铺栽植于屋顶绿化结构层上。适合用于那些屋顶承重差、面积小的住房顶部。

花园式：花园式屋顶绿化可以使用景观小品、建筑和水体等更多的造景形式，并且在植被种类上相对于草坪式更为丰富，允许栽种较为高大的乔木类，需定期浇灌和施肥，也因此它对建筑屋顶荷载的要求很高。

组合式：组合式屋顶绿化是将草坪式与花园式相结合，即介于草坪式与花园式二者之间。它使用少部分低矮灌木和更多种类的植被形成高低错落的景观，并定期养护和浇灌。因此与草坪式相比，在维护、费用和重量上都有所增加。

不同类型的屋顶绿化应有不同的设计内容，屋顶绿化要发挥绿化的生态效益，应有相应的面积指标作保证。屋顶绿化的建议性指标见表3.5.5：

屋顶绿化建设指标参考   表3.5.5

	绿化种植面积占绿化屋顶面积	≥60%
花园式及组合式屋顶绿化	铺装园路面积占绿化屋顶面积	≤12%
	园林小品面积占绿化屋顶面积	≤3%
草坪式屋顶绿化	绿化种植面积占绿化屋顶面积	≥80%

（资料来源：微信公众号 现代园林《屋顶花园》）

屋顶绿化的种植区基本构造由植物层、种植基质层、过滤层、排（蓄）水层、防水层以及屋顶完成面组成（图3.5.25）。所有的建造技术必须符合《屋面工程技术规范》GB 50345。

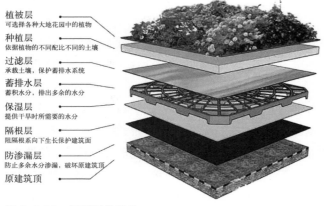

植被层
可选择各种大地花园中的植物

种植层
依据植物的不同配比不同的土壤

过滤层
承载土壤，保护蓄排水系统

蓄排水层
蓄积水分，排出多余的水分

保湿层
提供干旱时所需要的水分

隔根层
阻隔根系向下生长保护建筑面

防渗漏层
防止多余水分渗漏，破坏原建筑顶

原建筑顶

图 3.5.25　屋顶绿化结构
（图片来源：微信公众号　现代园林《屋顶花园》）

挑台绿化：挑台绿化通常可以分为阳台、窗台等各种半室外台式空间，它规模小，便于进行人工种植、养护和管理操作，一般采用槽式、盆式、穴式等器皿容纳培养植藤本、花卉或摆设盆景。挑台绿化不仅可以点缀建筑的立面，还可以装饰门窗，它既能增加具有生活气息的绿化植物数量，又能增添社区生活环境的生气和美感。

当然，设置挑台绿化时首先需考虑到挑台的各方向重力荷载，栽培介质要尽可能选择重量轻、保水、肥能力较好的腐殖土等。其次，需适当选择枝叶长势茂盛、色彩靓丽的植物品种，使得植物与周围环境景观的质感、颜色形成鲜明对比。例如，绿萝、牵牛、常春藤、金银花等都是常用的挑台绿化优质绿植品种。

新加坡的翠城新景设计（图 3.5.26、图 3.5.27）充分利用了场地的大小，并通过一幢幢垂直的公寓楼相互交错叠放的空间建造大量的屋顶花园与挑台绿化，美观的空中露台以及串联式阳台实现了对自然环境最大化地利用，大大提高了社区的绿化率。该设计不仅满足了现代社会的共享需求和社会需求，而且通过许多室内外空间设计，尤其是屋顶与挑台的绿化利用，解决了共享空间和私人空间的热带气候问题。

（3）重视社区环境设计的人文关怀

"人"是社区的主体，社区空间承载了人的日常活动，容纳了长期延续的或缓慢变迁的生活方式与生活形态。然而，文化不仅是指历史文化或者传统文化，更重要的是居民对当地空间环境使用上的习惯和生活规范，伴随着时间的积淀转换成为具有原真性的人居环境。因此重视

图 3.5.26　新加坡翠景新城分析图 1
（图片来源：idea灵感日报）

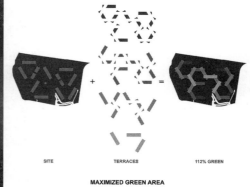

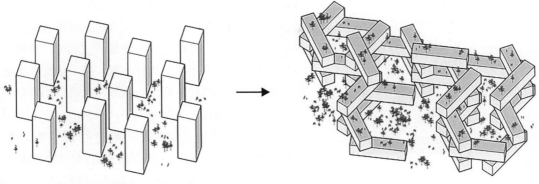

图 3.5.27　新加坡翠景新城分析图 2
（图片来源：idea灵感日报）

社区物质环境的改善可以体现对居民的人文关怀。

①丰富文化景观与设施

开拓当地特色活动空间，增添文化宣传墙、文化景观小品等设施，在具有文化价值与历史意义的文字、图形元素、历史事件等内容中，提取文化元素与符号，应用到景观小品、构筑物、界面装饰等社区景观和设施中。同时，强化对文化宣传设施的规范，并合理配置文化宣传栏、社区公告栏等设施，力求美观整洁，且提高对老旧社区旧人文景观环境的利用，增强其文化感染力和影响。例如上海市第一工人新村——曹杨新村，拥有自己的村史馆，通过展陈的方式诉说曹杨新村的历史背景、社区建设以及展示曹杨人的文化手艺与作品，保留和延续曹杨社区的历史与文化。曹杨新村还拥有自己的文化 logo，结合传统纹样以及社会主义价值观等文化内容，在社区围墙、建筑窗扇、文化宣传栏设施、文化景观墙、绿化景观等物质载体上得以充分展现（图 3.5.28）。这些与社区自身文化息息相关的文化符号通过彩绘、浮雕等方式，唤起居民的文化共鸣与认可，对增强居民的价值感、归属感有着重要的推进作用。

通过分析人与社区环境和记忆脉络中的各个要素，将能够反映时代精神与时代背景的历史空间、生活场景、口号、旧物、照片等通过装饰、绘画、雕塑以及场景复原等方式，转化在社区景观之中，

图 3.5.28　上海曹杨社区文化景观

图 3.5.29 上海市四平路街道综合文化站街边文化景观

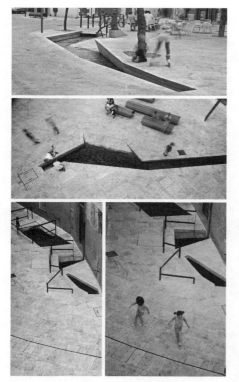

图 3.5.30 西班牙班约莱斯老城区局部水渠

（图片来源：mooool）

增强空间体验感的同时达到寄情于景的效果，从而引起不同时代的人群在感情上产生共鸣。在丰富文化景观与设施的同时要考虑社区居民的居住密度、群体类别、文化程度以及年龄层次等状况，满足社区广大居民对文化设施的多元化需求。例如，上海市四平路街道综合文化站街边的文化景观（图 3.5.29），主要以雕塑、浮雕的形式将"放学后""要过年了""买汰烧"等老旧场景复原，反映了中国特有的文化生活现象与传统建筑风貌，唤起居民的旧时记忆，增强居民对社区的亲切感与对传统文化的自豪感。

②保留历史文化风貌

重组与织补历史脉络：每个社区都有其独特的历史文化积淀，通过对这些历史文化的开发与挖掘，可有效增强地方文化的丰富性，弥补社区文化的缺失。在地方原有的建筑风格基础上，开展美化、加固等改造设计，重构出舒适宜人且极具当地特色的社区环境。

西班牙班约莱斯老城（Banyoles' Old Town）改造是一个分期建设的修整项目（图 3.5.30）。班约莱斯老城区随着城市化进程的发展，以前干净的灌溉水渠已淘汰被埋入地下，因历史建设的制约逐渐形成行人和车辆并行的交通系统，可见人行道上车辆随意摆放的状况。该项目针对此现象废除了原有的人行道，已广泛用于古老建筑的钙质地石材铺装，铺装纹理故意做成不对缝处理，增强纹理形成如水波一样的节奏感。同时局部性地让原本在地下流动的灌溉水渠重见天日，一些类似于水洼的处理形成了有趣的儿童游乐空间。当年丰沛城市的灌溉水渠又重新发挥了作用，重新建立起当地居民与水的实质性关联。该项目以新的方式保留了滋养当地居民的水渠，并赋予了与水相伴的文化意义，让这片老城区富有历史气息，同时又充满了现代活力。

整旧如旧：老旧居住社区以及历史风貌街区中的传统建筑、特色景观节点等，都是社区居民的生活痕迹和社会发展遗留下来的宝贵财富。对于这些具有重要价值的部分，切忌采用一味地翻新与整改的方法，尽力避免会消除它们特色的种种因素，尽最大可能保留其原本的风貌特色，同时赋予其新的功能与表达方式，成为社区独特的人文构筑，将其作为一个遗留的历史文化元素融入现代化发展的社区大环境当中。

上海田子坊是 20 世纪 20 年代的居住区形式的里弄工厂，典型的江南民居、西式洋房、中式石库门和新式里弄建筑兼有，是具有海派文化兼容并蓄特质的传统社区代表。田子坊的更新极大程度上保留了里弄风貌，对老建筑结构保留改良、空间改造的同时又使得历史建筑因此得以留存，以另一种方式复活了老上海的情怀，客观上延续了历史文化的文脉，且在保留了老建筑的同时也令居民的生活方式得以跟上时代的变迁（图 3.5.31）。

图 3.5.31　上海市田子坊
（图片来源：k.sina.com.cn）

③完善人性化设计

完善人性化设计需考察不同使用人群的生理、心理特点和行为活动的规律，以不同人群的使用需求为出发点，来改善活动空间环境的差异性。老年人和儿童往往是社区环境中最直接和最频繁的使用者，有着身体障碍以及残疾的弱势群体往往是最需要社会关爱的对象，因此社区环境需要重点考虑对青少年儿童、老年群体以及残障者户外活动的人性化设计。坚持以人为本的理念，利用当地条件，充分考虑居民体验感，合理改善社区环境，提升居民与社区环境、居民与居民之间的情感温度。

加强儿童设计：美国景观设计师加里·慕尔提道，实体环境的性质能够对儿童产生直接的刺激性影响，物体的颜色、质地、形状和活动中心布局可以刺激儿童和环境的交流。儿童在不同年龄段的认知能力、生理和心理行为上表现不同，对活动场地的需求也会跟随年龄的增长呈现显著的差异性变化，可按照不同年龄段儿童的需求对儿童户外活动的娱乐类型进行划分，为儿童设计提供改造依据（表 3.5.6）。

不同年龄段儿童行为心理特征及活动特点表　　　　　　　　　表 3.5.6

年龄段	行为心理特征	活动特点
0~3 岁婴儿期	独立活动能力以及语言能力弱，对家人有强烈的依赖感，易被声音、色彩吸引	由成年人陪伴，在沙坑、平地、坡地等地散步或玩耍；依靠视觉、听觉、触觉感知世界
3~6 岁学前幼儿期	有独立行走能力和游戏器设施玩耍能力，以及有明确的亲人和伙伴意识	在游戏设施区玩耍，如滑梯、秋千等；在平地玩耍，如滑旱冰、做游戏等
6~12 岁年龄少年期	心智逐渐成熟，有明确的自我喜好和性格特征，有集体和学习意识，对体育活动和探险等刺激活动的兴趣增加	游戏时间及活动强度大，游戏设施难度增加，在开放场地开展活动，如打球、攀爬和学习教育等

（资料来源：赵迪《儿童参与式景观设计的理念与实践》）

儿童设施以及配套细节的完善。根据不同年龄段儿童的需求丰富活动设施，增加活动的选择性，且要具有趣味性，满足儿童的好奇心；在儿童场地周围为家长设置休息空间，并设置净水池等全面周到的服务设施。

儿童活动场地安全性。儿童活动场地要远离交通干道，用圆角处理场地及设施边缘，选择柔软的地面铺装；活动场地应设置在安全独立的位置，并根据不同年龄的儿童设置独立的活动场地。

儿童设施的安全性。活动场地的基础设施设备应该符合国家相关安全标准的质量要求，所有的材料都应耐用、易于维护、无毒无害。一般来说，设施的扶手高度不应低于560mm，不高于970mm；护栏高度应不小于600mm，且不应大于850mm；围栏出入口最大宽度不应超过500mm；握持的支撑物截面在任意方向的尺寸不应小于16mm，且不大于45mm；使用者可接触范围内的设施表面不应存在任何尖角和锐边。其他手指、腿部及身体挤夹、缠绕危险，以及跌落保护等儿童设施全方位的安全性内容请参考《小型游乐设施安全规范》GB/T 34272—2017。

儿童设施与活动场地对颜色的合理运用。儿童对高纯度的颜色特别敏感，简单、清晰的颜色变化可以引起儿童的注意，刺激其感官以提升其兴奋感。然而，景观的设施与场地并不是色彩丰富就一定能够令人满意，科学的色彩搭配是视觉效果的关键。儿童活动场地中的植被与活动设施的颜色和谐搭配，并且还要注意儿童活动场地中的颜色与社区内周边环境的颜色相互调和，形成部分与整体之间相辅相成的色调关系。

景观场地的因地制宜。景观场地的地形首先要尊重场地现状，结合场地现有地势进行适当的堆土或挖方，塑造出谷地、缓坡等有趣的活动场地。场地的铺装可以选择一些天然材料代替生硬的铺装，如木材、石材、草坪等来代替硬质铺装。

植物景观的种植。植物可以激发儿童感官且有着重要的科普教育的意义，通过植物的发芽、生长、开花、结果、凋零的过程可以让儿童亲近自然的同时，激发其对自然的认知、热爱以及探索。同时，在选择植物种类时应注意要选择对儿童无害的植物，避免选择有毒、有刺、有飞絮、易患病虫害等，可能会刺伤儿童皮肤、导致呼吸疾病等问题的植物。

青岛胶州市澳门路廊桥的儿童活动区是整个廊桥设计中的一大亮点（图3.5.32）。北侧桥面步行坡道较长、高差较大，按照复合设计的原理，其中较大型的交通平台被改为滑梯、数字座凳等趣味性儿童游乐平台，合理的布置使得该空间的活动内容十分丰富。在儿童趣味活动区，通过运用多组滑梯、小剧场台地、趣味攀爬壁缓和处理

图3.5.32 青岛胶州市澳门路廊桥的儿童娱乐设施

（图片来源：mooool）

了竖向高差问题；趣味数字坐凳自由但有序地散落在台阶和地面之上，材质上与不锈钢滑梯相呼应，可以很好地激发儿童的想象力与创造力，以此更加活跃游玩气氛。在儿童活动区域，所有地面、坡面、台阶都采用红色聚脲材料，并在滑梯下部专门铺设了弹性性能更好的塑胶，在儿童玩耍时可以起到很好的保护作用。同时，整体的红色地面为儿童活动区渲染了更加热情活力的公共氛围。

加强适老化设计：老年人由于生理功能的减退和较高的慢性疾病发病率，或者退休后职务、地位、生活环境的巨大变化和反差，有可能产生失落、抑郁、疑虑、孤独以及失去价值感的负面情绪。并且，随着生理机能的逐渐衰退，老年人在不同阶段有着不同的身体特征（表 3.5.7），其身体机能也有明显的差异，尤其是在行动反应方面相对突出，通过分析不同年龄层次老年人的不同心理和生理特点，可分层次得出老年人的三大需求：安全需求、无障碍需求以及交流需求。

老年人四个阶段的身体机能状况表　　　　　　　　　　　　　　表 3.5.7

分类	年龄（岁）	身体机能
健康活跃期	60~64	健康状况良好
自立自理期	65~74	适应能力减弱、行动迟缓
行动缓慢期	75~84	水平移动良好，垂直移动困难
照顾护理期	85 以上	水平移动迟缓，借助工具移动

（资料来源：杨建媛《万科模式人性化设计研究的居住景观》）

安全需求：可通过基本生活设施、铺装与材料、景观照明系统以及指示标识系统四个方面来满足安全需求。

基本生活设施：完善社区内的基本服务设施，保证老年人的多样性选择。考虑到老年人行走速度与身体体能的问题，社区内的生活配套设施要控制在健康老年人的活动半径内（450~500m 之间），避免功能缺失或者距离过大等问题。社区内采用慢行交通与慢行步道系统，对于道路纵坡要控制在 5% 以内。如表 3.5.8 日本与国内坡道标准对比参考：

日本与国内坡道标准对比参考　　　　　　　　　　　　　　表 3.5.8

坡道（室外）	日本老年住宅设计规范	国内老年人建筑设计规范（JGJ 122—99）
坡度	≤ 1/12	≤ 1/12
净宽	≥ 1.5m	≥ 1.5m
每段允许高度	0.7m	0.75m
每段允许水平长度	9.0m	8.0m

台阶是老年人出行存在最大安全隐患的因素，在有台阶的地方应设置高差较小的台阶和坡度平缓的斜面。高差较小的台阶踏步踢面高不宜大于 120mm，踏面宽不应小于 380mm。

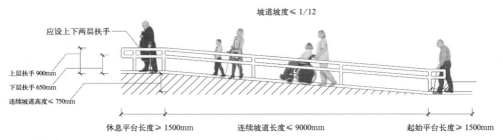

坡道坡度 ≤ 1/12

应设上下两层扶手

上层扶手 900mm
下层扶手 650mm
连续坡道高度 ≤ 750mm

休息平台长度 ≥ 1500mm　　连续坡道长度 ≤ 9000mm　　起始平台长度 ≥ 1500mm

图 3.5.33　坡道设计标准分析图

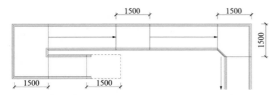

图 3.5.34　坡道起点、终点和休息平台水平长度
(mm)

为避免台阶面因采光与照明产生阴影,应选择可识别度高的台阶颜色和防滑材料,并且在台阶面边沿设置保持在同一平面的防滑条。坡道设计应符合现行行业标准,并符合下列要求:a.坡道转弯时应设休息平台,休息平台净深度不得小于1.5m;b.在坡道的起点及终点,应留有深度不小于1.5m的轮椅缓冲地带;c.坡道侧面凌空时,在栏杆下端宜设高度不小于50mm的安全档台(图3.5.33、图3.5.34)。其他相关详细内容可参考《老年人建筑设计规范》GB 50340—2016。

铺设材料:所有场地的铺设材料都应采用比较平坦、耐磨、防滑、浸水、有弹性的路面材料进行铺装,避免出现凹凸不平的路面以防老人出现摔倒状况。且根据不同的活动场合设置不同的铺装材料,例如进行健身、舞蹈等活动的场地,考虑到活动量以及活动动作幅度较大,应选择平坦、防滑、易清理且不易脱落的材料;公共交流空间的场地考虑到老年人的轮椅、助行器等贴合地面的安全性问题,应选择表面较为粗糙的材料,增大摩擦力;休闲道路、健康步道等场地考虑到老年人的步行体验,应选择带有一定弹性且防滑耐磨的材料;在坡道、楼梯踏步等存在高差变化的地方,应注意安装防滑设备。

景观照明系统:提高光照水平,使老年人在室外环境下可以有较好的可见度,在道路的十字路口、住区的出入口、停车场以及地势变化较大的地方加强照明的亮度,以帮助老年人提高辨识能力以及行动的安全性,增强老年人对不同光照环境变化的适应性。同时需注意控制光照亮度,或可通过使用半透明灯罩遮挡直射光源,避免眩光或玻璃材质的灯具对老年人的视觉带来刺激性的伤害。照明灯光的布局应尽量均衡,避免盲区的存在。另外,采用暖黄色的灯光可以避免刺眼,还可营造温暖的环境氛围。

指示标识系统:完善社区内的指示标识系统,例如楼栋号牌、方位指示标识、文化宣传标识、区域指引牌警示类标识(小心滑倒警示牌、水边安全警示牌)、针对机动车辆的禁鸣牌、限速牌等。考虑到老年人的视力功能退化,指示标识牌应优先使用加大加粗字体,且简单、明了、易辨认;标志字体的颜色和背景应形成对比,方便老年人清晰地辨识内容,例如在道路转折处、高差变化处,注意加以增设醒目的导向性和警示性标识,可采用浅色的字体和深色的背景,或使用带有一定视觉刺激性色彩的字体,引起注意并使可读性达到最佳。

无障碍需求：无障碍设计[36]的对象原则上是以肢体、听力和视觉残障的三类主要残障人群为主。但在社区环境中将智力残障、临时性伤残等特殊残障人群以及老年人、孩童、孕妇、病人等弱势人群也纳入无障碍服务对象，是体现人文关怀的重要表现（图3.5.35）。

无障碍设施：首先，社区应完善无障碍出入口（图3.5.36）、无障碍坡道及扶手、无障碍路面、无障碍标识导引系统等设施，形成较为完善的无障碍系统。例如，为避免人行道路缘石带来的通行障碍，方便伤残者顺利通行，在人行道口和人行横道两端设置缘石坡道。为保证视觉障碍者的出行，完善道路上盲道地面砖的设置。在建筑出入口设置坡度、宽度、高度以及地面材质、扶手形式等方面都符合规范的无障碍出入口或轮椅通道等。《城市绿地设计规范》GB 50420—2007（2016年版）中规定：城市开放绿地的出入口、主要道路、主要建筑等应进行无障碍设计，并与城市道路无障碍设施连接。

图3.5.35　无障碍设计对象范围

图3.5.36　上海某社区无障碍坡道

坡道是肢体障碍以及身体机能差的人群在有地势高差的情况下的主要通行方式。轮椅坡道宜设计成直线形、直角形或折返形；轮椅坡道的净宽度不应小于1m，无障碍出入口的轮椅坡道净宽度不应小于1.2m；轮椅坡道的高度超过300mm且坡度大于1∶20时，应在两侧设置扶手，坡道与休息平台的扶手应保持连贯；轮椅坡道的最大高度和水平长度应符合表3.5.9的规定。[37]

轮椅坡道标准　　　　　　　　　　　　　　　　　　表3.5.9

坡度	1∶20	1∶16	1∶12	1∶10	1∶8
最大高度（m）	1.20	0.90	0.75	0.60	0.30
水平长度（m）	24.00	14.40	9.00	6.00	2.40

注：其他坡度可用插入法进行计算。

（资料来源：《无障碍设计规范》GB 50763）

坡道设计可采用直接交接、相互侵蚀、之字交接、相互交融等方式（图3.5.37、图3.5.38）。直接交接指的是台阶与坡道侧面直接交接的方式；相互侵蚀指的是台阶边缘嵌入坡面上，形成相互侵蚀的效果；之字交接指的是台阶与坡道之字形交接，作为无障碍通道，在转折处设

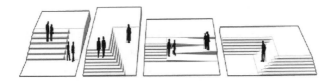

图 3.5.37　坡道设计方式
（图片来源：张梦娜《重庆市旧社区环境景观适老化设计研究》）

图 3.5.38　坡道设计方式表达
（图片来源：bbs.zhulong.com）

置休息平台；相互交融指的是在台阶上做坡道，方式是将台阶在坡道设置点做进退设计，形成错缝并形成无障碍坡道[38]。

无障碍标识导引系统：应根据无障碍路径整合导引系统，在主要出入口和关键空间节点设置盲文及语音导引地图，具体设计可结合道路铺地和景观小品处理。标识内容应醒目且避免遮挡，清楚地指明无障碍设施的走向及位置。在各社区基础设施的选购上尽量选购带有盲文及语音提示的产品，若条件不具备则在其旁边设置提示柱。盲文标志可分成盲文地图、盲文铭牌、盲文站牌；必须采用国际通用的盲文表示方法。

交流需求：满足老年人的交流需求，应为他们营造舒适便捷、可聚集休闲与娱乐的公共活动空间：a.切实调查社区老年人的活动需求，采用适宜的分隔和界定方式来对空间进行隔断，例如利用地形、地貌、水体、道路、景观墙、植物等，通过围合私密性、半私密性空间形成不同氛围的空间环境，再通过两者之间的交叉与过渡形成不同层次的空间，层次多元的空间营造可以丰富老年人的环境体验感，给老年人提供休闲娱乐、健康生活和沟通交往的多样化空间，促进老年人集体活动，以提升生活价值感，弥补感情上的缺失。b.设置功能复合空间，创造与多类人群接触的机会，将老年人融入更广泛的社会群体中，从中进行更多的交流并获得积极向上的生活态度。c.可设置多种类型的活动场所，配置舒适的座椅、围合宜人的景观空间满足老年人的小团体活动和集体活动；尽量选择交通便捷和平坦的活动场地作为老年活动场所，并设置无障碍设施，如缓坡、扶手、护栏等，让老年人在活动的同时增强其心理安全感，以此促进其对交流的渴望与信心。d.植物景观的营造：选择地方特色植物，老年人见到乡土植物会产生亲切感，从而在感情上加强老年人与住区环境的感情联结；搭配较多的常绿植物，以使整个绿化景观显得有生机、有朝气，激发老年人的积极情绪；避免使用有毒、有刺、容易引起过敏等容易给老年人造成意外伤害的植物；考虑植物的保健效果，如罗汉松、马尾松、雪松、银杏等对高血压、心血管疾病、关节酸痛等具有保健作用的植物。表 3.5.10 是康复花园中部分常用植物举例参考：

部分常用植物举例参考　　　　　　　　　　表 3.5.10

名称	功能
香樟	吸附有害气体，净化有毒空气，有抗癌、防虫功效
桂花	对有害气体二氧化硫、氧化氨有一定的抗性
红叶石楠	对二氧化硫、氯气有较强的抗性，具有隔声功能
银杏	净化空气，具抗污染、抗烟火、抗尘埃、调节气温、改善小气候等作用
紫藤	对二氧化硫和氧化氨等有害气体有较强的抗性，对空气中的灰尘有吸附能力，还具有增氧、降温、减尘、减少噪声等作用
爬山虎	降温、调节空气、减少噪声。抗性强、适应性强

（根据资料自绘）

　④完善步行空间

　　步行是人从一地到另一地的移动，也是一种最为简便与普通的出行方式。完善步行空间是以居民基本生活关怀为出发点的环境改善方式之一，可从三个层次来组织步行设计要素框架（图 3.5.39）。一是从区域交通环境出发，协调步行体系与城市交通网络的关系，完善配套出入口、换乘点和安全防护等要素，为营造健康步行所需的良好社会环境奠定基础。二是

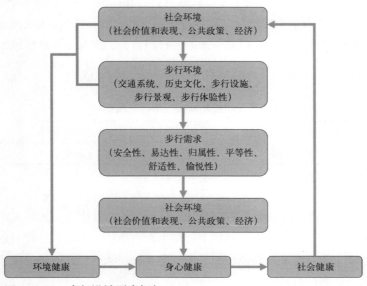

图 3.5.39　步行设计要素框架

营建满足步行需求的步行环境，通过挖掘步行空间的地域文化特色，满足行人内的心归属感，突出使用需求与步行环境之间的匹配；规划健康化步行服务设施，提升步行环境舒适感。三是从健康步行环境体验层面，完善健康诱导性和激发性的环境服务设施及风景园林设计，通过合理的竖向植被设计，提升步行环境的舒适性及愉悦性，丰富步行体验。

根据丹麦建筑师、城市规划师扬·盖尔的早期研究，可从步行环境、步行距离、步行路径、步行通畅以及步行效益五个方面来完善步行空间系统的改造。

步行环境：步行环境的质量与居民出行的效率是正比关系，优质的步行环境可以调动居民步行出门的积极性，同时可以增强居民身体健康，促进居民交流活动，以及缓解机动车出行拥挤的状况。a.丰富空间层次：通过串通式、庭院式以及复合式等平面布局形式，构建由公共步行空间、半公共步行空间、半私有步行空间及私有步行空间共同组成的步行空间系统，通过空间变化、内外空间渗透、空间立体式发展以及秩序组织等，实现点、线、面与绿化有机结合，形成丰富的空间层次与景观。b.增强空间的连续性：路径空间之间、路径空间与节点空间之间需要层层相连，适当增加路网密度，增强步行空间内部的连通性与相邻空间之间的渗透性，可以提高居民步行目的的通达性和可达性。c.营造合理空间尺度：适当地做空间二次分隔与处理来形成宜人的尺度，并设置与不同尺度公共空间相连接的密集步行路网，使人们有路可行、有景可看，并且注意避免大的尺度空间会带给人缺乏安全感的空间感受。d.完善环境设施：步行空间里的环境设施功能性越强、越丰富，就越能提高居民的使用率，同时也能很大程度上提高步行空间的活力。例如路灯、垃圾桶、电话亭等，以及提供人们休憩、观赏、健身娱乐的设施。

步行距离：关于适宜的步行距离即可达性问题，目前尚无统一的标准。对此，不少西方学者的研究表明：以到达某一开放空间的距离为例，当距离超出300~400m距离时，人们前往的意愿就会骤降。扬·盖尔认为人们"可接受的步行距离"是一个变量，它可因环境、动机等因素发生相应的改变。因此，步行距离应考虑周边服务设施的可达性距离以及路途环境的舒适度。例如，在步行路面铺设令人舒适的材料，在沿路设置具有趣味性的景观，可能会使行人忽略行走本身带来的疲劳、忘记步行的距离甚至就此停留。《城市居住区规划设计标准》GB 50180—2018中规定：按照合理的步行距离内满足基本生活需求的原则分级控制规模（表3.5.11）。

居住区分级控制规模（步行距离部分）　　　　　　　　　　表3.5.11

距离与规模	15分钟生活圈居住区	10分钟生活圈居住区	5分钟生活圈居住区	居住街坊
步行距离（m）	800~1000	500	300	—

（资料来源：《城市居住区规划设计标准》GB 50180—2018）

步行路径：当设计者与改造者没有完全从关怀居民的角度出发，忽略或违背了社区居民的行为和生活习惯，社区内即会出现草坪上被踩出新的小径，或行人并没有走在规划好的道路上的现象。因此，步行空间的路径应把居民的需求放在第一位，对居民生活出行习惯进行深入了解，按照居民的行为习惯去设计。

步行通畅：保证步行的通畅首先应确保有完善的步行体系，使居民出行能够便捷地到达目的地。其次，应清除步行道路中所有阻隔顺利通行的障碍。因此，社区内被建筑、道路、设施等隔离开的步行空间之间应有所过渡与联系，使居民可以形成连续的活动。《城市居住区规划设计标准》GB 50180—2018中规定：居住区内的步行系统应连续、安全、符合无障碍要求，并应便捷连接公共交通站点。

步行效益：步行环境的舒适健康，可以吸引更多的人选择步行出行的方式。步行是适合大众且成本最低的健身运动，可通过最简单的锻炼方式改善人们的健康，是社区生活中最重要的出行方式与休闲方式。因此，步行空间可着力打造绿色步道、健康跑道等，优化居民休闲健身环境，提高居民健康出行的兴趣，形成社区空间一道和谐的活力健康路线。

芝加哥滨河步道将滨河步道与瓦克道高架桥相结合，重拾芝加哥河的城市生态与休闲效益。滨河空间与桥下空间的新连接使得滨河生活更加丰富多彩，每个街区都呈现出不同形态，形成不同的步行空间，给予居民不同的景观体验（图3.5.40）。这些空间包括：①码头广场：餐厅与露天座椅使人们可以观赏河流上的动态场景，包括驳船航行、消防部门巡逻、水上的士和观光船。②小河湾：租赁与存放皮划艇与独木舟，通过休闲活动将人与水真切地联系起来。③河滨剧院：连接上瓦克和河滨的雕塑般的阶梯为人们到达河滨提供了步行联系，周边的树木提供绿色与遮阴。④水广场：水景设施为孩子与家庭提供了一个在河边与水互动的机会。⑤码头：一系列码头与浮岛湿地花园为人们了解河流生态提供了互动的学习环境，包括

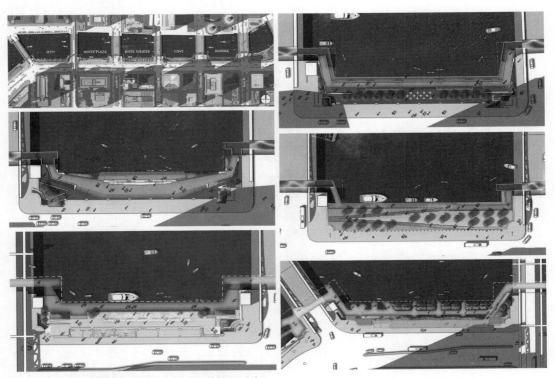

图3.5.40 芝加哥滨河步道不同形态的滨河空间
（图片来源：gooood）

钓鱼与认识本土植物的机会。⑥散步道：无障碍步道与全新的滨水边缘创造出通向湖街的连续体验，并在关键的交叉路口为未来开发建立背景。步道两侧以及节点部位丰富了配套设施与植物配置，宜人的环境给居民增加了交往空间，让居民更愿意在社区的公共空间停留，提升了步道空间与社区大环境的活力。

随着私家车的增加以及居民出行质量要求的提高，慢行系统成为社区改造的关注点之一。社区里的慢行系统是将慢行安全、步行空间、骑行网络和绿色交通接驳合理融合与衔接，统筹完整街道空间及交通、功能、文化、形态和设施等各个方面，给居民创造安全便捷、绿色健康的出行空间。慢行系统更新方法：a．合理控制机动车道的尺寸与规模，增加慢行道路空间。b．机动车流量较小的社区道路采用机非混行车道，集约利用空间和控制车辆速度。c．完善慢行道路系统中的基础服务设施。d．设置共享街道和全铺装交叉口，调节道路变化，改善慢行体验。e．社区内的宅间道路、街道以及公共通道可采用水平或垂直线位偏移等方式，来管理车辆路段和节点速度。

青岛胶州市澳门路廊桥是胶州市城市景观南中轴新增建设的慢行步道系统的一部分，其目标在于创造一座"多元""自由"的景观桥梁，它的步行交通流线自由流畅，能承接城市多方向人流，全程满足无障碍要求，可以立体跨越东西向城市机动车道，在交通功能上复合多元的休闲功能，创新城市地标，和部分城市商业综合体无缝衔接，实现多高程自由转换的步行道路体系。该慢行步道系统进一步串联了周围的公共建筑以及商业中心，在尊重原有建筑布局的基础上实现自由形态的突破，形成自由流畅的交通特征，通过这样的空间变化为市民创造更多参与和体验的机会。该慢行系统中的廊桥是以"以人为本""群众参与"等景观理念为先导，来达到景观和结构的复合、功能和空间的复合、行为和资源的复合以激发区域发展的活力（图3.5.41）。

⑤结合公共艺术

传统公共艺术正经历着从城市公共空间转移到社区的过程，其创作空间和主体的转变催生出了一种新类型的公共艺术——社区艺术。社区艺术更注重实用性和亲民性，其表现目的也由艺术创作转变为公共空间的营造，同时其艺术形式也不再局限于装置与雕塑，它还可以包括具有艺术形式与欣赏价值的景观设施、娱乐设施、健身设施、服务设施等，通过公共艺术与设施的融合，为区域文化语言载体和文化交流创造场所空间

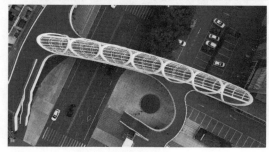

图 3.5.41　澳门路廊桥慢行系统
（图片来源：mooool）

（图 3.5.42）。根据公共艺术存在于空间的形式可以将其分为有形的公共艺术和无形的公共艺术两种类型。有形的公共艺术可分为设施类、展陈类以及生态类。无形的公共艺术不仅表现于客观材料的表达，更多的则是通过无形的介质体现与反映居民社会生活的文化现象。

设施类：将艺术作品与提供特定公共服务的设施相结合，在满足其实用功能的基础上，再基于地域环境进行艺术化创作，或在艺术品创作的过程中赋予其一定的功能性。

韩国光州 Donemyeong-ro 路通过将艺术装置赋予儿童游乐功能形成活动类艺术装置设施，重新注入了新的文化生命（图 3.5.43）。光州是韩国重要的汽车制造业重心，近几年街道逐渐被机动车占领，步行区逐渐减少，甚至很多区域都缺乏人行步道。在光州市街道装置计划中，设计师发现现存的街道装置缺乏与民众的参与互动，同时并没有提供足够的公共空间。因此，设计师设计了"I LOVE STREET"街道装置项目与当地小学的学生合作，反对将街道再变为车行区。设计师在学生的创作上加入一个阶梯，使步行区铺面更多样化，可用于绘画、静坐、跑跳、玩耍等各类活动。街面黑板将随着未来的使用者不断变化图案，某种意义上这个新的街道装置也是纪念过去的本土建筑，并且回归于适宜步行的无车区域。

展陈类：将可展现当地地域的社会形态、人文精神、时代特征、自然资源等内容的艺术品放置于景观空间，或与公共服务设施相结合，艺术不再与普通民众有界限，不再需要到特定的空间去鉴赏，能够提升居民的美学素养。

图 3.5.42　里约贫民窟壁画艺术

（图片来源：金兆奇，刘勇《国际视野下的社区公共艺术比较研究》）

图 3.5.43　韩国光州 Donemyeong-ro 路街道装置设施

（图片来源：mooool）

　　"电话亭美术馆"展览（图3.5.44）是上海第三季"四平空间创生行动"㊴中的重要项目之一。目前，上海有数万个已经失去了原有功能的公用电话亭被废弃在街头，它们经历时代的变迁，承载着巨大的历史和情感价值。

图3.5.44　电话亭美术馆
（图片来源：同济大学新闻网（左、中）；自摄（右））

　　电话亭美术馆项目（赤峰路、彰武路、鞍山路、铁岭路等10个点位）将废弃的公共电话亭转型为街道边的小型美术馆，设计者将艺术普及化、平民化，通过这10座电话亭，直接拉近了生活与艺术的距离。

　　生态类：生态公共艺术是指利用与自然环境不冲突的媒介材质，在融入自然环境中创造具有公共意义的形象，诠释了艺术与环境的关系。它包括位于人工环境的自然作品和位于自然环境中的人工作品。例如，可设置一些将生活的纪念性作品、反映特定时期地域文化以及将艺术形式与自然景观相结合的大地艺术景观（图3.5.45）。

图3.5.45　大地艺术景观
[图片来源：look.sootuu.com（左）；www.lzqw.tw（右）]

　　无形的公共艺术：可组织举办行为表演、讲座教育等一系列可在与公众的交流互动的过程中传达观念及价值的艺术活动，或在媒体、网络等无形的公共场域中通过声音、图像、语言等方式进行的艺术传播活动。

　　美国高线公园整体设计的核心策略是"植—筑"（Agri-Tecture），它打破传统人行道和植被的布局，将有机栽培和建筑材料相结合，根据路径的变化创造出植被与铺装变化配比的多样化空间体验。"植—筑"概念是整个设计策略的基础——硬性的铺装和软性的种植体系相互渗透，营造出不同的表面形态，从高步行率区（100%硬表面）到丰富的植栽环境（100%软表面），呈现多种硬软比率关系，为使用者带来了不同的身心体验。㊵该设计概念在尊重场地特点、保留原有野生植被的基础上，充分利用高线铁路主梁进行创意设计。例如，其铺装系统使用条纹混凝土板作为基本铺面单元，植被在专门设计的开放接缝单元中生长，柔软的植被与坚硬的路面相互穿插、相互渗透（图3.5.46）。整个路面系统的设计，不是简单的步行路径，而更像是一种犁田场景的景观形式，场地表面从柔软到坚硬的过渡变化形成了独特的空间质感。

图3.5.46　美国高线公园大地艺术景观
［图片来源：www.piziku.com（左）；www.dameiweb.com（右）］

⑥以居民生活需求为导向

满足居民生活需求是社区更新的根本目的，在改造过程中我们应充分迎合社区居民的日常生活需求与日常生活习惯，延续他们的生活氛围和传统心理。可通过实地采访、问卷调查等方式来收集居民的意愿作为更新的参考依据与方向。

⑦提高居民文化消费意识

加强文化建设，丰富文化活动且巩固文化宣传，活跃居民文化生活，引导居民参与社区文化活动，为居民提供良好的文化环境，调动居民对文化建设的主动性与参与性，提高群众的文化建设意识与文化消费意识。

（4）加强社区环境管理与维护

①健全和完善环境管理与维护

各级管理部门需完善管理制度与管理体系，提高执行力，配备专业管理团队，统筹全面管理，层层落实。加强全面质量监督，定制考核体系，进行定期抽查和阶段性评比考核。

②提高居民维护意识

健全社区管理机构与制度，同时加强社区环境管理与维护的宣传，让社区居民了解什么是社区环境以及为什么要维护社区环境，同时加强社区环境管理与维护的宣传，实施管理和维护的奖励制度，让居民认识到维护社区环境的意义，提高居民参与社区管理与维护的自主性与积极性，从而提高社区环境建设与维护的效率和可持续性。

2.社区景观更新方法

（1）丰富社区景观类型

首先，应增加社区景观的数量，查漏补缺，将被压缩的绿化景观区域统一整改还原，缺少土地资源条件的社区可以以竖向思维方式为引导，通过立体绿化等方式塑造景观构筑物，以增加景观的量变。其次，在社区景观数量达到标准后，根据当地的气候与地形条件以及居民不同层次的需求，丰富其景观类型，如植物景观、滨水景观、设施景观、建筑景观、文化景观、艺术景观等（图3.5.47），丰富社区景观的多样性，打造多彩多样的社区景观，给居民提供多元化的选择与体验。

图3.5.47 上海新华街区文化景观墙、上海幸福里设施景观座椅、上海新华街区艺术景观

例如，上海曹杨新村在花溪路的改造项目过程中考虑到周边人群层次的多元化，针对景观设施缺失、文化流失、绿化单一等现状问题，打造出各式各样的景观节点，且每个节点都有着其自身的景观特点与特色（图3.5.48）。

图3.5.48 上海曹杨新村花溪路"柳岸荷影"滨水景观节点（左上）、"坐石问史"文化景观节点（右上）、"六小工程"设施景观（左下、右下）
（图片来源：上海大学美术学院建筑系）

（2）增强社区景观特色

通过标识性（例如地标性景观）、趣味性（例如儿童娱乐景观）、互动性（例如智能化体验景观）、文化性（例如地域性文化景观）等赋予特殊性质的方式来增强社区景观的特色，避免同化、单一的更新方式，提高社区景观质量。设置专门人员对后期进行定期的管理与维护，保证社区景观的效果与质量。

①赋予主题性

赋予主题是展现特色最直接的表达方式。通过考察社区现状，针对现状条件赋予景观合适的主题来提升特色。可因地制宜地利用当地的资源或特色来作为主题，也可重新塑造主题。例如，结合社区文脉，挖掘当地历史文化打造文化景观，或结合公共艺术打造艺术景观，使得社区更有文化凝聚力，增强居民的艺术修养，丰富社区精神文化；以花草植物为主题，打造绚丽多彩、美观生态的植物景观，给居民营造舒适、健康且极具观赏性的社区景观；以休闲娱乐为主题，打造活力、健康、缤纷的社区景观，给社区景观注入新的血液，给居民带来丰富的景观感受。

上海曹杨社区花溪路的改造（图3.5.49），以当地街旁的枫树叶为主题，将枫树叶的形状、脉络以及颜色赋予到景观设施、构筑物、硬质铺装等景观上。围绕着"枫树叶"这一个主体通过多种方式展现在景观细节中，例如道路铺装上大小不一的红色枫树叶图案，不仅和落地的枫树叶相融合，在颜色上与座椅设施也相互呼应，同时还起到对居民的引导作用；以枫树叶镂空造型打造的金属凉亭，通过镂空的图案增加了一份通透感，阳光透过图案将阴影投射在地面则会出现枫树叶形状的有趣画面，这一幕又和铺地上的枫树叶以及落叶形成了和谐画面。花溪路精心塑造健康、文明、舒适、优美并富有个性的环境，使之成为富有地区发展特征的新型街区。

②丰富植物景观

为保证景观四季变化的效果，首先应丰富植物类型，做到植物多样化。并优先考虑社区

图3.5.49 花溪路枫叶主题景观局部

当地优良品种与乡土植物，选用适应性强、观赏价值高、叶面积系数大、释放有益离子多的植物，以构成人工动态植物群落。需要注意的是，要避免有毒有刺植物、易生病虫害以及有刺激性的植物对社区里老年人、儿童、孕妇以及特殊人群带来的危害。

《城市绿地设计规范》GB 50420—2007（2016年版）中规定：种植设计应以绿地总体设计对植物布局的要求为依据，并应优先选择符合当地自然条件的适生植物。基地内原有生长较好的植物，应予以保留并组合成景。新配植的树木应与原有树木相互协调，不得影响原有树木的生长。植物种植设计应体现整体与局部、统一与变化、主景与配景及基调树种、季相变化等关系。应充分利用植物的枝、花、叶、果等形态和色彩，合理配置植物，形成群落结构多样和季相变化丰富的植物景观。

其次，丰富景观层次，使植物组团做到有韵律变化。在配置植物时，要注意布局合理、主次分明、疏朗有序，尤其强调人性化设计，做到景为人用（图3.5.50）。合理应用植物围合空间，创造丰富的绿化空间与景观层次，根据不同的地形地貌、组团绿地选用不同的空间围合方式，并掌握好乔木、灌木、花草的科学搭配。

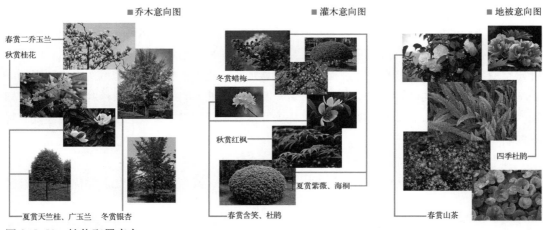

图3.5.50 植物配置意向
（图片来源：百度图片）

《城市绿地设计规范》GB 50420—2007（2016年版）中规定：种植设计应以乔木为主，并以常绿树与落叶树相结合，速生树与慢长树相结合，乔、灌、草相结合，使植物群落具有良好的景观与生态效益；种植设计应有近、远期不同的植物景观要求，重要地段应兼顾近、远期景观效果。丰富景观层次的植物配置方法有孤植、对植、列植、丛植四种方法（图3.5.51）。

孤植主要表现树木的个体美，构图位置应突出。适用于社区大草坪、林中等空旷地。配置时要选择树形高大、姿态优美的可观花、观叶或者观果的植物。

对植是两株或两丛相同或相似的树种，按照一定的轴线关系，使其互相呼应的种植形式。适用于社区的园门、建筑入口等视觉突然收窄的空间。树种要选择整齐优美、生长缓慢的树种，常绿树为主。

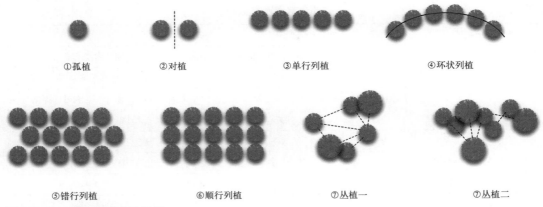

| ①孤植 | ②对植 | ③单行列植 | ④环状列植 |
| ⑤错行列植 | ⑥顺行列植 | ⑦丛植一 | ⑦丛植二 |

图 3.5.51 植物配置方法图例

列植是按一定株距栽种，栽种有单行、环状、错行、顺行等多种排列方式。适用于社区的道路两边、滨江地带、社区广场等地方。列栽植要选用树冠体形比较整齐、枝叶繁茂的同种树种，如圆形、卵圆形、倒卵形、椭圆形、塔形、圆柱形等。

丛植是将 2~3 株到 10~20 株的树不规则近距离地散植在绿地中，形成疏林草地的景观效果，适用于社区草坪、滨水边缘、草坪边缘等地方；也可作为雕像等独立装置景观后面的背景和陪衬，以此烘托景观主题；或将几株树木丛植运用写意手法，构成一个景点或围合成一个特定空间；也可在充分考虑树木的立体感和树形轮廓的基础上，运用透视变形、几何视错觉原理通过里外错落的种植，以及对跌宕起伏的地形地貌的合理应用，使林缘线（树冠垂直投影在平面上的线）、林冠线（树冠与天空交接的线）呈现出高低起伏的变化韵律，形成景观的韵律美，丰富景观层次。

植物的配置层次由高到低可以大致分为五个层次：乔木层（树群的天际轮廓线）、亚乔木层（视觉焦点）、大灌木层、小灌木层、草本花卉层。通过乔木来营造空间亚乔木层形成视线的焦点，灌木体现植配的风格，给居民营造多样化的视觉效果（图 3.5.52）。

当然，在丰富景观层次的同时应注意植物形态和色彩的合理搭配，应根据地形地貌配置不同形态、色彩的植物，而且相互之间不能造成视角上的抵触，也不能与其他园林建筑及园林小品在视角上相抵触。应注重植物乔灌草搭配、季相色彩搭配、速生慢生搭配，营造丰富的植物景观与空间。只有植物种类配置得当、色彩搭配融洽、形态错落有致才能使居民感觉到大自然四季的转换。可参考表 3.5.12 部分常用四季植物：

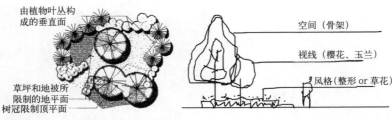

图 3.5.52 植物配置的层次分析
（图片来源：百度图片）

部分常用四季植物 表 3.5.12

分类	季节	树种
观花植物	春季	迎春、紫荆、碧桃、海棠、榆叶梅、连翘及各类樱花等
	夏季	六月雪、木槿、紫薇、栾树、合欢、石榴及栀子花等
	秋季	黄连木、木芙蓉、桂花、A角金盘、槐树、紫叶李、紫叶小檗等
	冬季	梅花、蜡梅、茶花、山茶花、金缕梅、鹅掌柴等
常绿乔木及小乔木	—	法国冬青、杜英、高杆女贞、广玉兰、香樟及金桂等
落叶乔木及小乔木	—	黄山栾树、乌桕、碧桃、朴树、合欢、红枫及马褂木等
灌木及地被	—	木槿、栀子花、多花木兰、月季、木春菊、蝴蝶花等

当下流行的"社区花园"也是一种通过植物配置、造景来增强特色的方式。通过专业人员的指导与带领，发动居民自主种植瓜果蔬菜，结合小品营造社区花园的景观，以居民的需求、审美、建议为主，虽然这些景观与其他社区景观相比并不专业与严谨，但是使得社区景观更加亲民化，让居民在快节奏的现代都市体验到乡村怡然自乐的趣味。该方式区别于传统景观，在很大程度上提高了社区景观的特色，同时为居民提供社区交流的场所，吸引居民主动走出家门，打破陌生的邻里关系，重新活跃了社区绿化与社区氛围，成为社区景观中一道亮丽的风景线。例如，上海杨浦区的创智农园（图 3.5.53），不同类型的植物有着不同的分区，每一个分区都有着自己的名字与配置方式，这些小景观集中在一起，就像是社区里迷你版的植物园，种类丰富且造型美观。

上海浦东新区新桥镇佳虹社区入口绿地改造中的都市农园（图 3.5.54），通过结合地面留白部分的形状以及种植物的种类与颜色，将农园纳入社区的公共空间体系当中，设计出整齐、美观且和谐的社区农园景观。

③结合公共艺术

社区公共艺术经过艺术家的创意构思和当地公众参与过程，将社区场所具有的文化精神、人文特色、区域环境等，通过公共艺术设置凝聚在一起，反映出深层次的地方独特的依附精神。社区景观结合公共艺术的方式有很多，例如装置艺术景观、大地艺术景观、雕塑景观、涂鸦景观墙等都是公共艺术介入社区景观更新的结果。公共艺术呈现的形式可以大致分为：与公共设施结合的创意设施（多功能座椅、垃圾桶、路灯和其他附属设施等）、与建筑物相结合

图 3.5.53　上海创智农园

图 3.5.54　上海浦东新区新桥镇佳虹社区都市农园
（图片来源：gooood-佳虹家园J-Homesquare-浦东新区金桥镇佳虹社区入口绿地改造）

的艺术作品（墙面壁画和其他辅助艺术作品）、独立型的公共艺术（主要以雕塑形式存在于街道、广场或绿地等）、景观构筑物与小品类，以及长期或短期的装置艺术（为塑造社区特色，临时或长期展示的公共艺术作品）五种形式。

　　公共设施结合公共艺术是从艺术与居民互动角度审视公共设施。生活中的设施虽然是居民接触最多的部分，但因其功能性占主要地位，常常易被忽视其美观性。设施结合公共艺术，与社区环境相呼应、带有美学色彩，发挥社区景观的特色性。例如，上海大学美术学院参与的"开放营造——四平空间创生行动"项目二期工作，对阜新路、彰武路、锦西路和铁岭路这四条马路两侧 33 个变电箱进行了彩绘方案设计和现场绘制（图 3.5.55）。团队仔细考虑了

图 3.5.55　绘制变电箱
（图片来源：康舜来《艺术打造多彩街区——上海四平路变电箱彩绘创作》）

彩绘变电箱与社区居民的互动性以及与社区环境的协调性，把散落在社区内的城市元素串联起来，根据变电箱周围的环境和人文因素进行主题分类，并赋予社区新的故事，展现在彩绘内容中。

　　独立型的公共艺术结合社区景观主要以雕塑形式存在，通常是一种具有标志性、观赏性的地标式景观雕塑，以塑造独特的社区形象。例如，上海市长宁区幸福里街区的入口有一尊酷似阿童木的金色人偶雕塑（图3.5.56），它是幸福里街区的标志，使充满年代感的老街区注入了一点"矜持的时髦味"。

图 3.5.56　上海市幸福里街区人偶雕塑

图 3.5.57　重庆黄桷坪涂鸦艺术街
（图片来源：百度图片）

建筑物结合公共艺术主要体现在建筑外立面的墙绘涂鸦艺术，通过建筑与绘画的相互协调，达到实用性与美观性的和谐统一。该方式具有一定的意识形态影响力以及建筑装饰与美化功能，并且具有经济环保、美观高效的特点，可让艺术家带领、指导居民共同参与涂鸦图案的设计，一同打造具有生活气息的艺术社区。例如，全球最大的涂鸦艺术作品群——重庆黄桷坪涂鸦艺术街（图3.5.57）。为了解决高雅的艺术和当地脏、乱、差的形象的对比矛盾，四川美术学院的艺术家们带领学生以及工人等800人共同参与改造计划，在没有破坏老旧建筑的情况下，尽可能地减少对街道两旁建筑大的拆迁，以整改为主、拆建为辅，运用涂鸦这种艺术技法，将带有地域特色的涂鸦元素图案涂在老旧破败的民宅墙面、车库的大门、地上的圆桩、墙上的水管以及破旧的木门上。该艺术化的处理，在保持了黄桷坪本来的生态面貌的基础上彻底改变了破旧的城市面貌，并结合周边美院校区环境，形成了该地区独有的艺术氛围。

　　景观构筑物与小品结合公共艺术是将体量小且构造简单、多为木结构或简易钢结构的构筑物或景观设施，结合现代材料或特殊造型，形成有特色的复合艺术景观。最常见的方式是将绿化种植、搭配形成艺术造型，或将绿化结合轻骨材料、铺地材料等塑造、拼凑艺术造型，建造社区具有美学功能的社区景观，提高社区景观的质量与价值。例如，上海法华镇路沿街的小空地，该空地夹于两栋8层高楼之间，改造之前空地堆砌杂物、建筑垃圾及生活垃圾，居民需穿过这片"垃圾空地"才可到达居民活动室。为了最小化干预街道闲余空间,结合居民活动室这一公益空间,将社区信息发布、城市微展厅这一功能设想植入空地。设计者用"枯木"代替"竖向钢管"成立结构体系,避免传递出来的空间感知偏向于"牢笼"。安装"开合雨布",让空间无论雨天都可以照常使用,最后通过钢丝悬挂的临展方式,将空间转变为"社区微展厅"、"城市微客厅"。该景观构筑物在质感上利用布的柔韧、木的粗糙、钢的坚硬三种不同材料触感形成对比,在形态上利用自然形态的枯木与固定规整的雨布和钢架形成对比,最终结合碰撞出一个富有艺术感的装置性构筑物。且将此构筑物形成的空间赋予了社交属性,将原来的"脏乱之地"转变成富有仪式感的居民活动户外场所(图3.5.58)。

　　景观结合装置艺术是将装置艺术与景观作品的融合,它强调装置景观与居民之间的精神情感及行为的互动,是诠释景观环境的一个重要元素。景观中的装置艺术可以是长期的,也可以是临时性的展示,取材特殊且新颖,通过抽象或写实的造型表达主题,通常这些主题都源自生活、社会、历史等居民比较熟悉的范围,易于居民的理解并产生认同感。例如,波士顿市政广场Lawn on D项目(图3.5.59),建立了一个充满了互动性、灵活性、高技术含量,

图3.5.58　上海法华
镇路沿街空地改造前后
(图片来源:mooool)

图 3.5.59　居民享受可移动家具装置
（图片来源：花瓣网）

充斥着艺术与活动氛围的新式街区。其特色是街区内标志性的家具和装置，让当地居民、劳动者、与会人员或是游客都能在其中找到自己心仪的场所，色彩亮丽、趣味性十足的可移动家具可以激发居民的想象力，打造专属的小空间。

④丰富景观小品

景观小品可分为四种：服务小品、装饰小品、展示小品以及照明小品。景观小品主要采用生态、自然、环保的材料，减少不可再生资源的使用，且在铺装面层改造中，以透气、透水的生态环保材料为主。通过结合文化、公共艺术、科技等方式，给居民特别的视觉造型、感官体验以及情感互动，赋予居民精神享受。例如，将历史文化符号、色彩等元素融入景观装饰、文化景观墙、文化告示牌等装饰小品；将公共艺术结合建筑墙面、变压设备、环境标识设施等服务小品；将科学技术结合景观互动，激发居民的感官感受，增加互动性与趣味性，加强居民与景观之间的感官互动。

目前，国内外智能体验式景观⑩随着科技的进步和互联网的广泛应用，已进入新的发展阶段。它包含的技术有：AR 增强现实显示技术、VR 虚拟现实显示技术、互联网技术、可穿戴技术、人工智能等。体验式景观是针对人体的感官体验而产生的，可分为视觉体验、听觉体验、嗅觉体验、味觉体验等。将智能化体验运用到社区景观当中，不仅能提高景观形式的多样性，还能使居民有着更多的交互体验，丰富居民的感官世界，激发社区活力。

青岛金隅和府的景观与现代 VR（Virtual Reality）虚拟现实技术相结合，在其儿童活动场地中运用了智能感应声音反馈的装置、AR 技术下的景观场景虚拟化体验等互动体验式景观装置与设施。将有限的场地虚拟化、生动化，通过趣味性与互动性的方式来打造身临其境的真实感和沉浸感。居民可以看到场景、听到声音，通过对视觉体验与听觉体验的刺激让接触景观设施的居民拥有更好的体验与虚拟场地（图 3.5.60）。

澳大利亚米德兰铁路广场位于米德兰铁路工厂旧址，以水景线上的定制喷雾景观为特色，该水景线的设计旨在通过表现场地的活动和色彩，在项目中引入水娱乐元素。景观喷雾与铁路文化元素有着统一性，两条 130mm 宽的排水沟与旧时的铁轨对齐，用于储水和放置照明基础设施。水景线上的喷雾设施喷射出的一层层细密水雾，不仅能使人联想起工厂以前的烟雾、蒸汽和活动，还为旁边的彩色光线投影和照明提供了画布，同时通过视觉体验和触觉体验产生生理上的互动，为居民创造一种新的娱乐方式（图 3.5.61）。

图 3.5.60 青岛金隅和府儿童活动场地、AR 技术与手机 APP 应用
（图片来源：王硕《基于智能社区景观环境的多感官体验研究》）

图 3.5.61 澳大利亚米德兰铁路广场水景喷雾
（图片来源：mooool）

五、小结

改革前，因为缓解住房短缺问题而大量建造的社区对居民的生活诉求并没有前瞻性，以及改革后粗暴的拆建改造切断了社区的生活脉络与文化脉络，导致老旧社区出现空间单调、机能衰退、特色缺失、活力不足等问题，社区的环境与景观质量低下，已无法满足居民物质上与精神上的需求。

社区的主体是居民，社区环境自然是相对于居民而言的。环境提供了居民生存及社区活动产生的自然、社会、人文以及经济条件，反之居民的生产生活需求促进了环境的不断升级和改变。社区中的景观作为营造公共空间、满足居民生活及文化要求的重要元素，是社区的内在本质与外在形式的结合，也是提升社区环境、营造氛围的重要组成部分。针对目前我国老旧社区环境与景观已无法满足居民的生活和人文诉求问题，我们应充分从居民的角度出发，在满足居民的基本生活需求的前提下，进一步考虑其交流需求、精神文化需求以及自我价值的体现。在以上四个方面我们可以通过分析环境空间与景观的功能属性抓住居民的根本需求，研究居民与社区环境的关系，找出问题所在并尊重居民的意愿与意向，或邀请居民主导参与来做出改变。

　　当然，老旧社区环境与景观更新的模式与方法都不是固定且单一的，其目的不仅是为了扩大空间或单向的设施更新，而是营造一个居民与居民、居民与环境共同和谐生活且生气勃勃的社区。我们应仔细考虑到每一个老旧社区的社会环境、历史背景、区域文化以及人文艺术等综合方面的因素，针对不同的老旧社区，挖掘区域特色、重塑社区精神与文化、延续生活习惯与文化脉络，提升居民的归属感、获得感以及生活幸福感，这样才能更好地建造多元化、高质量的景观，营造和谐融洽、富有人情味的社区环境。

思考题：

　　1．我国社区环境与景观的主要问题有哪些？

　　2．优化环境与景观的手法分别有哪些？

　　3．改善生态环境的方法有哪些？

　　4．在社区环境与景观更新的进程中如何延续地方文化？

　　5．公共艺术介入社区更新的类型及方法有哪些？

　　6．社区环境与景观更新有什么趋势特征？

注释：

　　① 杨晰峰．上海推进15分钟生活圈规划建设的实践探索[J]．上海城市规划，2019（04）：124-129．

　　② 《上海15分钟社区生活圈规划导则（试行）》。

　　③ 欧阳建涛．中国城市住宅寿命周期研究[D]．西安：西安建筑科技大学，2007．

　　④ 张雪．城市既有住区更新改造策略研究[D]．西安：西安建筑科技大学，2013．

　　⑤ 住宅建筑规范[S]．GB 50368—2005．北京：中国建筑工业出版社，2012．

　　⑥ 《中央财政城镇保障性安居工程专项资金管理办法》

　　⑦ 吴良镛．北京旧城与菊儿胡同[M]．北京：中国建筑工业出版社，1994．

　　⑧ 周奕龙．基于可持续理念的城市既有住宅更新改造手法研究[D]．燕山大学，2015．

　　⑨ 杨毅．旧建筑再利用的设计逻辑与设计方法探析[D]．重庆大学，2009．

　　⑩ 刘先觉．现代建筑理论[M]．北京：中国建筑工业出版社，2003．

　　⑪ 张杰．步行机器人弹性驱动器动力学及驱动特性研究[D]．哈尔滨工程大学，2011．

　　⑫ 案例来源：http://house.people.com.cn/n1/2018/0208/c164220-29814047.html

　　⑬ 案例来源：https://www.sohu.com/a/141397864_656518

　　⑭ 城市居住区规划设计规范[S]．GB 50180—93．中国建筑工业出版社，2002

　　⑮ "中国社会管理评价体系"课题组，俞可平．中国社会治理评价指标体系[J]．中国治理评论，2012（02）：2-29．

　　⑯ 栗惠民，莫壮才．国外城乡统筹发展理论与实践探索[J]．海南金融，2011（06）：14-17．

　　⑰ 社区公共服务设施配置标准[S]．DBJ/T 50—2009．

　　⑱ 美国学者珍妮特·V·登哈特，罗伯特·B·登哈特所著，中国人民大学出版社2004年出版。

⑲　杨丹华 . 西方社区治理中的公民参与——从登哈特新公共服务理论实践谈起 [J].

⑳　马雪雯 . 重庆市渝中区七星岗街道公共服务设施规划优化策略研究

㉑　宋正娜，陈雯等 . 公共服务设施空间可达性及其度量方法 [J]. 地理学进展，2010，（10）：1217-1224.

㉒　Teitz, M.B.Toward a theory of public facility location.Papers of the Regional Science Association, 1968（21）：35-51.

㉓　《国务院关于积极推进"互联网+"行动的指导意见》

㉔　张敏 . 苏州工业园区邻里中心规划设计探析 [D]. 苏州大学，2009.

㉕　《中华人民共和国环境保护法》

㉖　杨坦 . 武汉市里分社区景观改造设计研究 [D]. 湖北美术学院，2019.

㉗　孔繁杰，汤巧香 . 浅析构建海绵社区的意义 [J]. 住宅科技，2016，36（03）：10-13.

㉘　肖新红 . 自然与城市共生 [J]. 科技创新导报，2012（9）：111.

㉙　查尔斯·瓦尔德海姆 . 景观都市主义 [M]. 中国建筑工业出版社，2011.

㉚　"电话亭"项目：是 MINI China 通过其"Urban Matters"（城市事务）平台对公共空间进行干预的一项措施，对愚园路的公共电话亭进行改造。主要目的是探索改造城市旧文物的可能性，使这些旧文物像过去一样具有与社会相关联的公共用途。

㉛　住房和城乡建设部的相关负责人表示，2019 年计划投入 213 亿元，到 2020 年年底，将会先行先试的 46 个重点城市基本建成垃圾分类处理系统。2019 年 7 月 1 日起，《上海市生活垃圾管理条例》正式实施，上海开始普遍推行强制垃圾分类。

㉜　《城市环境卫生设施规划标准》GB/T 50337—2019

㉝　社区花园：国内的社区花园最初是由同济大学景观系教师刘悦来提出。社区花园是社区居民以共建共享的方式进行园艺活动的场地，它通过满足价值实现的活动来实现人与人、人与自然、人与环境之间的相互连接，在提升社区环境质量的同时，协调各方矛盾，使人们对环境空间产生情感。

㉞　百草园：项目通过把这些平常由专业施工队做的园林绿化工程化整为零，由专业团队引导与辅助，居民共同让其变成有趣的社区活动——整地、培土、育苗、扦插、铺草坪、铺路、覆盖、堆肥，等等。

㉟　《垂直绿化工程技术规程》CJJ/T 236—2015

㊱　无障碍设计一词最早由美国教授 RonMace 于 1974 年国际残障者生活环境专家会议中提出。无障碍设计关注、重视残疾人、老年人的特殊需求，但它并非只是专为残疾人、老年人群体的设计。它着力于开发人类"共用"的能够满足所有使用者需求的设计。

㊲　《无障碍设计规范》GB 50763.

㊳　张梦娜 . 重庆市旧社区环境景观适老化设计研究 [J]. 美与时代（城市版）. 2019（08）：41-42.

㊴　"四平空间创生行动"：由同济大学设计创意学院和杨浦区四平路街道共同发起。该活动是一个关注设计如何作用于都市社区建成环境的研究实践项目，旨在结合中国城市发展现状，探讨实体空间及社会学和文化意义上的城市社区情境，激活设计因子在都市生活和建成环境中的干预和催

化作用。

　　㊵　刘海龙，孙媛．从大地艺术到景观都市主义——以纽约高线公园规划设计为例 [J] . 园林，2013（10）：26−31．

　　㊶　体验式景观的概念出现于 20 世纪 80 年代，传统建筑景观注重建筑风格和视觉效果，而体验式景观更注重与人的互动和人的心理感受。

第四章
社区更新机制与流程

第一节　社区更新机制

一、社区更新机制的发展历程

1. 外国城市更新实践中社区更新机制演进

自第二次世界大战以来，以英国和美国为代表的西方发达国家，根据其城市住房短缺的状况进行了一系列包括消除贫民窟、重建城市中心和扩建新城镇等基于物质空间的城市更新实践的计划。这一系列的城市更新举措对于解决当时的城市问题具有积极的意义，但是随着城市扩张速度的加快，单纯物质空间改造的弊端也渐渐显现。例如中心区功能僵化、人口郊区化和贫困化等问题。在这个时代背景下，雅各布斯①等人进行了批评和反思，进一步推动了西方更新理念由大规模的物质空间改造向城市可持续发展的变革。

随后，在新自由主义的影响下，西方城市的更新治理模式发生了根本性的转变。城市更新由政府主导阶段进入了资本驱动的房地产市场主导阶段。但是面对现有的社会问题和矛盾，完全依赖市场机制的更新模式仍然是不可持续的。1965 年，达维多夫（Davidoff）提出倡导和多元规划理论，强调规划应该是自下而上的公众决策过程，社区的各利益群体都应该参与规划过程，共同协商，保证规划的民主性、平等性和公正性。1969 年，阿恩斯坦（Arnstein）在美国规划师协会杂志上发表了著名的论文《市民参与的阶梯》，提出了八种层次的公众参与类型，分为操纵、引导、告知、咨询、劝解、合作、授权、公众控制。随着社区组织的不断发展与完善，公众的参与逐渐成为社区更新机制中重要一环。因此，作为解决社会排斥问题而引入了地区更新政策，20 世纪 90 年代以来推行的街区更新政策（街区更新是指以街区为实施单元开展的小规模、渐进式、可持续的更新）促进了西方国家"自下而上"社区自发改造行为的发展。1998 年，英尼斯（Innes）提出沟通规划理论，指出规划是一个互动的过程，规划师应该运用沟通的方法使参与决策的各方都得到信息互通，当各方都处于一个交流和互动的活动网络中时，能够进行沟通、联络、协商并达成共识。英尼斯对多元参与机制的理论和方法进行了阐述，为公众参与和多元治理在社区更新中的实践提供了理论基础。在此期间，城市更新的主体机构由政府和企业主导转变为社区主导的多组织合作。城市更新中社区更新的目标从物质空间的更新转向社区的可持续发展——即社区的内生型更新（内生型社区更新是一种以地方特色资源为基础的自下而上的社区更新模式，这类社区更新模式得以持续运作的关键是建立一个有效的社区更新体制，即多个利益群体之间良好的协作机制）②。同时，城市更新中社区更新的理念已经从空间营造变为多元共治模式下的协作治理。

社区更新中的多元参与机制在美国、英国、丹麦和日本等国家都有相关实践。为了加强社区更新的多元参与，西方部分发达国家实施了社区多元行动的相关倡议，如英格兰社区新政、丹麦城市更新方案、美国社区行动方案。社区多元行动的运作机制是多部门伙伴关系在社区参与方面发挥协作和支持作用，如公共部门、私营部门和第三部门（居民和组织），确保社区更新方案的制定、实施、反馈及后期维护运营。其中，当地居民的积极参与对成功推动社区更新项目至关重要（表4.1.1）。

第二次世界大战后欧美社区更新机制的演化 表 4.1.1

阶段	主要特点	管治模式（各相关利益者）	时段	该阶段更新具体内容
第一阶段	政府主导，推倒重建	由政府主导的城市重建	第二次世界大战后至20世纪60年代	1. 基于形体规划思想的城市总体规划，对旧城区进行"推土机"式清理；2. 向郊区扩展
第二阶段	政府主导，邻里修复	这一阶段是"自上而下"机制：1. 政府：主导；2. 私有部门：有一定程度公私合作，但未参与核心机制；3. 社区：主要是接受更新者，而非主动参与者；4. 某些地区：出现"自愿式更新"	20世纪60~70年代	1. 大量学者著作反思，2. 提出建议：强调"以人为本"；让市民参与重建和建筑修复（1977）；有学者提出"城市建设中宜使用渐进式小规模改造"
			20世纪70~80年代	1. 大规模城市开发项目停止，更新开始注重循序渐进，并强调人文环境复兴。2. 英美开始新理念下的实践计划；3. 政府：注重公众参与及历史环境保护；4. 居民：成立独自组织，维护原有邻里生活方式
第三阶段	市场主导，公私合营	"私有部门"角色大大提升，被视为经济衰退的拯救者；"政府次之"；社区角色变得非常弱化	20世纪80~90年代	1. 英美开始施行私有化政策；2. 认为市场化的"涓滴效应"可以让社区民众分享经济物质改善成果，因而更新模式成为"地产开发"式的单维更新；明确声称更新目标是物质环境更新而非就业等
第四阶段	多方伙伴关系（政府、私有部门、社区及其他组织共同参与）	1. 除了继续鼓励私人投资并推动公司合作，更强调社区参与；2. 公、私、社区三方伙伴关系、社区自我更新意识及能力培育成为当前英国城市更新的最新取向	20世纪90年代至21世纪初	1.1991年英国实施"城市挑战"计划；1994年，将各类计划整合为"综合更新预算"；2. 提出"社群自主治理"，建立"自下而上"的多方伙伴关系更新机制；3.2002年英国伯明翰召开城市峰会，提出城市复兴、再生和可持续发展主题
			21世纪初至今	2002年下半年英国政府提出"伦敦重建计划2003−2020"

2. 中国社区更新实践中社区更新机制演化

中国的社区更新始于20世纪80年代，其发展脉络与西方大体相似，也是从以房地产开发为导向的"大拆大建"式更新开始的。中国的地方政府在更新过程中控制行政垄断和资源（土地、环境和税收），并促进多边组织之间的合作，以追求经济利益的最大化，并影响中国城市的重建。一方面，地方政府几乎支配一切，并与开发商共同决策。另一方面，政府和社区居民之间缺乏有效的沟通渠道。社区居民不能有效地参与日常事务，有关社区居民利益的过程、讨论和谈判被忽视或不被重视。同时，以利益为驱动的城市再开发引发了社区的搬迁和补偿纠纷，增加了居民与政府之间的矛盾。随着公众参与和多元参与机制理论在中国城市规划实践中的深入，社区更新中的公众参与也成为决策者、学者和公众关心的问题。规划师所扮演的角色正在发生变化，成为社区参与的催化剂，通过协商和谈判促进政府和公众的共同行动。我国社区更新发展到现在主要经历了两个阶段，第一个阶段是"自上而下"的物质空间改造规划，第二阶段是正在形成中的"自下而上"的内生型自发性更新。由于我国地域面积广、地域差异大，各个地区的社区更新发展不甚同步，大部分地区的社区更新还停留在第一阶段，仅少部分发达地区进入了第二阶段的探索。

　　在相对发达区域，早期社区更新大多基于政府"自上而下"的规划，以追求经济回报为主要目的，研究领域也是对物质建筑实体的更新和城市空间更新等技术方面的研究。在"存量规划"的新发展背景下，公众参与治理的意愿在社区更新中越来越凸显。国内相关领域的学者也转向寻找新的社区更新机制，提出了公众参与的更新模式。然而，在如何促进公众参与及如何协调当前国家现有规划机制方面，该领域的相关研究并不多。目前，我国的社区微更新主要分三个阶段来开展渐进式、由点及面式的实践探索。第一阶段是由政府主导的"自上而下"的社区微更新探索，以从点出发的方法来进行社区的微型更新。第二阶段是在政府主导的基础上，调动企业、社会组织、基层居民组织等多方参与并扩大影响面，进一步形成各行各业共同的更新愿景。这一阶段主要是进一步扩展社区更新的模式，并且通过规划更新的手段使多方更新愿景真正落到实处，造福社区。第三阶段是在政府主导和多方合作更新的基础上，进行"自下而上"的多方自主协作更新。随着社区更新的深入，社区更新模式发生了两方面的变化。一方面，由单一的物质更新向系统性和集成式的整体性更新转变；另一方面，从一方主导向多方合作转变，通过政府、企业、居民和社区自组织的多方力量与平等合作来实现社区的内生型更新。

　　国内社区更新发展的研究重点正在从物质需求转变为物质与精神的双重需求，并进入追求可持续发展的阶段。随着这一理念的深入发展，大范围拆迁的更新方式逐渐被渐进式的局部环境改造所取代。同时，社区更新可持续发展的内生力量（如社区居民和自治组织）开始变得越来越重要。在这种发展背景下，政府在社区更新中所起的作用不仅仅是一个领导者，更是一个中间协调者。随着社区更新进入多方协作的阶段，非政府、非营利的组织在社区更新中的重要性逐渐凸显。这类依靠内生力量推动的"自下而上"的更新模式即内生型社区更新治理，是目前发达国家社区更新的主流。而我国的"自下而上"协作社区更新治理实践仍处于探索阶段，社会组织和基层居民组织在社区更新治理中的参与和实践尚显不足。

　　现阶段中国的社区更新模式并没有完全发展成为"自下而上"的多元参与，而是一种"自上而下"和"自下而上"的组合模式，是一种新的兼容机制。除了政治、经济、文化、社会制度和历史的影响外，中国和其他国家之间的差异还根源于市场、产权和制度结构。一个关键的区别是地方政府在社区更新中的角色。在一些发达国家，社区更新发生在一个成熟的资本主义社会，其中公共和私营部门已经建立并明确界定。当开发商和当地企业团体意识到盈利能力不可行时，政府动员的有效性开始减弱，或者投资方面的反应减弱。相比之下，在中国的转型经济中，私人资本与公共资本之间的界限往往模糊不清。与政府关系密切的地方国有企业或其他政府分拆企业，作为主体参与了社区更新过程。同时，掌握土地资源所有权的地方政府带头制定了社区更新议程。

在一些西方发达国家，政府在建筑或服务方面没有具体的工作，因为私营企业和社区组织已经在社区更新方面充分发挥了主导作用。与西方国家自下而上的运作不同，中国的社区发展从一开始就是自上而下的。为了提高行政效率，政府往往通过政策、资金等手段，自上而下地促进社区更新。因此，长期以来，政府一直是社区发展的主导因素和支撑资源。同时，由于中国地域面积广、地域差异大，各个地区的社区更新发展不甚同步，现有的社区更新多元机制研究多集中在少数一、二线城市，多元参与机制的适用性并没有得到广泛验证。因此，在现有的西方参与式规划理论的基础上，怎样建立一套适合中国的参与式社区更新框架和方法是未来需要探讨的方向。

二、社区更新治理组织

社区更新和治理的机制在社会发展的过程中得到了不断的重新审视和丰富。从目前国内外的社区更新机制演化历程来看，其发展脉络基本都包含了自上而下的"物质改造""城市再开发"及上下结合的"公、私、社区共同参与"等几个阶段。与此同时，实现社区更新治理有效开展的重要手段之一是参与社区更新的各组织进行"多方合作、公众参与"，这就意味着社区更新治理的参与组织和主体要具有多样性。当然政府在社区更新以及治理中仍然需要发挥着重要的协调作用，但不是唯一的、具有最终决定权的主体。社区组织、居民以及非营利组织也担负着社区更新、治理及参与实施的相关权利与责任，也将得到社会和居民的认可。也就是说，社区更新是以政府、居民、社区自治组织和企业为主体，以市场调节为运作方式的小规模、渐进式、可持续的社区改良运动。

1. 政府

在我国，政府是国家权力的执行机关，是国家行政机关。在社区更新中，政府既是社区发展的组织者和推动者，也是实施社区更新的决策者。政府建设职能部门在社区更新的过程中对社区的规划、建设和更新改造有较大的发言权，起联系各方的作用。一方面，政府联系着社区的使用主体——居民；另一方面，政府联系着社区建设的经济主体——开发企业；此外，政府还联系着社区更新的中坚力量——社区自治组织。

2. 居民

社区更新改造合作治理中，居民不仅是社区居住与生活的主体，同时也是社区日常更新治理的参与者，参与项目的方方面面。

3. 社区自组织

在我国从组织的主体看，社区自治组织指的是居民自发形成的治理组织、社会团体组织等。良好的自治组织可以依托自身优势，提供公共服务、协调各个主体之间的利益冲突，积极推进社区更新和合作治理，推动社区整体的发展。

4. 企业

企业作为合作主体中不可缺少的一部分，主要发挥的作用是引入市场资源与为社区更新提供专业的实施方案。

三、社区更新治理模式

根据社区更新的主导组织不同，我国社区更新治理主要分为四种模式：政府主导、企业主导、居民自治和多方协作治理（图 4.1.1）。

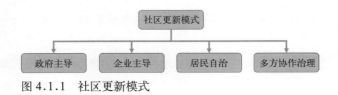

图 4.1.1　社区更新模式

1. 政府主导

在政府主导的治理模式下，政府是社区更新的主导力量，通过自上而下的资金投入和政策扶持来推动社区更新运动的发展。也就是说，在政府主导的社区更新中，政府主要统筹协调各方机构。不仅要负责前期社区更新项目区域的选定和项目资金的筹备，同时还需要负责监督整个更新设计的落地和实施。政府主导型更新中一个典型例子是成都宽窄巷子的更新（图 4.1.2）。20 世纪 80 年代，在成都市总体规划中，宽窄巷子被列入《成都历史文化名城保护规划》的保护对象之一。《成都历史文化名城保护规划》对宽窄巷子的街区保护提出了具体要求，指出其改造更新应坚持原真性的保护原则，保护街区的整体历史风貌和真实历史遗存。2003 年 11 月，宽窄巷子的保护性改造启动，由成都市政府出资 3000 万进行改造建设。宽窄巷子改造更新的管理机构是隶属于成都国资委旗下的公司。在方案设计阶段，宽窄巷子规划、建筑和景观的设计单位多次与市政府领导及建设单位沟通交流，并确定了最终方案。2008 年 6 月 14 日，在第二届中国文化遗产日当天，成都宽窄巷子正式开街，面向公众开放。

政府部门可以制定指导方针进行宏观调控，帮助社区更新。同时，这些方针政策通过限制或进一步引导企业的建设方向起到宏观调控的作用。对于从计划经济向市场经济转型的国家，政府和政府治理在促进城市发展和城市更新方面发挥着重要作用并扮演着多种角色，包括策划者、决策者和实施者。

政府主导型更新的优点是可以实现短期内的社会力量及资金的有效整合。政府协调下的社区治理会兼顾多方群体的利益，能站在一个较为公正的角度进行利益分配。但是，政府主导型更新也有其缺点，单向的政府主导难以充

图 4.1.2　政府主导型更新案例：成都宽窄巷子
（图片来源：百度图片）

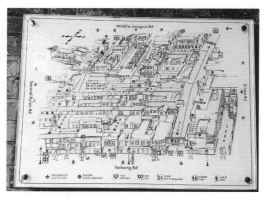

图 4.1.3　企业主导型更新案例：上海田子坊
（图片来源：百度图片）

分调动社区居民的后续治理积极性，在这种情况下，社区更新无法基于反馈变化和实际条件及时调整和优化，从而实现动态的发展更新。

2. 企业主导

企业主导即由企业协助政府负责社区更新的拆迁、改造、安置等活动。最常用的方法是对老社区进行商业性再开发，将其用地功能置换为商业价值更高的高档社区或商业街区。企业主导型更新的一个典型例子是上海的田子坊（图 4.1.3）。田子坊始建于 1930 年，由极具上海特色的旧式石库门建筑群组成，该片区的原有功能为里弄式住宅、花园住宅和弄堂工厂。20 世纪 80 年代，田子坊的里弄工厂退出市场体系，居民为了维持生计开始逐渐外迁，使得厂房和住宅都空置下来，业态荒凉，建筑逐渐破败。20 世纪 90 年代，艺术家和文化商人开始尝试在田子坊进行"自下而上"的自主城市更新。文化商人吴梅森在与老厂房所属企业签订长期租用合同后，引入陈逸飞、尔冬强等著名艺术家。通过艺术家自筹资金的方式，将废弃厂房和仓库功能置换为画廊、摄影工作室等，田子坊的更新改造就此揭开序幕。与此同时，文化创意产业的发展，为田子坊艺术氛围的营造提供了有利条件，原先房屋空置、人流稀少的片区活起来了，巨大的示范效应吸引越来越多的艺术家及商业资本竞相入驻，田子坊进入了快速更新的时期。2000 年，在上海市经济贸易委员会和卢湾区政府的支持下，田子坊项目吸引了来自海内外的众多创意产业入驻，其建设范围开始向周边街区扩展，不仅改善了之前破败的建筑情况，也带来了田子坊及周边艺术和商业的成功。在这样的背景下，田子坊地区的房屋需求量大大增加，市场对土地的需求竞争使得租金不断上涨，最终艺术家们承受不了高额租金相继搬走。其中最为突出的是，2012 年 10 月，田子坊最早入驻的艺术家之一尔冬强工作室因租金过高被迫迁出田子坊，这一事件引起了业内的轰动。据了解工作室租金由 2000 年刚入驻时 800 平方米 12 万元攀升到了如今 350 平方米 100 万元，这种急速的租金上涨速度让艺术家不堪重负，只能选择搬离。在市场化的运作下，创造文化的艺术家离开了，消费文化的商家大量涌入，田子坊创意产业园的定位逐渐"扭曲"。

企业主导型更新的特点是结合市场优化了以往传统以政府为主导的更新模式，提出了一种以市场为主体，企业与居民合作更新的新模式，为社区更新提供了一个可供借鉴的更新方向。与此同时，企业主导型更新的缺点在于它是一种自发追求利益最大化而缺乏宏观调控的更新模式。当制度的自由裁量权范围缩小或边界相对建立时，市场可充分享受制度所带来的自由性。在这样的背景下，更新实际上变成了一个靠市场自己竞争和被市场选择的过程。这种接近于完全"无政府"状态的更新，会导致更新治理带有功利性。

在社区更新的过程中，市场规范的缺乏以及公众力量的缺席使得更新直接指向利益最大化，越来越多的学者站出来研究更新治理的出路。在这个层面上来说，政府在城市更新过程中的治理应该首先维护公众群体的利益。与此同时，政府也应该抛弃和企业形成"利益"联盟的制度，应该在整合市场要素的同时加强制度化建设。

3. 居民自治

近年来，公众参与社区更新的意识不断提高，居民也越来越踊跃参与到社区的相关更新建设中。这不仅仅在于社区更新发展过程中居民群体活动的增加，还在于形式的转变，在最近几年的社区更新工作里，居民参与由个人向集体转变。当地居民通过组织整个社区的居民形成社区集体，自发地对社区现有问题进行自我挖掘、自我完善和自我更新。社区自组织已一步一步地成为社区公共利益诉求的代表（图4.1.4）。

图4.1.4 广州恩宁路共同缔造委员会
[资料来源：赵楠楠，刘玉亭，刘铮.新时期"共智共策共享"社区更新与治理模式——基于广州社区微更新实证[J].城市发展研究，2019，26（04）：117-124.]

居民自治的社区自更新组织治理模式体现了社区居民共同参与的先进思想。但这一模式在我国现阶段推行所遇到的问题在于：居民对"自下而上"的社区更新机制不够了解，导致居民参与群体不够广泛，参与意识不强，无法形成有组织、有系统的居民自发型更新模式。

4. 多方协作治理

多方协作治理是由政府、社会团体组织以及社区居民三者共同合作的社区更新治理，旨在建立社区居民、社会组织和政府三者之间的良性互动关系。其中，政府、居民以及社会组织在社区更新中担任着不同的角色，发挥着不同的作用。政府的角色从"下令者"向"号召人"转变，更多的是鼓励社会组织和社区居民参与到社区更新治理中。协作治理是一种具有过渡性质的社区更新治理模式，我们国家的社区更新正在向这一阶段探索推进。

政府在社区更新治理中的职能是多样的。一方面，政府负责社区更新任务与目标的提出、相关执行计划的制定和项目资金的筹措等前期工作；另一方面，政府还担任着协调的角色，包括派遣专业人员对居民进行培训、协助居民开展治理工作、建立社区更新建设支援中心等。

社会团体组织的组成与职能则是多元和多样的。社会团体组织的参与人员来自社会各方，包括专家学者、非政府组织、艺术家、私人公司和社区活动家等。这些社会团体组织不仅可以提供商业、规划及建筑等专业知识的咨询与评估，也可以在社区更新项目中提供资金及技术上的多方协助与支持。

协作型治理鼓励社区居民以自组织形式参与社区更新治理，社区居民参与社区更新治理的实现途径主要是通过居民委员会来组织居民参与更新建设。首先居民委员会定期在社区中心召开居民会议，会议主要包括社区更新项目的意见收集、计划制定、项目实施以及后期运营（图4.1.5）。其次，除了面对面的会议交流外，居民还可以通过社区服务网站来进行社区更新的信息获取、建议提出和意见征集。最后，社区居民在获取充分的专业知识以及技能培训后，可以在居民委员会的组织下直接参与到社区更新的具体建设项目中。居民在参与社区

图4.1.5 广州深井社区居民茶话会和规划征询现场

[资料来源：赵楠楠，刘玉亭，刘铮.新时期"共智共策共享"社区更新与治理模式——基于广州
社区微更新实证[J].城市发展研究，2019，26（04）：117-124.]

治理的过程中有利于培养居民对社区的归属感，激发参与社区治理的积极性，更有利于和谐
社区的建设。

随着社区的转型，通过建构一套以感情、人情、互惠和信任为基础的地方性互动网络来
获取居民的合作和支持，是基于人情和利益的社会关联的社区参与实践的制度创新。从现有
的社区治理情况来看，居民作为协作的主体，参与社区更新是公众参与社区治理的一种主要
形式。在基层政府和社区居民组织的共同努力下，社区治理的运行能够依托于良好的社会基
础。地方政府与居民之间的互动在社区更新项目中非常重要，这就要求社区组织在中间搭建
交流的平台。同时，社区自治组织的公众属性又决定了它在基于人情的地方性互动网络里拥
有自己所独有的调节作用，这就是为什么社区组织能够极大地调动社区居民进行自发社区更
新的原因。

第二节 社区更新治理的模式与经验

1951年，联合国经济社会理事会针对第二次世界大战后一些发达国家的快速工业化和城
市化所带来的社会问题提出了"社区发展运动"的号召。在"社区发展运动"进行的基础上，
联合国经济社会理事会制定了以社区为单位的"社区发展计划"。"社区发展计划"旨在调动
社区居民的积极性，以社区为单位，由政府相关机构、社区民间团体和合作组织等共同协作，
发动社区居民参与到社区更新工作中。20世纪70年代以后，随着社区运动的发展，社区开
始出现自愿式更新。在这个背景下，社区居民的自我参与和权利意识逐步增强，社区自组织
发展起来，社区更新治理的权利逐渐从政府转移到了社区。社区自愿式更新的出现使得社区
居民能够积极参与到社区更新治理的全过程中，使社区更新由单纯的物质型更新向兼顾物质
与社会的发展型更新转变。

一、美国经验

1. 美国社区更新治理的发展

1937年，美国颁布《美国住房法》并制定了国家住房政策。在住房领域，美国的目标是

通过政府建造公共住房干预住房市场。但是，大量住房的供应给许多地区的城市带来了问题，例如，贫民窟数量的上升、居住隔离和环境破坏等。第二次世界大战后，贫民窟被大规模拆除，美国于1974年颁布了《住宅与城市发展法》。《住宅与城市发展法》的颁布标志着美国住房政策从两方面发生变化。第一，国家从直接提供住宅变成了根据住宅的需要提供补助金。第二，供给形式已由直接新建公共住房向更新现有公共住房转变。20世纪90年代发起的"希望六号"计划是这一政策变革的最有影响力的实践之一，它不仅仅是单纯的住房更新，而是融合了环境改善、社区发展和城市复兴等多种目标的住区更新。"希望六号"计划有四个方面的社区更新目标，包括住房改善、环境提升、减少贫困和可持续发展。虽然，"希望六号"计划的实施完成了部分社区更新的任务，但其为建造混合住房而拆除破败公共住房的举措导致了公共住房供应量的减少。为了避免贫困集中，设定的回迁比例会使得一部分希望回迁的居民无法获得资格。在这种情况下，迁居居民既无法获得相应的支持，又被迫迁居到其他地方，造成新的贫困聚集。为了避免新的贫困聚集问题，奥巴马政府于2009年推出了"选择性邻里"计划。

2. 美国社区更新治理的主要内容

作为美国社区更新的一个典型治理方式，"选择性邻里"计划从居民生活、住房改造和社区环境三个方面制定了目标。第一，在社区更新中，社区居民的就业机会、健康水平和安全程度应该有所提高。第二，住房的改造应该是舒适、便利和节能的。第三，社区的环境条件应该得到改善，成为一个教育氛围良好、就业机会丰富的可持续性社区。

在操作层面，"选择性邻里"计划相较于"希望六号"计划在三个特征方面有明显的进步。第一，相较于"希望六号"计划对联邦财政的过分依赖，"选择性邻里"计划拓展了合法申请者的范围，更新资金的来源渠道也更多样。"选择性邻里"计划允许的合法申请者范围扩展到包括地方政府、公共住房管理机构、非营利性组织和营利性组织等多方组织。因此，"选择性邻里"计划的更新资金可以通过联邦资助、地方政府资助、住房借贷银行资金、低收入家庭住房建设的税收抵免计划、社区团体资助等多种方式实现，形成混合的更新资金构成模式。第二，"选择性邻里"计划的申请机制对公众参与提出了更高的要求。多年来，尽管美国联邦政府制定了更新计划，要求公民参与，但是由于参与更新的社区比较贫困，公民参与相对被动，效率低下，也难以建立一个有效的组织。"选择性邻里"计划的申请程序要求，在申请开始时，就必须建立起一个多方合作的组织，多方合作组织的组成包括地方政府、社区管理者、社区利益相关者和社区服务组织。通过多方合作组织的形成，"选择性邻里"计划可以在项目申请的初期就达成一致的行动目标，使得社区更新的治理过程更高效。"选择性邻里"计划规定，在申请更新资金前，申请者必须对规划实施过程、移民安置和就业情况等有全面的了解和规划。同时，申请更新资金前至少要召开两次居民大会和一次以上社区会议。这一规定在促进公民的更广泛参与方面发挥了一定作用。第三，更新计划由公共住房的单一更新转向多方面可持续的社区更新。为了改善社区贫困和居住隔离等社会问题，社区更新的资金有一部分被划出来作为社区发展的专项费用。在社区发展资金的支持下，社区创造了更多的就业机会，为孩子提供了更好的教育条件，为居住者提供了更方便的医疗途径。

3. 美国社区更新治理的实践经验总结

在"选择性邻里"计划中，以申请者为主体的多方合作组织不仅仅构成了实际意义上的社区权力机构或社区利益组织，也在社区更新资金的筹集和社区发展计划的制定上起到意见整合与目标确定的作用。这种以维护社区共同利益为目的的行动组织，在社区更新中具有不可替代的作用。在更新的程序设定上，政府制定了明确而详细的公众参与规则，并将其与社区更新项目资金的使用挂钩，这有助于提高公众参与的动力和效率，有助于社区居民行使自己的权利。由此可见，社区更新的目标不应该仅仅是物质层面的更新，而应该更多地关注社区的发展和社区居民生活水平的提高。在社区更新发展到物质与精神更新并重的阶段后，以社区居民和社区组织为主体的自主持续性更新才是社区更新的理想状态。③

二、日本经验

1. 日本社区培育的含义

日本的公众参与社区规划活动被日本人很亲切地称作"社区培育（まちづくり）"。"まち"对应的汉字是"町"，意思是"社区"，既包括城市社区又包括乡村社区，是居民对自己所处生活环境的称呼，居民对它有亲切感和归属感；"づくり"可以对应于"作り、造り、创り"等这几个包含汉字的动词，在这里"づくり"的意思，是对一个既有的社区环境，进行持续的、精心的培育。

社区培育是一系列的持续性活动，旨在通过利用地区现有的资源，在多样的利益相关主体的参与和合作下，逐步改善居民的生活环境并激发社区的活力和魅力，实现社区生活质量的提高。

2. 日本社区培育运动的发展

社区培育作为日本民众参与改善社区的主要活动和形式，起源于居民对影响自身环境公害的抵抗运动，其基本内涵是日本民众为改善居地的生活环境，自发组织、自下而上开展的非营利性社区活动，本质上是公众参与社区规划发展的活动。

日本社区培育的发展大致经历了以下四个阶段（表 4.2.1）：

日本社区培育的四个主要发展阶段　　　　表 4.2.1

阶段	时间	社区培育活动摘要	
理论形成阶段	20 世纪 60 年代	—住宅开发社区培育 —居住环境改善	—居民抵抗运动 —历史街区保全运动
初步发展阶段	20 世纪 70 年代	—居民参与的社区培育 —福祉的社区培育	—环境的社区培育 —自发的地方活性化运动引发的社区培育
实践探索阶段	20 世纪 80 年代	—中心地的再生 —地域资源的活用与观光	—社区培育活动支援体系 —共同建设替换生活再建
发展成熟阶段	20 世纪 90 年代	—震灾复兴社区培育 —景观形成地区的广域化	—共同建设替换生活再建与社区培育 —社区培育条例普及与多样化

理论形成阶段：20 世纪 60 年代的日本正处于经济高速发展阶段。在这个时期，日本在经济快速发展的同时，也伴随着相应社会矛盾的产生，一些自然和历史资源的保护面临困境。在这个形势下，一些居民自发地开始了一系列保护自然历史资源和解决地域社会相关环境问题的运动。在这个阶段，社区培育的理论刚刚萌芽，仅仅表现为一些零散单一的居民运动。

初步发展阶段：20 世纪 70 年代为社区培育发展的起步阶段，这一时期的发展相对于萌芽阶段新增了许多社区培育活动类型。如：环境、福祉的社区培育和自发的地方活性化引发的社区培育。提出了建立社区中心，并选择小学小区作为社区的标准。对各个社区的生活环境进行调查，用"地区卡片的方法"详细记录所存在的问题，同时基于这些问题做出社区规划来改善居住环境，逐步实现居民参与到地区的社区规划。在这一时期，日本大学研究室（建筑规划专业）开始关注社区培育，并开展了对社区培育活动的调查。

实践探索阶段：20 世纪 80 年代为社区培育的快速发展阶段，也是不断实践和探索的阶段，这一阶段是在第一、第二发展阶段的基础上发展起来的。这一时期对社区培育的探索呈现了多样化的特点：从身边的小项目开始，逐步发展到独特的项目，再到地域社区培育等不同等级、不同类型的社区培育。同时各种非营利组织（NPO）开始成型，如：协议会、市民组织等各种自发性组织。在这一时期，开始针对以往成功的案例来修正法律制度或者制定一些法律法规来规范和引导社区培育更好地发展。

发展成熟阶段：20 世纪 90 年代至今为社区发展较为成熟的阶段。社区培育的广度和深度较之前更成熟，已经从个别的社区培育模式转变为地域社会的多主体协作社区培育模式。并开始将一些技术运用到社区培育领域，如：工作坊、可视化技术等。在完善技术运用的同时，制定了一系列社区培育条例。社区培育条例在社区中不断得到普及和丰富，使得社区培育在相关法律和条例的指导下能够有序进行并不断向前发展。

3. 日本社区培育的组织机构

社区培育的发展经历了一个个单纯的抵抗运动[④]，从单独项目衍生出来了一系列社会问题，在此基础上形成了系统的社区培育。从零散的、自发的社区居民组织，开始慢慢形成多主体积极参与的社区培育，参与主体包括非营利组织（NPO）、支援机构、政府（图 4.2.1）。

非营利组织（NPO）：作为一种自下而上公众参与社区规划的发展模式，日本社区培育活动主要是以 NPO 为依托开展的。早期的 NPO 是由居民自发组织形成的协议会，如：神户市丸山池地区防范协议会、镰仓景观保存会。从名字可以看出早期的 NPO 是以具体保护事件作为组织的名字，居民通过这些组织直接参与到社区培育中来。中期的 NPO 由于社区培育地域范围的扩大，使得 NPO 的范围也逐步扩张，开始出现推进会。由居民组成的协议会、城市规划专业人士和由年轻人组成的同志是推进会的核心成员。

社区培育中心和办事处的成立，标志着 NPO 发展到了基本完善的阶段。《特定非营利人活动法人促进法》的颁布，推动了日本社区培育民间组织的发展，

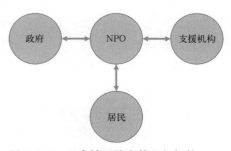

图 4.2.1　日本社区培育的组织机构

为 NPO 的发展完善提供了更有力的保障。

支援机构：支援机构包括企业、事务局、大学等。日本各类大学研究室、学者在社区培育发展的过程中一直都扮演者极其重要的角色。从 20 世纪 70 年代初期开始，一些大学的学者和研究室（以建筑、城市规划学科为主）就开始关注社区培育活动，并对社区培育活动展开调研，从而对活动进行客观的评价，并以论文的形式发表出来。20 世纪 90 年代，关于社区培育的学术成果逐步受到大众的关注和认可，逐步开始由接到一些行政和居民组织的邀请参与社区培育活动到大学教授带领学生主动参与社区培育活动。他们全面参与社区培育的策划、设计和相关活动，为活动的组织和展开提供帮助。进入 20 世纪后，大学开始成为社区培育活动的引导者，在参与社区培育活动的同时，还对社区居民、行政人士、企业等进行各种形式灵活的培训，使其在参与社区培育时具有一定的专业知识和技术，后期还构筑了"社区培育大学"等。

政府：政府作为行政机构，在社区培育的发展过程中一直都发挥着积极的作用。在社区培育发展之初，政府就对居民成立保护自然资源组织和改善自身居住环境的行动表示了支持，在社区培育发展过程中，政府为保证社区培育活动更好地开展，开始颁布一系列法律条例来保障居民参与社区培育的权利，并对社区培育项目提供一定的资金支持。

4. 日本社区更新治理的实践经验总结

社区培育作为日本公众参与的主要形式，是基于日本的本土实践而来的自下而上开展的非营利活动。它经过 50 余年的发展，由最初的"一事一议"抵制运动开始，到后来形成了有组织的、有系统的活动，人员组成也由最初单一的居民自组成组织逐渐演变成为由各方有力人士共同组成的组织。其实践经验值得我们借鉴，如居民参与的积极性强、非营利组织的团结、社会众多机构的支持等都使社区居民得以更好地参与自己身边的城市规划，从而促进社区规划方案更合理，更能解决居民的实际需求，也更有利于规划方案的实施。⑤

三、中国台湾地区经验

1. 中国台湾地区社区营造的含义

公众参与社区更新治理在我国台湾地区有专有名词，称为"社区营造"。台湾社区营造专家陈其南提出社区营造不只是在营造一个社区，更重要的是要"营造一个新社会，营造一个新文化，营造一个新的人"。"造景、造产、造人"为社区总体营造的核心概念。社区营造的先驱陈锦煌认为："社区营造是一个全面改造文化地貌、景观环境和生活品质的长期工程，从事社区营造首先要根据社区特色，从不同角度切入，以带动其他相关项目，逐渐整合成一个总体的营造计划。"

2. 中国台湾地区社区营造的发展

20 世纪 90 年代，台湾面临着社会经济快速转型所带来的城乡发展失调、生态环境被破坏和传统产业被冲击等社会问题。1993 年，台湾行政主管部门文化建设委员会前任主委申学庸女士呼吁制定社区文化发展策略，唤醒社区意识，重塑社区伦理。在这样的时代背景下，台湾行政主管部门文化建设委员会提出了"文化地方自治化"的构想，改变过去的文化集权管理，成立"地方的文建会"。"文化地方自治化"主要是将文艺季的举办权移交给地方文化中心，加强地方文化工作者与地方文化中心的合作与联系，将文化中心整合成为"地方的文建会"⑥。1994年，这些新的观念和操作方式被台湾行政主管部门文化建设委员会正式命名为"社区总体营造"，标志着台湾地区的社区营造研究正式开始。1996年10月12日台湾社区营造学会正式成立，台湾学术界开始掀起了重视社区发展、保护地方文化的热潮。

2005年，台湾教育文化组助理研究员刘新圆作了名为《日本社区总体营造的发轫与运作》（刘新圆，2005）的台湾政策研究报告，报告叙述了日本造町运动形成的背景，并且以福岛县三岛町的故乡运动及大分县的一村一品运动为例说明日本早期地域振兴的方法与过程。台湾淡江大学建筑系教授黄瑞茂在《社区营造在台湾》（黄瑞茂，2013）一文中回顾了台湾社区营造运动的社会条件与发展历程，列举了淡水社区工作室的实践经验及空间专业者的重要作用。指出社区营造是以"社区"之"共同体"意识为基的"公共性"重建工作。

经过近十年的发展，台湾社区营造的发展趋于系统化。社区营造的研究也涉及了地方文史整理、地方古迹保护、聚落建筑保护、社区生态保护和健康福利服务等多个方面。为此，台湾地区专门推出了"社区建筑师"的制度，以一个相对固定的建筑师或其群体组织（图4.2.2）参与到社区项目策划、更新改造和后期的维护发展的全过程。同时，社区建筑师可以为社区居民提供相关的专业咨询服务，例如台北市就把社区建筑师比喻为"社区的建筑家庭医师"，并向社区居民分发手册进行宣传和推广（图4.2.3）。

3. 中国台湾地区社区营造的特点

社区共同体：社区营造初期的一项重要任务便是凝聚社区意识形成社区共同体。社区营造者以教育或举办活动的方式引导居民参与社区公共事务，逐步形成一个具有集体意识及共同价值观的有机群体。居民以群体的方式组织处理社区事务，以群体的力量争取共同利益。

自下而上：社区营造主要借助社区力量而非政府力量对社区环境进行改善，强调的是社区居民的自主参与，具有强烈的自下而上特征。但是，这并非意味着社区营造处于政府的对立面，成功的社区营造通常需要政府的支持与引导。

图4.2.2　高雄市社区建筑师标志
[资料来源：黄健敏.台湾民众参与的社区营造[J].时代建筑，2009（02）：36—39.]

图4.2.3　台北市社区建筑师宣传手册
[资料来源：黄健敏.台湾民众参与的社区营造[J].时代建筑，2009（02）：36—39.]

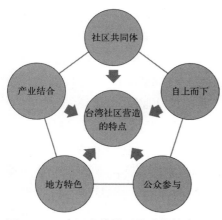

图 4.2.4 中国台湾社区营造的特点

公众参与：社区营造的一大特征便是公众参与。公众参与社区营造，既能增强社区凝聚力和居民的参与感，也可以为社区更新计划的实施起到监督管理的作用。缺乏公众参与的社区营造极其容易沦为没有灵魂的形象工程。

地方特色：不同的社区有不同的特点，社区营造强调抓住地方的特色资源进行发展，包括地方特色文化、特色产业等。

结合产业：成功的社区营造需要给当地的居民带来看得见的利益，需要向居民证明他们的投入是有回报的。社区营造通常结合产业的发展，是能为当地带来持续性的回报的。社区营造的特别之处在于社区工作者以社区共同记忆为切入点，通过文化手段对社区居民进行文化教育，激发公众的参与积极性，结合特色产业的发展最终带活当地经济，使社区得到良性发展。从本质上看，社区营造是一种自下而上的基层自组织更新治理过程，在这个过程中，社区居民的积极参与就显得十分重要（图4.2.4）。⑦

四、新加坡经验

1. 新加坡社区更新背景

20 世纪 60 年代，新加坡的贫民窟问题十分突出，160 万新加坡人中只有 10% 以下的人口居住在自有住房里。针对城市中的贫民窟现象，新加坡政府提出了"居者有其屋"的社区更新政策。在住宅方面，建设了大量的公共集体住宅，新加坡人称之为"祖屋"。在新加坡，一个公共住房社区由 6~10 座"祖屋"构成，可以为社区居民提供 15000~25000 套公共住宅。同时，在"祖屋"社区的建造上，新设立的房屋管理局给予了财政和法律支持，保证城市居民的居住问题可以得到解决。"居者有其屋"政策的实施卓有成效，截至 1980 年，新加坡全国有超过 70% 的人口居住在政府提供的"祖屋"里，快速消除了城市中的贫民窟现象。1980 年后，在提供公共住宅的基础上，新加坡政府对于居民居住环境的质量改善也做出了多方面的努力（图 4.2.5）。一方面，对"祖屋"进行内外的全面翻修，提升居民的日常居住质量。另一方面，在公共集体住宅之间增加绿地、人行道和停车场等，增加社区公共空间的舒适性。政府对公共住房社区的更新不是一次性的，通常以 5 年或 10 年为一个更新

图 4.2.5 新加坡建筑屋顶开发

（资料来源：陈碧娇. 基于国内外实践经验总结的社区城市更新建议——以上海市普陀区社区城市更新为例 [A].)

周期持续进行。

2．新加坡社区更新的制度设计

新加坡的社区更新分为市镇、街区和住宅三个层面，依次从宏观到微观进行社区更新规划。在市镇层面，社区更新包括"部分街区重建计划（Selective En Bloc Redevelopment Scheme）"和"再创我们的家园计划（Remaking Our Heartland）"。这一层面的更新主要是针对老旧街区的环境品质和公共服务设施的使用便利性，通过对老旧街区的环境和市镇级公共服务设施进行改造升级来改善居民的生活环境品质。在街区层面，新加坡目前实行"邻里更新计划（Neighborhood Renewal Programme）"和"绿色足迹项目（Greenprint Project）"。"邻里更新计划"主要是对社区健身场地、遮阳棚、步行道等社区外部空间环境的改善。而"绿色足迹项目"则是对社区绿色可持续方面的改造，例如 LED 照明灯的使用、屋顶绿色花园的雨水收集、增加立体自行车停车位等。在住宅层面，通过"家居改善计划（Home Improvement Programme）"和"电梯升级计划（Lift Upgrading Programme）"来改善居民家居舒适度。其中"家居改善计划"包含必要项目、可选项目和适老项目（EASE）三项。必要项目主要涉及公共卫生、安全问题以及技术问题，由政府出资进行改造。只要参与到"家居改善计划"的住宅都必须进行必要项目的改造。而可选项目和适老项目可根据不同家庭的需要进行选择。每户家庭根据房型的大小，需要负担 5%~12.5% 的费用。适老项目主要是为了提高老年人在家的舒适性和安全性。新加坡居民可以在自己的社区未参与"家居改善计划"的情况下，单独申请适老项目的改造，此举更方便了老年人家庭的改造。

不同层级的更新项目决策方式也有差异。对于市镇层面的更新项目，主要由新加坡都市重建局联合其他部门通过调研和分析，从宏观总体布局的角度出发，进行改造项目的规划和决策。同时，也通过回访调查、居民听证会等方式收集居民的意见和反馈，对更新项目进行调整和优化，采用"自上而下"为主的方式（图 4.2.6）。而街区和住宅层面的更新，首先由都市重建局以建成年代为划定标准确定参与更新项目的社区范围。例如，"邻里更新计划"是针对 1995 年前建成还未进行过更新的社区；"家居改善计划"是针对 1986 年前建成还未进行过更新的公共住房等。在更新项目的划定范围内，75% 以上的相关居民同意的社区或楼栋即可参与更新计划项目。在项目设计和进行中，政府和设计单位积极听取居民的意见，通过市政厅会议、对话会谈、楼栋聚会、小型展览和社会调查获得居民的反馈，是一种"自下而上"的方式（图 4.2.7）。

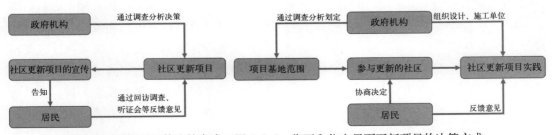

图 4.2.6　市镇层面更新项目的决策方式　图 4.2.7　街区和住宅层面更新项目的决策方式

新加坡的社区更新中实行的是多数同意制（Majority Vote），无论是政府私有产权土地的收购，还是公共住房项目的更新，都是多数居民同意的情况下即可通过，在不同的情境下，对支持率的要求也相应不同，如在政府对私有土地的收购中，如果这片土地上一次开发在 10 年以内，那么需要 90% 以上的产权所有者同意这项收购案；如果上一次开发在 10 年以上，则 80% 的支持率即可通过；而对于公共住房的决策者，一般采用 75% 支持率通过的方式。对于不同意的居民，新加坡的分层地契局（STB）负责受理这些反对意见，并且居民可以根据土地分层地契条例中的规定向有关部门和最高法院提起诉讼。通过灵活的支持率方式，既能够促进政府按照总体规划进行落地实施，也体现了对居民权利的尊重。

3. 新加坡社区更新的可持续策略

可持续的社区更新不仅仅包含物质环境的改造更新，也需要对社区精神环境进行重塑，即对社区原有历史文化和风貌特色进行保护与传承。为了保护房屋的历史肌理与原有风貌，建屋发展局发布了公共住房更新设计导则（Housing Renovation Guidelines）。导则对"特殊地段房屋（BTO）"和"重要设计的房屋（DBSS）"的门窗形式、外立面材质色彩、外遮阳篷形式和加建等方面都有特殊且严格的设计要求（图 4.2.8）。同时，为了社区文化的保护和延续，社区更新过程中并不提倡原住居民的外迁和大规模的居住更替。

除此之外，建屋发展局在更新项目开始的时候就会采用展览、入户宣传和海报广告宣传等方式对社区更新项目进行推广和宣传。积极的宣传举措既能让社区居民了解到相关信息，也能让更新项目的实施获得更多居民的理解和支持。在社区更新的过程中，通过竞赛和创意征集活动等向居民征集社区发展的意见和建议，鼓励更多的居民自发地参与到社区更新项目中，调动居民对社区更新的热情。如已经连续举办 4 届的"公共住房生活的酷点子（Cool Ideas for Better HDB Living）"活动，让广大居民能够参与到自己社区的更新进程中。由于社区更新中所需资金规模巨大，为保证社区更新项目的可持续性，保障资金充足是一项重要内容。新加坡社区更新针对不同类型项目采用不同的资金筹措渠道。对于改善家庭住宅内部的"小修"类型项目，以政府的资金支持为主，个人负担少部分，仅 5%~12.5%。而对于改善社区公共环境和公共设施的项目，则全部由政府在财政上给予支持。在"大修"类型的项目中，新加坡在政府财政支持的基础上，积极引入私人投资。如通过土地拍卖的方式引入私人投资者，进行土地的再开发，土地拍卖在严格的规划控制基础上进行；或通过土地整合以及整体销售策略为私人投资者提供激励，吸引社会资本投入到社区更新项目中。总之，新加坡形成了以政府提供大额贷款和津贴为主，私人投资为辅，并结合少量改造资金个人承担的方式以保障更新项目的资金使用。[⑧]

图 4.2.8　新加坡大巴窑市镇内 50 年不断翻新的组屋

（资料来源：https://zj.zjol.com.cn/news.html?id=1270549）

4. 新加坡社区更新治理的实践经验总结

新加坡的社区更新为精英主导下的公众参与型社区更新。其经验表明，政府主导型社区更新可以设定更新的基本框架，更有助于公众参与和实施效率的提高，并不一定会造成政府和社区原住民之间的矛盾冲突。公众参与型社区更新还要充分考虑到不同社区的情况，在更新治理决策时采用不同的标准并设立明确、便捷的申诉渠道。同时，产权关系明晰也是新加坡社区更新中值得学习的地方。在新加坡的社区更新中，产权明晰表现在两个方面。一方面，私人房屋所有人的产权仅限于房屋套内的面积，无权对公共空间的更新进行干预。另一方面，公共住房都是由国家出资进行建设和更新，更新的公平性很少受到社区居民的质疑。

第三节　社区更新规划的基本流程

一、社区更新规划的基本方法

社区更新的目的是通过先进的规划理念、有效的沟通协调和完善的实施保障来解决原有社区规划中资源分配不均、缺乏人性化关怀、不能满足居住需求等方面的问题，是基于原有社区规划基础的一次再提升规划设计。社区更新规划的服务主体是社区居民，是建设和维护的过程，更多地强调后期的能动作用，以实现生态平衡、社区平等和社区自治的目标。实际社区更新规划设计中所采取的方法主要包括社区发展现状调研、目标和规划方案制定、设计方案实施和保障措施到位这四个方面。与此同时，社区更新也离不开公众参与。在项目初期的实地调研与制定目标阶段，居民可以根据自己对社区生活的既有体验与理解，向设计师提出设计愿景，帮助设计师更好地了解现有的社区空间结构与更新需求。在项目的设计落地和后期评估反馈环节，居民的积极参与和意见反馈能够及时改进施工的问题不足。同时，"社区规划师"制度的加入使得规划师以一种沟通者的身份参与营造，可以进一步实现上层与下层之间的对话和协调，在政府、居民、企业、社会组织和施工方等之间搭建桥梁。

二、社区更新规划的工作过程

根据上述社区更新规划的基本方法，将社区更新规划的工作过程分为四个环节：前期准备、目标制定、方案实施、实践反馈（图 4.3.1）。

1. 前期准备环节

（1）立项准备和资金引入

在社区更新的立项阶段，需要考虑经济效益、社会效益和环境效益等多方面因素，运用科学方法对项目的可行性进行评估并制定项目建议书和可行性研究报告。项目建议书和可行性研究报告由建设

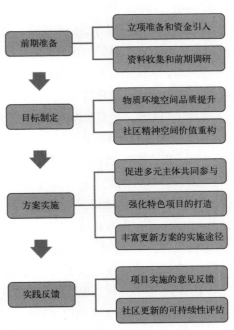

图 4.3.1　社区更新规划的工作过程

单位编制，除了项目的必要性外，还应充分考虑环境影响评价、劳动安全卫生和消防计划、进度组织计划、工程质量安全分析、投资估算与筹措、财务经济分析、社会效益分析等内容。

社区更新项目根据投资方式的不同，分为政府投资项目、企业投资项目。企业投资项目可分为以下几种类型：根据投资主体资金来源，分为国企投资、外企投资和民企投资；根据项目功能不同，分为公益项目、商业项目或者混合项目。同时，随着社区更新参与主体的多元化，社会资本的引进成为新趋势，可以提升融资能力以支持更新项目的开展。

资金一直是老旧小区改造面临的最大困难，影响着更新项目的实现方式和实施效果。对于老旧社区更新项目，最首要的任务就是解决资金问题。老旧社区的更新改造和长期管护依赖于政府、企业和社会资本的投入与运作，建立多元化的融资机制和加大改造资金的筹集力度是实现社区可持续更新的保障。

（2）资料收集和前期调研

社区更新规划是对旧有社区的提升整治，其基本依据就是社区的现状情况，因此对社区现状发展调查和研究是设计的第一步，要实现社区更新的目标，就必须了解社区的现状情况和目前存在的问题。社区调研根据不同的调研内容使用不同的调研方法。①在实地调研开始之前，需要通过资料收集和现场勘踏来对社区进行初步的了解；②为了摸清社区物质空间环境的现状，需要通过实地调研对社区的硬件设施情况进行初步的考察；③了解社区的居住人口数量、规模及居民生活习惯等基本情况，需要对社区工作人员进行访谈；④了解社区居民对居住环境的满意度、期待、生活需求等情况，可以使用问卷调查的方法。为保证问卷的有效性，受访者均为社区居民，包括各个年龄段；⑤为了更加深入地了解社区发展过程中面临的问题，需要对居委会进行座谈与走访。因此，社区更新中采用的调研方法主要包括资料收集、实地调研、随机访谈、问卷调研和走访座谈。

通过对不同研究方法获得的信息进行梳理和分析，可以初步研究和判断社区存在的问题，使社区更新策略更具针对性。同时，对手机大数据的提取可以得到人口出行分布、公共服务兴趣点分布、居民出行方式以及职住平衡之间的关系。通过将这些数据与实地调研结果联系起来进行综合分析，可以获得关于社区现状的更全面和更多元的信息。通过前期调研，可以更好地了解居民的需要，能更加贴近居民、管理者和参与者的思想，能更好地分析社区的现状问题。

（3）案例：上海市曹杨社区美丽街区与城市更新规划研究[①]

在上海市曹杨新村现状调研中，采用了文献查询、多层面座谈、问卷调研、随机访谈、现场踏勘等多种调研方法，并借助大数据进行综合分析。通过在周末和工作日不同时段抓取餐饮、文化馆、商场、公园等兴趣点进行分析，形成周末与工作日潜在 Poi 出行轨迹[②]（图 4.3.2），发现周末和工作日居民对外向型场所比如餐饮、商场、公园等的潜在出行轨迹非常接近，社区内以及就近半径 1 公里范围以内，基本能满足居民日常所需的公共服务。同时，通过手机信令大数据对居住在社区以及白天活动在社区的人群居住与活动轨迹分布（图 4.3.3）进行分析发现，白天在社区活动的人口居住分布以社区为中心，并以在本社区居住的人口为主，其分布范围以半径 5 公里之内为主；居住在社区的人群白天出行（主要是工作）的区域以社区为中心的周边半径 5~10 公里为主。

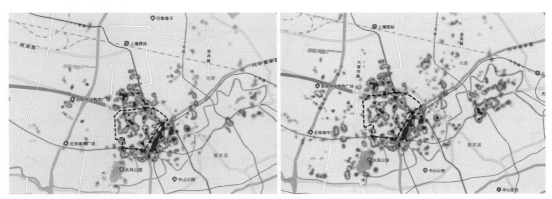

图 4.3.2　左为周末潜在 Poi 出行，右为工作日潜在 Poi 出行
（资料来源：根据资料自绘）

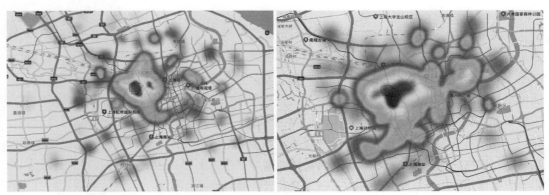

图 4.3.3　左为白天活动地人口居住分布，右为居住人群白天的出行区域
（资料来源：根据资料自绘）

受限于数据来源因素，目前大数据分析结果还是比较粗略的，还需要进行更加深入现场的精细化调研，并且把分析结果之间进行关联分析。同时，在对居委会干部的座谈与走访过程中，发现多数问题基于居委会干部多年生活、工作于此的经验，对居民实际需求比较熟悉，得出的调研结果对于后期的目标制定和方案实施更加具有参考价值。

2. 目标制定环节

社区更新的目标主要是基于不同层级的需求进行社区现状功能的提升，分为硬件功能的提升和软件功能的提升，其内涵可以简单地总结概括如表 4.3.1：

社区硬件功能要素和软件功能要素　　　　　　　　　　　表 4.3.1

硬件功能要素（有形的）	软件功能要素（无形的）
住宅建筑 住区基础设施	住区安全 人际关系

续表

硬件功能要素（有形的）	软件功能要素（无形的）
公共设施	住区社会秩序
交通设施	家庭氛围
住区物理环境	物业管理
园林景观	社区活动

在社区更新中，提升硬件功能的目标范围主要指社区的住区基础设施以及公共服务设施的提升。改善社区的硬件设施空间、提升硬件功能、创造可持续的生活空间是改造工作的首要目标。社区的软件功能要素的提升范围表现为各种关系要素。软件功能要素是维持常住人口和创造稳定居住环境的基础，是社区可持续发展的最有力保障。提升社区的软件功能，可以营造良好的生活环境，营造宜居的环境，增强居民的归属感和责任感。

（1）物质环境空间品质提升

根据前期调研资料的整理，确定社区目前物质环境空间的主要问题和矛盾，并针对问题和矛盾确定包括住宅更新、公共设施更新、环境绿化和公共空间更新的整治目标。规划中分别确定各期目标完成的年限以及具体的方案计划、预算等，同时，方案应从多角度出发，广泛征集社区居民、物业、相关单位的意见，并在此基础上进行修改和补充。对于目标的制定应结合社区实际出发，实事求是，切实为居民服务。例如，在美国"选择性邻里"计划中，目标的制定就结合当时贫民窟增多、居住隔离和环境衰败等多方面的城市问题提出了包括民生保障、住房改造、交通环境改善和可持续发展等三个方面的社区更新目标，并在实际实施中始终贯彻这个目标，同时改善了贫困聚集、居住隔离等社会问题。

社区更新项目的目标制定应强调"留有余地"的原则。社区规划不是终极式、固定化的营造，在目标制定上应该对未来的社区变化留有可改造空间。社区更新规划应根据社区居民的实际需要和变化，为未来居民进行适应性改造留有一定的空间。这其实是赋予社区居民参与社区更新的权利和责任，既使他们能够为社区更新作出自己的贡献，也能够增强社区居民对社区的归属感和认同感，有利于社区共同意识的形成。

（2）社区精神空间价值重构

在城市进入存量发展的阶段，社区更新不应当止步于改善硬件生活条件，重构社区精神空间价值是社区更新的另一个目标。在此目标基础上，以居民的本质需求为核心推动力对社区精神空间价值进行重构，包括三个方面的内容：社区治理、社区文化建设和社区经济建设。

①社区治理

社区治理应强调多元主体的协同治理，重视自下而上的力量激活。多元共治是多个主体通过多种机制相互融合的过程，在这个融合过程中，多元主体间的权力、资源和责任的行使是实现共治的制度保障。例如，中国台湾地区在1994年提出"社区营造"的更新治理概念，强调政府、公众和社会组织的多维参与，以实现公私部门的双向互动，促进社区更新治理的公平性与多元性。在社区营造中，社区居民可以对更新项目进行自主提案和自主参与。在一个多维度、复杂的社区更新开放系统中，多主体的参与，旨在通过反复的对话和竞争寻找分歧，并通过反复的妥协与合作来平衡各主体的利益，最终形成集体行动。

②社区文化建设

在长远的社区发展计划中，融入文化发展的目标、可持续的运作机制等，以促进形成社区具有特色的文化空间。对社区来说，也有助于提高社区的地域识别特征。社区居民的需求是微更新的原动力，社区文化建设应考虑以社区文化设计为核心的综合服务配套建设。在一定的时间范围内，社区的文化空间需要承载此片区在市域范围形成的地方性文化、价值观念与意识形态，以及居民日常生活的行为习惯。从小尺度个体到大尺度片区的触媒效应，可以带给社区更多的文化建设发展的可能性。

③社区经济建设

为了激活社区内的资本流动，可以渗入以商业辅佐社区的营利性思维模式。建设规划娱乐休闲类包括社区的图书馆、文化角、微型绿地空间、艺术中心等空间；服务设施类可以延伸至建设社区服务中心、社区商业街、集市、节日市场等具有商业特色的空间。

3. 方案实施环节

（1）方案实施流程

社区更新设计落地工作流程的大板块分为三个阶段：第一阶段，研讨会的建立。对象可以是与社区相关的物业、居委会和社会组织等。在这一过程中，规划师要与物业、居民和社会组织等进行沟通，记录他们对社区的未来需求与展望；第二阶段，是设计方案的制定与评估，需要根据社区更新需求制定更新设计方案，并公开征询方案意见（包括政府部门、街道、媒体、社区代表、企业、社会组织、专业人士、居委和居民），进行适当的修改；第三阶段，就是按照设计方案具体实施的过程。

（2）方案实施主体

在社区更新中，设计师不能闭门造车，而应当打破专业壁垒，积极寻求多方合作。设计方案的制定和实施是可以根据各方力量的渗透而进行源源不断的资源引入（如NPO、NGO、社会媒体、企业招商等方式），从而形成一个可持续发展的社区更新。在社区更新过程中，仅仅依靠政府和市场的力量无法解决复杂多变的社区现状问题，因此，社会力量的引入就显得尤为重要。NGO可以站在比较中立的角度参与社区更新，在政府社区居民之间搭建沟通合作的桥梁，是经济资源的直接提供者和社区更新活动的组织者。在社区更新方案实施过程中，NGO可以在整合社区资源和动员公众参与方面起到积极作用，并为更新决策者提供信息、咨询和建议。

在社区更新的实践过程中，"共治"平台的搭建可以集合多方力量，形成以街镇为责任主体，居委会为共治载体，基层群众自治组织，属地单位、社会组织、企业、社区各界人士等社区共同协作的体系，积极引导社会组织参与到社区更新中。其次，社区基金是社区治理的重要补充，具有灵活弹性的运作方式，可以直接用于解决社区更新中的实际问题。因此，社区基金的管理和运作是社区更新方案实施的一大保障。社区基金的来源可以是多元化的，政府投资、企业投资以及公众投资都可以作为社区基金的一部分。多元的资金来源是维持社区独立运营的基础。

（3）方案实施原则

根据社区更新目标的内容，在明确实施标准和实施人员具体责任的基础上，选择适当的更新项目和制定合理的实施方案。有亮点的更新项目完成后，居民会感受到生活环境的改变和生活品质的提高。社区更新方案的实施将大大提高居民的幸福感和归属感。例如，社区配套设施不全会严重影响居民的生活便利性，而公共服务设施配置的完善和优化可以不断提高社区居民的生活质量，实现社区公共空间活力的激发和重塑，实现重建美好家园的目标。

社区生活本来就有很高的复杂性，因此在对空间进行设计的时候，不是简单地把各种各样的要素进行平面上的堆积，进行简单的加法运算，而更应该去创造一种综合的、多功能的多样化的空间。因此，在社区中对于相对有限的公共空间，可以进行针对不同需求者的设计，活动和设施的统一化设计，针对不同活动的使用空间的功能和时间进行合理的更新规划。

（4）案例：珠海市金湾社会创新谷方案实施[11]

金湾社会创新谷位于金湾区三灶镇，占地面积约6000m^2，建筑面积1360m^2，原来是三灶小学、三灶幼儿园。对于处于镇区中心位置的这一闲置地块，镇里部分部门主张从经济发展诉求出发进行改造，还有其他不同意见，但最终区镇协商后决定将之更新为高效利用的综合社区空间，因为他们认为社区空间对于社会治理十分重要，所创造的社会效益更加深远。

从2015年初到2016年6月，市、区、镇投入800余万元，由金湾区社工委和三灶镇政府牵头，引入恩派公益组织发展中心作为运营单位，共同负责创新谷的整体规划建设和运营管锂，30多家单位和组织共同参与规划建设创新谷，历时一年半建成投入使用，包括七栋建筑和一个广场，项目更新共分为四期开展。

在方案制定阶段，主要让居民、社区和社会组织等多元主体获得参与建设的初体验，促进居民扎根社区，培育社区协调员，促使社区居民组织成为提案主体。在方案实施中，前期，针对空间风格改造广泛征求政府、社会组织、社区、设计单位的意见，并考虑当地农村特色和居民喜好；中期，建筑表皮更新与"和"理念的LOGO三原色相一致；后期，空间功能置换更多地考虑到为参与主体服务的功能，符合"共享、共融、共济"的核心理念（图4.3.4）。

4. 实践反馈环节

（1）意见反馈

社区更新方案实施以后，不同利益相关者之间的沟通也是实践反馈的重要组成部分。在实践反馈环节，应再次征求各利益相关者特别是居民的意见和建议，以评价社区更新的有效性。多方参与主体就社区更新项目的实施过程、实施特点、具体效益和后续影响等方面进行总结并分析，可以及时发现问题并对社区的可持续更新提出可行的意见和建议。

在实践反馈环节中，规划师应该是一个"协调者"的身份深入居民中，让居民能够对社区更新的效果进行实时反馈，获取尽可能多的信息，以优化完善社区更新实践（图4.3.5）。同时，社区更新实践后续的信息沟通与反馈也十分重要。例如，结合当下精细化管理的要求，政府相关部门、街镇、社会组织、社区规划师、设计师等可以通过联席会议、微信群、微信公众号、每周项目报表等多个平台实时分享信息，降低协调和沟通的时间成本，保证工作推进的效率。

图4.3.4　广东省珠海市金湾社会创新谷改造前后实景对比图
（资料来源：马紫蕊. 基于共建共享理念的社区更新方法研究——以珠海特区金湾社会创新谷为例[A].）

图4.3.5　社区规划师与居民的沟通协商
（资料来源：https://www.sohu.com/a/293152857_708446）

（2）可持续性评估

①评估框架

社区更新的可持续性评估是对社区更新结果的评估，包括土地与空间环境、产业、人口三个维度的内容。其中，土地与空间环境维度的再利用是社区可持续性更新的基础。可持续社区更新要求合理的土地利用和设施健全、生活便利的空间场所；产业维度要求土地利用和空间使用的方式能够实现社区经济效益的提升，满足居民多样化的生活需求；人口维度是社会效益的重要体现，居民对更新改造的认同和自治理的机制是实现可持续社区更新的长久之计。具体包括以下三个方面的重点：土地利用与空间环境、住区产业与土地经济效益、公共事务与社区活力（表4.3.2）。

社区更新评估框架的各级指标内容　　　　　　　　表4.3.2

一级指标	二级指标	三级指标	可调查内容
土地利用与空间环境	公共用地及空间	绿化用地	公共绿地、宅旁绿地等绿化用地情况
		活动区域用地	活动中心、小区广场、健身和游乐场地等公共活动区域的情况
		文化特色空间	住区文化长廊、布告栏、宣传栏等文化空间的情况
	公共设施	服务设施	学校、医院、邮政所、银行、超市等服务设施种类
		卫生设施	住区中标准化垃圾桶（箱）增设情况
		安全设施	住区中安全防范系统的情况
	公共交通	地铁便捷性	住区到地铁站的距离
		公交车便捷性	住区到公交车站的距离
	住区街巷	停车设施	住区距居民常用停车库的距离
		街巷特色设计	入口节点、道路标识牌、街灯等住区街巷特色保留情况
	建筑修缮	建筑立面整饬	建筑外立面维修粉饰情况
		建筑管线改造	三线规整情况
		建筑特色维护	历史建筑的改造利用是否保留了特色
住区产业与土地经济效益	住区产业	休闲娱乐业	更新后的咖啡厅、酒吧、文创手工店的休闲娱乐商业对居民日常生活的影响
		生活零售业	菜市场杂货摊、早餐店、五金店副食店等生活所需的零售网点是否满足需要
	土地经济效益	容积率	地块的实际容积率
		出租率	地块内建筑的出租情况现状
公共事务与社区活力	公众参与	事务参与	参与阶段（设计、公示、施工、监督管理、最终使用）和程度是否多样、深入
	住区活力	活动举办	规划培训、文化讲座、文艺活动等培训、活动或兴趣小组的举办情况
		活动参与	居民参与活动的情况
		人际交往	住区居民间的日常交往情况
	住区意识	认同感	是否认为住区中有共同的需求和愿景
		归属感	对住区喜爱和依恋的程度
	居民意愿	更新整体满意度	对住区更新的整体满意度
		自主更新意愿	是否有意愿改造自己的房屋或设施

（资料来源：杨倩楠. 广州恩宁路永庆坊可持续性住区更新评估[D]. 华南理工大学，2018）

a. 土地利用与空间环境。一方面，可持续社区的土地资源应该能对社区的经济效益起到支撑作用，优化土地结构，对低效且不合理的土地用途进行调整可以实现社区的可持续更新。除此之外，社区更新过程中土地利用方式的改造应该尊重居民的利益与需求，以实现土地增值收益的共享。另一方面，建筑空间的改善、优化与再利用也是可持续社区更新的重要一环。其中，要注意社区中建筑的差异性，有针对性地进行改造，实现有机更新。

b. 住区产业与土地经济效益。在更新的过程中，产业经济效益与社区产业活力也是社区可持续更新的重要内容，会对社区的发展产生动态的影响。可持续性社区的评估需要对产业空间进行评估，按照居民的实际生活、消费与娱乐需求进行升级。

c. 公共事务与社区活力。在社区更新的过程中，社区公共事务与社区活力的提升是可持续性社区的重点内容。居民是社区活力的主要载体，公共空间的营造可以增进居民之间的交流互动。同时，社区文化的发掘与社区产业的结合能够形成社区特色，增强居民的社区归属感与场所精神，实现社区活力的提升。社区活力的营造与公共事务的参与不仅能提升社区品质，也能营造共同意识，对于提高社区的居住品质和持续发展具有非常重要的现实意义。

②评估方法

社区更新的可持续性评估中，部分评估可以定量化分析，以避免主观因素的影响，而社区意识和居民意愿等方面的评价涉及个人的具体感受，适合定性分析。评价方法基于社区更新的实际情况有所区分，具体可以分为以下几种评估方法。

a. 问卷综合评分法

如认同感等涉及住区居民的具体感受等定性指标，不同背景的居民评分具有差异性，适宜采用问卷调查法（部分指标需具体设置得分参考值）对住区相关主体进行随机抽样调查，并基于模糊综合评价的加权平均原则计算出该指标的评分结果。

b. 实际观察计分法

对于地铁便捷性、绿化空间等定量化指标，可采用调研观察和GIS测量的方法进行评价，根据措施得分率或现状值与参考值的对比得到具体指标评价结果。

c. 访谈法

对于活动举办频率等指标，需要对居委会或居民进行访谈以得到具体数值，同时访谈法也有助于详细了解各利益主体对住区更新项目的评价。

三、社区更新规划的流程小结

基于社区更新的机制、理念与基本方法，我们主要从前期准备、目标制定、设计落地、实践反馈这四个环节来进行社区更新，这四个环节都是社区更新的必要环节，每一个环节都有其工作内容与要求，层层推进，缺一不可。社区更新应该是一个动态且可持续的过程，要根据更新项目完成后的评估反馈和实际情况的变化，不断调整和优化社区更新的步骤和内容。通过对已经更新的项目的完善和优化，能更好地完成项目更新的目标，并为未来的项目更新提供借鉴和指导。老旧社区的更新改造应该有所发展，要从以往传统单一的房屋修整类工程改造，向以人为本的健康居住环境改善转变，实现更加系统化的社区更新。一方面，社区更新离不开公众参与。公众参与对社区更新项目的实施具有促进作用，可以推动社区治理能力的提升。另一方面，"社区规划师"制度的加入使得规划师以一种沟通者的身份参与营造，可以进一步实现上层与下层之间的对话和协调，在政府、居民、企业、社会组织和施工方等之间搭建桥梁。参与式、渐进式的社区有机更新与社区营造可以进一步提高社区的综合品质和社会效益。

思考题：

　　1．谈谈外国的社区更新治理对我国的社区更新有什么可以借鉴的地方？

　　2．我国的社区更新治理主要有什么模式？其优缺点是什么？

　　3．社区更新规划的工作过程是怎样开展的？

　　4．社区更新有什么新的发展趋势？设计师的作用有哪些变化？

　　5．如何实现社区的可持续性更新？

　　6．谈谈适合我国特色的社区更新治理模式？

注释：

　　① 简·雅各布斯（Jacobs Jane）（1916-2006），美国著名的城市规划师，代表作为《美国大城市的死与生》。

　　② 内生型社区更新概念来源：高沂琛，李王鸣．日本内生型社区更新体制及其形成机理——以东京谷中地区社区更新过程为例[J]．现代城市研究，2017（05）：31-37．

　　③ 刘辰阳．走向社区发展——国外社区更新的经验与启示[A]．中国城市规划学会、杭州市人民政府．共享与品质——2018中国城市规划年会论文集（02城市更新）[C]．中国城市规划学会，2018：7．

　　④ 为抵抗地方公害而引发的一系列旨在改善环境的运动。"神户市·丸山地区"（1965年）是日本社区运动的原点，该社区的抵抗运动起源于从六甲山取土石、通过丸山町运送到海滨的填海造田。同时，随着运动的深入，衍生出各种与丸山地方发展有关的运动：发行了地方新闻、设立了协议组织，完成了从反对抵抗运动到社区培育运动的质的转换。

　　⑤ 唐瑜慧，陈蕾，我国老旧社区更新改造中公众参与困境与出路——基于日本社区培育运动的实践经验及启示[A]．中国城市规划学会、东莞市人民政府持续发展理性规划——2017中国城市规划规划年会论文集（14规划实施与管理）[C]．中国城市规划学会．东莞市人民政府：中国城市规划学会，2017：10．

　　⑥ 出自1998《台湾县市文化艺术发展——理念与实务》。

　　⑦ 蔡立行．从鹿港到三峡：台湾老街保护社区营造特点与作用研究[D]．浙江大学，2018．

　　⑧ 贾梦圆，臧鑫宇，陈天．老旧社区可持续更新策略研究——新加坡的经验与启示[A]．中国城市规划学会、沈阳市人民政府．规划60年：成就与挑战——2016中国城市规划年会论文集（17住房建设规划）[C]．中国城市规划学会、沈阳市人民政府：中国城市规划学会，2016：10．

　　⑨ 来源：上海市城市建设设计研究总院（集团）有限公司．曹杨社区美丽街区与城市更新规划研究[R]．2018.5

　　⑩ Poi：Point of interesting．可以翻译为兴趣点，就是在地图上任何非地理意义的有意义的点：比如商店、酒吧、加油站、医院、车站等。不属于poi的是有地理意义的坐标：城市、河流、山峰。

　　⑪ 马紫蕊．基于共建共享理念的社区更新方法研究——以珠海特区金湾社会创新谷为例[C]／／中国城市规划学会，杭州市人民政府．共享与品质——2018中国城市规划年会论文集(02城市更新)．中国城市规划学会，杭州市人民政府：中国城市规划学会，2018：1167-1180．

第五章
社区更新实践案例

第一节　社区空间重塑与文化传承——广州市永庆坊微改造

一、区位及简介

　　永庆坊位于广州市最美骑楼街——荔湾区恩宁路，东连上下九地标商业街，南衔 5A 级景区沙面，是广州市荔湾区恩宁路历史街区活化项目，位于极具广州都市人文底蕴的西关旧址地域（图 5.1.1）。恩宁路历史文化街区是广州 26 片街区之一，永庆坊位于恩宁路北侧，具有浓郁的岭南风情和西关文化特色，是广州市致力打造的、具有历史文化传承和当代都市生活融合的、中国新时期城市有机更新的标杆。

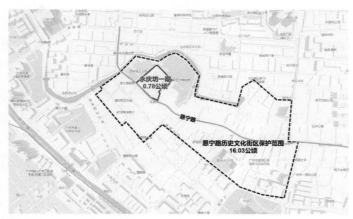

图 5.1.1　永庆坊区位图

二、永庆坊改造背景

　　恩宁路历史街区建成于 1931 年，路面可以并排行八顶大轿。2012 年，广州市开展了对骑楼街保护与开发规划的研究。2014 年，《广州市历史文化名城保护规划》正式将恩宁路划入广州历史文化名城 26 片历史文化街区之一。2015 年 8 月，万科通过公开招标获取永庆坊微改造试验区项目。2016 年 10 月，永庆坊一期正式开放。2018 年 10 月 24 日，习近平总书记视察永庆坊，沿街察看旧城改造、历史文化建筑修缮保护情况。2019 年 9 月 30 日，永庆坊二期示范区正式开放（图 5.1.2）。

图 5.1.2　永庆坊历史沿革

三、改造前概况

改造前恩宁片区危害建筑面积高达 15 万 m²，涉及 2100 多户居民，是广州最大的危房片区。其中片区内的永庆坊一期有 60 多栋房屋，43 栋征收房屋中，30 栋为严重损坏房。永庆坊历史建筑中有李小龙祖居、永庆大街 24—28 号民居两处区级历史文保单位，以及文物史迹线索建筑——八和会馆銮舆堂，其他为广州传统民居建筑（图 5.1.3）。

四、永庆坊改造概况

荔湾区政府选取永庆坊街坊为试验区，探索微改造发展模式。项目按照"政府主导、企业承办、居民参与"的模式实施修缮维护。同时，荔湾区制定了《永庆片区微改造建设导则》《永庆片区微改造社区业态控制导则》，采用 BOT 模式，通过公开招商引入万科集团建设及运营此项目，并给予其 15 年经营权，期满后交回给区政府。[①]

修缮内容主要包括三方面——①保留原有街巷肌理：传统建筑修旧如旧，建筑立面主要采用去污清洗方式重现原貌，增加以结构加固为主的实用性现代建筑元素。②增加现代化配套设施。改善原有部分建筑功能，完善社区卫生、排水、消防等配套设施。③产业更新活化：

图 5.1.3　永庆坊改造前老旧建筑

186

导入创客空间、文化创意、教育等产业，配套无明火餐饮、青年公寓、文化展览等功能。

永庆坊一期占地面积约 8000m²，更新建筑物约 7000m²，已于 2016 年 10 月开业运营。永庆坊二期占地约 9 万 m²，更新建筑约 7.2 万 m²，2018 年 10 月已启动改造，计划于 2019~2021 年分阶段开业。

五、永庆坊微改造主要内容

1. 平面布局

永庆坊总体布局为两横一纵（图5.1.4），"两横"为永庆一巷和永庆二巷，"一纵"为永庆大街，并营造出四个重要节点空间：大瓦墙落水、公共大阶梯、休闲屋顶花园和李小龙祖居入口花园，形成整体骨架街巷。

保护现状肌理尺度：民国时期是恩宁路最繁盛的时期，规划师们确立"因地制宜，顺势而为，重塑当代的民国经典"的设计价值观，通过学术研究和现场调研，提取民国经典的建筑元素，在最大限度保护现状肌理和尺度的基础上，让经典重生。

修补街区肌理，保护传统街坊：更新建筑时不拆任何承重结构和构件，梳理出一条串联起来的、由实际街道和现有建筑组成的内街小巷，把原来历史形成的"死胡同"盘活，同时植入新的空间形态，创造丰富的空间体验，形成一个体验型的创意社区。（图 5.1.5）

交通梳理，肌理重塑：在保存原有空间肌理的前提下，对部分建筑适当拆除和原址重建恢复，获得入口空间和尺度适宜的步行通道。

2. 街区风貌

永庆坊微改造采用修旧如旧、保护性的改造方式，不同类型的建筑采用不同的微改造方式，保持每条街巷两边的建筑檐口高度不变，保留并修缮所有具有历史风貌价值的建筑外立面，包括立面装饰等；保留结构完好而风貌杂

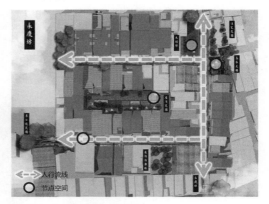

图 5.1.4 永庆坊平面图
（图片来源：根据微信公众号"有方空间"《新作| 永庆坊：老城改造里的新街巷》改绘）

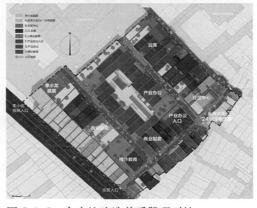

图 5.1.5 永庆坊改造前后肌理对比

乱的建筑并改造为统一风格，新建建筑和周边建筑相互协调，保持整个街区在整体上的延续感。整体改造以修缮提升为主（图 5.1.6）。此次更新强化了岭南建筑的整体风貌特色，保留了岭南传统民居的空间肌理特点。

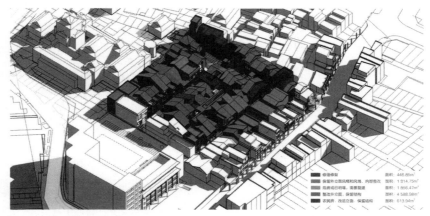

图 5.1.6 建筑分类处理对策图
（图片来源：网络）

3. 空间塑造

永庆坊一期的万科社由 3 个小玻璃个体组合，削弱了新建筑的体量感。局部利用原建筑的旧红砖，还原对旧场所的记忆；尽可能保留珍贵的户外活动空间，通过公共大台阶承载丰富的公共活动，并利用大台阶在室内外空间之间形成连接和转换（图 5.1.7）。

图 5.1.7 万科社改造前（左）后（右）对比

永庆坊二期以"一街、一涌、一馆、一院"（恩宁路骑楼街、荔枝湾涌、粤剧博物馆、金声电影院）四大元素的串联，重塑传统岭南街巷特色（图 5.1.8）。

古树广场、永庆环成点睛之作。永庆坊有一棵处于 3 栋房子之间的大榕树，见证了老城区几十年的历史，承载了城市的记忆，因此规划选择就地保留，不迁移，更不砍掉，并且围绕着大榕树打造了一个小广场，供市民休闲娱乐（图 5.1.9）。永庆环的设计是基于岭南气候适应性，将喷雾和灯光结合起来，形成闭合构件之环，有清凉润泽的实用功能，也体现出中国传统文化中的"天圆地方"（图 5.1.10）。

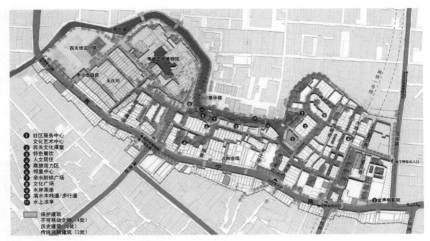

图5.1.8　恩宁路街区更新平面

图5.1.9　古树广场
（图片来源：百度图片）

图5.1.10　永庆环
（图片来源：百度图片）

六、小结

　　永庆坊的微改造力求保留老社区的空间肌理、外部轮廓，只对必要处进行更新和修复；而在建筑内部，则采用现代建筑元素，调整空间结构，适应现代活动需求。在周边的基础设施建设上，永庆坊的社区卫生、排水、照明、消防、通信等配套设施也大为改善。整个更新项目保留了原始居民与风貌，保持了现有的社会关系，对三个废弃老巷进行重新规划设计，采用总体性景观设计系统整合现存的混乱秩序，通过景观设计手段努力提高居民生活手段，为新老社区的居民创造共生的公共空间，通过环境可持续发展策略尊重当地文化，降低改造过程中产生的不利影响，为引进新业态打下环境基础。

　　永庆坊片区微更新改造衔接传统和现代的城市风貌，通过现代业态的植入激活了街区活力，为旧城中心区的更新活化提供样本。在保留旧城肌理和文化的基础上，加入现代创意元素，引入咖啡店、民俗、文创小店等业态，汇集了众创办公和文化创意产业。

　　永庆坊的更新改造不仅完善了社区基础设施，提升了街区的服务水平，加强了社区规范管理，也更好地展现了岭南文化风采。同时，永庆坊的更新改造作为媒介，带动了周边最"广州"的西关大屋骑楼街，以及最"岭南"的粤剧艺术博物馆、荔枝湾涌等社区一起进行更新，把整个恩宁路街区串珠成线、串线成片，让整个社区成为展现岭南文化的窗口。

（部分资料来源于广州市规划与自然资源局公示资料）

第二节 社区更新模式探索——北京劲松北社区更新

一、项目背景

2018 年北京市针对 100 个老旧小区开展了综合整治行动。通过"菜单式"的改造完善社区配套设施，补齐缺失功能，改善社区居住环境。在此背景中，北京劲松社区针对社区存在的各项问题及社区特色探索出了独特的"劲松模式"。该模式覆盖了从设计、规划、施工到后期物业管理的全流程，成为北京市首个引入社会资本改造的老旧小区，被视为破解老旧小区改造瓶颈的一条新思路，在改善社区基础设施的同时，大幅度提升了社区的人文环境。

二、项目区位

劲松北社区（劲松一区、劲松二区）位于北京市二环路以东，三环路以西，劲松大街以北，隶属朝阳区劲松街道管辖（图 5.2.1）。始建于 20 世纪 70 年代，是改革开放后北京市的第一批成建制楼房住宅区，其中劲松一区、二区共有居民楼 43 栋，总建筑面积约 20 万平方米，目前楼龄已超 40 年。

三、存在的问题

初期的试点劲松北社区（劲松一区、劲松二区）相对独立，约有居民 3605 户，其中 60 岁以上老年人口占比超过 39.6%，社区人口结构老龄化特征显著。改造前劲松社区面临着配套设施不健全、小区道路及绿化等基础设施老化损坏、停车难、缺乏物业管理等众多老旧社区典型的突出问题（图 5.2.2）。在人群、基础设施、配套设施方面存在严重的"错配"情况（图 5.2.3）。社区居民对于社区生活服务优化、环境品质提升的呼声越来越高。

四、更新模式

老旧社区当下存在着众多错综复杂的问题，而针对这些问题所进行的改造是一个复杂的过程，是一个从增量拓展到资源重新适配的存量优化转变。在此过程中常常需要面临资金来源有限的问题。例如：政府财力的投入有限，由于缺乏合理的管理维护，常常不能得到长期有效的管理维护，从而屡次出现重复性的投入；由于前期涉及大量的资金投入，但是没有明晰的短期资金回笼，社区资本参与社区改造

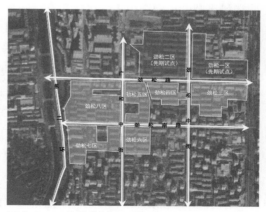

图 5.2.1 劲松北社区区位图

图 5.2.2 社区风貌落后

（图片来源：北京规划自然资源公众号《城市更新系列之十│"劲松模式"探索老旧小区试点改造》）

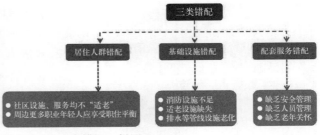

图 5.2.3 三类错配一栏图

的兴趣低。受到诸如此类多项因素的影响，许多社区由于没有充裕的资金支持，无法进行更新改造、品质提升，老旧社区更新改造整体进展缓慢。

针对劲松社区所存在的各项问题，劲松街道创造性的探索与社会资本进行合作的新模式，结合社区现状，通过大量的调研，将社区需求进行条块梳理。在运营模式、推进模式、治理模式、参与模式等方面积极探索新方法，以实现社区长效发展的更新改造模式。

1. 运营模式

在运营模式上，劲松社区创新投资机制，除街道按照程序申请市、区财政资金担负小区基础类改造费用以外，通过市场化的运作方式，招引社会机构参与到社区的更新改造与后期的维护和管理中。通过与企业签订战略合作协议，一改"政府兜底、街道代管"的局面，将社会资本引入社区，以市场化的方式促进老旧社区改造的创新探索。企业针对社区的低效空间和基础设施等进行改造提升，赋予此类低效空间经营权，后期通过物业管理、社区低效空间的再利用等增值服务谋求一定的盈利。这样的市场化运营模式为社会机构介入老旧社区更新改造创造了新的吸引点，构建了可持续的盈利模式，也为推动老旧社区的更新与持续发展创造了机会，是创新老旧社区更新改造融资的新探索。

针对社区内不同的空间，企业将其打造成了不同属性的空间内容。一部分被作为公益性空间，一部分则被打造为主要的盈利空间。例如：社区内废旧车棚的功能置换，早期社区居委会的车棚约有 200m²，在后期的改造中，该旧车棚 50% 的面积被改造成为了社区老年食堂（图 5.2.4），虽然盈利较低，但是具有一定的公益服务性质，对于提升居民幸福指数、便利居民日常生活具有重要作用。而针对社区其他一些潜力空间的改造则较为商业化，例如劲松西街的一处闲置旧房在重建后重新引入了一些北京老字号（图 5.2.5），这些空间在租金收入方面盈利更高一些。企业通过挖掘社区改造的潜在赢利点，形成社区改造的商业逻辑和盈利模式，减轻政府的投资压力，实现

图 5.2.4 社区老年食堂

（图片来源：http://paper.people.com.cn/zgcsb/html/2020-08/17/content_2003894.htm）

图 5.2.5 老字号业态引入

老旧社区改造的市场化,树立了"微利润、可持续"的商业价值导向。

2. 推进模式

在更新的过程中劲松北区试点探索了一条"五方联动"的机制。区级部门领导区委办局、街道办事处、居委会、社会单位和企业代表五方联动,共同推进社区的综合整治提升。打造"区级统筹,街乡主导,社区协调,居民议事,企业运作"的推进模式。

在改造中将社区作为一个生命来看,秉承以人为本的原则与社区进行"友好"的改造与交流,从而达到天然的人居和谐。居民党支部负责议事,区房管局劲松党支部解答房屋结构等专业问题,物业公司党支部开展社区共建,工程项目部临时党支部制定改造方案。多方协作,共同为更新改造出力献策,从而多方推动社区治理稳步迈进(图 5.2.6)。

3. 治理模式

改造过程中,除各类硬件设施的提升外,更加注重社区美好生活的营造,以打造"六个社区"(平安社区、有序社区、宜居社区、敬老社区、家园社区、智慧社区)的目标统领整个更新过程。聚焦社区治理,坚持"改管一体",引入专业化物业服务企业入驻并提供服务,以"先尝后买"(服务满意后付费)的方式在老旧社区物业服务专业化水平上率先突破,物业先服务,居民得到服务体验,最后完成收费的方式逐渐得到社区居民的认可。引导培养居民物业缴费的观念,使得居民在感受到生活品质提升的基础上逐渐心甘情愿地接受服务付费的理念,最终实现物业服务的长期良性循环。社区物业日常积极组织书法比赛、消夏市集、周末观影、社区课堂等精彩的社区活动,丰富居民的生活,带活了社区氛围,让社区居民重新找回几十年前的亲切感(图 5.2.7),也让更多的居民参与到了社区活动中,在活动中了解物业管理,亲近物业公司,建立双方的信任。为完善社区治理体系增添有机力量,辅助基层党政管理方式从兜底式、包揽式向引领式、监督式转化。

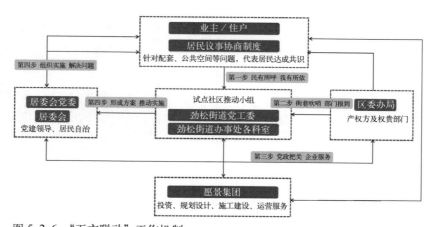

图 5.2.6 "五方联动"工作机制

4.参与模式

在社区改造方案的确定、物业企业的选择、物业服务标准的制定等方面，劲松社区遵循议事协商的规则，通过"双过半"（居民过半、建筑面积过半）的投票方式在居民间取得共识。社区居民全程参与到具体实践中，自主选择社区的各项改造内容，街道及企业团队通过入户访谈、现场调研、组织座谈、召开评审会等方式，深入了解居民需求，精准定位居民需要，从而确定整治重点。

以居民需求为中心，在尊重现状的基础上注重功能性更新，兼顾外观优化（图5.2.8）。前期，大规模入户把居民需求摸透摸准；中期，设计师小组驻扎社区，沉浸式设计；后期，初稿确定后召开居民议事会，根据居民意见作修改。针对青年、中年、老年三类人的差异化需求引入大量需求度较高的便民业态，方便居民生活。坚持将居民意愿作为最大导向，居民参与作为最大价值追求，居民评判作为最终标准。促进社区居民成为老旧社区改造的重要参与者、管理者和受益者（图5.2.9）。

五、小结

劲松北社区无论在资金来源、社区管理，还是在改造的推进与后期的社区治理等方面都极具针对性地探索了新模式。主要呈现出以下几项特征：

1.引入社会资本

劲松模式的核心与亮点之一就是吸引社会力量的参与。社区依托政策的支持，借社会资本的"活水"盘活社区。引入社会资本推进社区改造顺利进行，企业凭借精细化的运营能力和资本投资获取后期长期有效的经济回报和社会效益。

2.多方联动推进

街道办事处、社区居委会、企业代表等多方联动推进社区更新也是劲松北社区更新模式探索的另一特点，社区居委会及政府共同监督管理，精准把握社区居民的实际改造需求，街道则以监督和适度的扶持改善辖区整体环境、稳定辖区秩序、提升管理和服务效率。这样的推进模式是一个在组织、运行、民本、市场、治理等维度协同推进的、不断迭代升级的动态创新模式。

图5.2.7　社区公共空间更新前后对比
（图片来源：北京规划自然资源公众号《城市更新系列之十 | "劲松模式"探索老旧小区试点改造》）

居民对社区现状的改造需求

- 43% 缺少绿化、环境卫生差
- 40% 整体老旧、破败（楼体、楼道、基础设施）
- 29% 缺少停车位
- 18% 缺少公共空间
- 14% 需要加装电梯

图5.2.8　居民对社区现状的改造需求

图5.2.9　社区卫生间改造前后对比
（图片来源：北京规划自然资源公众号《城市更新系列之十 | "劲松模式"探索老旧小区试点改造》）

3. 社区服务"先尝后买"

在社区服务方面。采用物业先提供优质的服务，社区居民体验服务后缴纳物业费用的模式。社区物业以长期有效的社区管理机制高效服务管理社区。居民通过缴纳一定的物业费和停车费等获得社区环境的改善、生活便利度的提升、个人房产的潜在价值升高、社区秩序的稳定，以"先尝后买"的方式保证社区的持续有效更新。

劲松模式这种政府适度扶持、企业合理收益、居民体验购买的更新改造路径不仅为未来老旧社区的更新改造探索了新的方向，为未来的社区物业探索了新的业务模式，也为企业的发展转型方向提供了新的选项，实现了社区居民、社区资本、政府等多方的共赢。

第三节 社区适老化更新改造——上海市鞍山三村适老化更新改造

一、项目背景

工人新村是社会主义计划经济体制背景下，我国政府为解决工人阶级的居住问题在全国大范围内建设的集合式住宅社区。随着时间的流逝，这些工人新村虽然仍担负着大量居民的日常起居功能，但由于居住环境的不断恶化，逐渐不能满足人们当下的使用需求而逐渐没落，演变成城市中尴尬的存在，同时也由于人口结构的转变，工人新村成了城市中老龄化程度最高的地区之一，社区居民的养老问题突出。

鞍山三村曾经是上海市面积最庞大的、最早的工人新村，自1953年开始修建，1954年基本建成，约12栋32个单元，均为3层砖木结构，依据当时的建设需求按层设置合用厨卫。后期根据需要在1958年、1990年、2003年、2017年进行了几次改扩建（图5.3.1）。目前鞍山三村的退休人口比例达到了35%，社区人口结构呈现明显的老龄化趋势。由于老年人住宅、养老公寓的缺乏，当下我国大多老年人口选择的养老模式以居家养老和社区养老为主，在此背景下，针对存量巨大的现有社区住宅适老化更新改造更符合我国现阶段的国情，也具有更高的经济性价比。

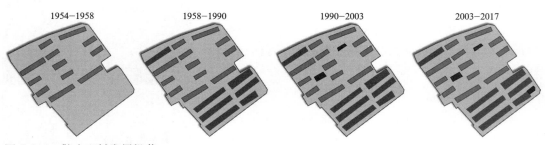

图 5.3.1 鞍山三村发展沿革

二、项目区位

鞍山三村位于上海市杨浦区四平路街道，邻近铁岭路、锦西路和抚顺路。总占地面积约 33700m², 总建筑面积约 38000m², 容积率 1.13。

三、存在的问题

1. 户外环境

鞍山三村户外环境主要存在着道路不平坦、车位不足、绿化品质低、活动场地利用效率低、围墙空间消极、适老细节缺乏等问题。路面状况差对于老年人而言存在着较大的安全隐患；社区车位的不足导致大量车辆侵占道路及社区活动空间（图5.3.2）。由于缺乏管理和维护，社区绿化整体品质低，拉低了社区绿化的景观效应，降低了发生各类公共活动的可能性，限制了老年人的外出与活动。

图 5.3.2　车辆侵占社区道路

2. 建筑单体

建筑单体中楼栋公共空间存在着结构强度不足、设备管线老化、建筑沉降严重、竖向交通困难、楼栋无障碍设施设计程度低、隔声效果差等问题，存在一定的安全隐患。老年人的居住体验不佳（图5.3.3）。建筑单体住宅套内空间主要存在空间狭小、缺乏南向晾衣空间、缺乏无障碍设施、厨房与房间分离等问题。空间规划不合理，活动空间狭小，储物空间不足，老年人活动十分不便。

图 5.3.3　楼栋无障碍设计程度低

3. 适老服务设施

目前鞍山新村周边各类生活服务设施相对较为完善，但是涉及养老专项的服务设施依然比较稀缺，例如：缺乏老人助餐服务、老人日间照料中心、老年活动室以及其他养老设施、机构等。

四、鞍山三村适老化综合改造设计的基本原则

1. 从现状出发，因地制宜

从基地的现状条件出发，因地制宜地制定适老化改造策略，深入了解社区各方面的现状条件，包含小区管理组织架构、周边配套设施、小区公共空间环境、建筑单体、适老化服务现状等内容，有针对性地确定改造内容及方向。

2. 以需求为导向，引导公众参与

居民作为现状环境的实际亲历者、改造后环境的实际使用者，对于改什么、如何改的问题最具有发言权。改造以满足居民实际需求为导向，尊重居民的需求及意愿，引导居民从"象征性的参与"逐步走向"有实权的参与"。

3.完善设施配置，丰富精神文化生活

除改善各类硬件设施外，社区文化、居民关系、社区生活等"软件"要素的更新也是适老化改造中的重要一环。除各类硬件设施的更新改造外，也应关注到老年人的生活方式与精神文化方面的需求，提升其归属感、幸福感。

五、更新内容

鞍山三村适老化改造的具体内容依照社区的适老现状调研与居民适老化改造意愿确定，主要包含室外环境、住宅单体、适老服务设施三大类内容。

1.室外环境适老化更新改造

主要包含道路、绿化、活动场地、边界、配套设施等方面。根据社区居民的决策意愿，优先将"安全监控"、"改善停车"、"增加健身、交往、活动设施及空间"等内容纳入到改造内容中（图5.3.4）。

图 5.3.4　增加健身设施

2.住宅单体适老化更新改造

住宅单体改造包含楼栋公共空间与住宅室内空间两部分的改造。楼栋公共空间改造主要包含单元出入口、楼梯间、公共走廊、电梯加建等方面。住宅室内空间的改造包含安全监护及呼救措施、各类局部的无障碍设计等（图5.3.5）。

3.适老服务设施改造

适老服务设施改造的内容主要包括针对老年人的服务设施及社区公共服务设施两类。老年服务设施改造包含老年活动中心、老年服务中心、养老院、老年大学、长者照护之家、日间照料中心、老人助餐等。针对性的社区公共服务设施包括医院、社区食堂、社区卫生服务中心、菜场、小商业等（图5.3.6）。

图 5.3.5　单元入口无障碍更新设计

六、鞍山三村适老化更新改造策略

依据鞍山三村的现状及社区居民的改造意愿，提出社区的全面适老化改造策略。将改造方案分为三期：

第一期为起步改造，立足于现有政策规范

图 5.3.6　社区增设老年大学

框架的限制，以政府为主导进行初步的公共空间改造和社区适老服务设施完善，政府出资快速改善小区适老现状，提供安置房，回笼资金，便于之后改造的顺利进行。主要的改造内容包含：植入养老综合服务设施，完善社区的适老服务设施；对小区周边及内部道路、绿化以及公共活动场地进行梳理优化，增强室外环境的适老性等。

第二期为渐进改造，主要包含涉及产权以及民意协调更为复杂的住宅单体空间与住宅室内的适老化改造。由政府与居民共同出资，将社区改造的决策权交还于社区居民。持续推动社区的适老现状改善，通过结构加固、加建电梯等方式改善社区居住环境，提高房屋价值。住宅室内空间适老化改造方面，主要针对厨房、卫生间、入户空间等提出菜单式适老化改造方案。局部试点进行拆除重建，鼓励居民自治发展壮大，同时在经济与物质上为远期更新做好充分的准备。

第三期的远期改造则是在社区居民自治与政策规范日益完善的基础上推进。滚动式地推动老旧建筑逐步拆除重建。在保留社区原住民社区养老的前提下，拆除部分建筑，重新按照面向当代和未来的新的生活方式进行社区营造，在后期老龄化高峰到来前彻底改善社区居民的居住条件（图 5.3.7~ 图 5.3.9）。

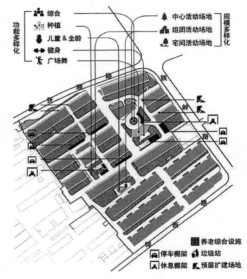

图 5.3.7 室外环境改造意向

[图片来源：涂慧君，冯艳玲，张靖，宣一洲. 上海工人新村适老改造更新模式探究——以鞍山三村为例 [J]. 建筑学报，2019（02）：57-63.]

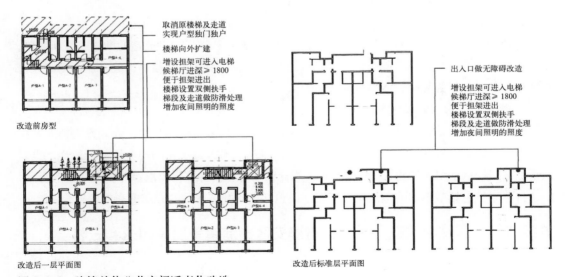

图 5.3.8 建筑单体公共空间适老化改造

[图片来源：涂慧君，冯艳玲，张靖，宣一洲. 上海工人新村适老改造更新模式探究——以鞍山三村为例 [J]. 建筑学报，2019（02）：57-63.]

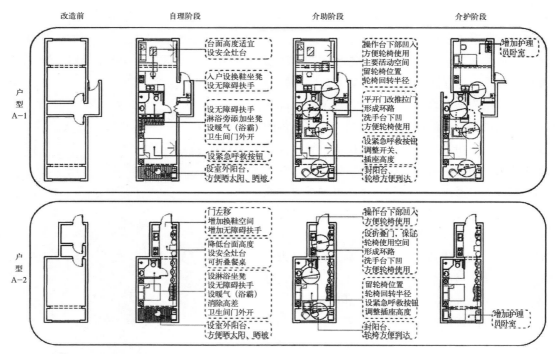

图 5.3.9 住宅室内适老化改造

[图片来源：涂慧君，冯艳玲，张靖，宣一洲. 上海工人新村适老改造更新模式探究——以鞍山三村为例 [J]. 建筑学报，2019（02）：57-63.]

七、小结

针对社区人口结构老龄化日益严峻的背景下出现的各类问题，鞍山三村在社区适老化更新改造方面进行了各项有益的探索，其更新策略主要具有以下特点：

1. 分期改造，渐进更新

结合社区现状条件，因地制宜，制定起步改造、渐进改造、远期改造的渐进式更新策略。以维护升级、改造更新、拆除重建的滚动改造方式逐步实现社区的整体拆建，从而彻底改善社区居住环境，增强社区整体环境的适老性。

2. 物质、非物质要素更新并重

鞍山三村的适老化改造中，更新改造的重点不仅仅局限于电梯加建、养老设施植入、住宅的适老化改造等社区物质要素的更新改造，以提高老年人口居住的安全性、舒适性。也着眼于社区居民自治组织的建设、强调老年人的社区参与和精神文化需求等非物质要素的更新，改造目标不但包括最基本的生活保障更新，还包括提升社区居民的归属感与幸福感。

第四节 社区综合改造——上海市静安区彭浦镇美丽家园永和三村

一、项目区位及改造背景

永和三村位于上海市静安区彭浦镇原平路 917 弄（图 5.4.1）。彭浦镇地区住宅小区构成、属性十分复杂，既有商品房小区，也有售后公房小区、农民房小区、动迁配套房小区、租赁房小区，还有部队公寓等，其中 30% 以上是建于 20 世纪 90 年代的老旧小区。这些老旧小区由于年久失修，加上先天配套不足，从而出现房屋屋面漏水严重、违章建筑繁多、公共绿地被随意侵占、机动车辆堵塞消防生命通道、安全技防设施缺乏等众多影响居民安居乐业的状况。为探索社区自治共治，优化社区环境，改善居住水平，响应中共上海市委《关于进一步创新社会治理加强基层建设的意见》，原闸北区（现合并为静安区）于 2015 年 7 月启动"美丽家园建设"工作，开始编制社区更新规划（图 5.4.2）。

图 5.4.1　永和三村区位图

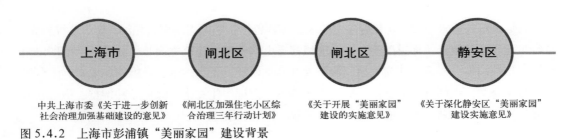

图 5.4.2　上海市彭浦镇"美丽家园"建设背景

中共上海市委《关于进一步创新社会治理加强基础建设的意见》　《闸北区加强住宅小区综合治理三年行动计划》　《关于开展"美丽家园"建设的实施意见》　《关于深化静安区"美丽家园"建设实施意见》

二、项目改造前状况及存在的问题

永和三村占地面积约 6.7 公顷，建筑面积约 9 万 m²，容积率 1.34，绿化率 40%，于 1996 年竣工。该小区有 37 幢住宅，83 个单元号，住户人数为 1530 户。现有机动车约 350 辆，地面机动车停车位有 250 个。有 2 个地面停车棚和一个地下停车库供非机动车停车。

永和三村周边的城市地块内毗邻沪北外国语进修学校，周边多为老公房，如永和教师苑和永和二村，北侧临近一个商品房小区成亿花园。该片区各小区均在"美丽家园"名单之列。永和三村环境、建筑质量及楼间距空间明显好于永和教师苑和永和二村，其是原闸北区的形象示范小区。

规划者对改造前永和三村的道路、活动空间以及景观环境等方面进行了分析，总结出了以下几点原社区存在的问题与需求（图 5.4.3）：

1. 交通方面：非机动交通工具停放无序和电动车充电设施缺乏。

2. 便民设施安全方面：坡道缺少扶手，老年人、残疾人通行不便。

3. 环境问题包括：入口绿地空旷，中心场地开放性弱，景观视觉阻隔、序列性差。大树意象完整，场地设施材料老旧、草丛灌木绿化层次弱。休闲设施极度破旧，墙面设计粗糙平淡，空间开放性弱、可利用率低、空间序列性低。

4. 建筑方面：建筑外部电线混乱，广告丛生；建筑内部楼道狭窄，台阶陡峭。

图 5.4.3　永和三村改造前的建筑存在的问题

　　根据调研与需求分析，规划者确定的改造内容包括：小区支路敷设柏油马路、监控补充、自行车棚及地锁改造、楼道整治、公共区域楼道电信整理、建筑立面悬挂物整治、外墙修缮粉刷并更换门窗、楼道内铁窗更换、楼栋天井增加栏杆、下水污水管道维修和更新、阳台漏水管污水合并、空调排水管整治、提升小区特色、挖掘居住文化、绿化品种调整、中心花园和健身场所进行规划改造、增加及改造小区路灯、增加楼栋口无障碍扶手及楼道内扶手。

三、永和三村更新改造的规划构思

　　规划者将该小区更新目标定位为"新海派花园小区"，旨在响应新静安打造"国际静安、圆梦福地"的定位；秉持"创新、协调、绿色、开放、共享"的理念；引领沪上"美丽家园"塑造现代社区形象新时尚。永和三村的交通、建筑等具有良好的基础。所以规划者将更新策略的重点放在整体环境的提升，塑造小区特色，挖掘居住文化；强化小区风格，提升社区活力。

　　永和三村环境更新的理念源于本地居民"重归静安、谋求归属感"的心理期望、源于对小区海派风格和花园环境的设计尊重和内涵提升、源于通过城市更新挖掘老住区的新活力。从设计理念出发，通过要素提炼、风格模拟和创新设计理念植入等设计手段达到环境设计的目标。要素提炼即收集小区的建筑构件形成建筑语汇，如线脚装饰、欧式的屋顶形式、花园景观设施形式及其色彩和材质组合。风格模拟则是提取海派风格的建筑语汇对现有的建筑语言进行补充，如增加中西结合的样式。创新设计植入包括运用时尚的现代材料——金属钢板形成简洁有力的新风格，坚固耐用；运用生态设计及其形式——引进海绵城市的设计手法，如生态地形的塑造、简单的植草沟和渗水材料的利用。

四、永和三村更新改造的设计方法

　　1. 非机动车停车设施更新改造

　　更新前存在的问题：楼栋口非机动车乱停放，缺少便民停车设施。

改造方法：增加非机动车停车棚、停车位（图5.4.4、图5.4.5）

①于小区东西侧道路尽端处设置非机动车停车棚（条件允许可设置可充电式停车棚）；②其他宅前路结合机动车停车位设置非机动车停车位，增加地桩锁，防止机动车占用；③集中非机动停车棚：在入口处增加一处非机动停车棚。

2. 建筑立面修缮美化

更新前存在的问题：①坡屋顶破损；②墙面破损老旧；③空调机杂乱无章。

改造方法：①强调横向线条，增加线脚：

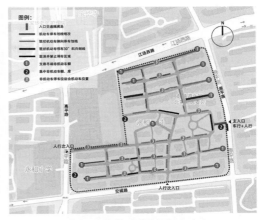

图5.4.4 非机动车停车设施改造分布

利用现有分层线形成主线条，底层细化形成次线条；②建筑立面形成三段：底层墙裙建议采用接缝仿石风格，加强底层墙裙的质感，结合楼栋入口进行强化；中部标准层色彩协调，由于墙面面积大，建议采用性价比高的单色喷涂材料；带坡顶层可以结合现有的坡顶层设计，更换坡瓦，协调色彩和材质，选用具有小区特色和记忆的屋瓦；③竖向线条重新着色粉刷；④功能构件作为立面改造构件，例如空调机外加栅格，按照现有的空调机位置，布局灵活；⑤强化现有形式元素——老虎窗和现有三角形形式要素进行勾边强化，重新喷色（图5.4.6、图5.4.7）。

图5.4.5 非机动车停车设施改造意向：停车棚（左）、创意地锁（右）

东南面效果示意

图5.4.6 更新前建筑立面（左）、更新后建筑东南面效果示意图（右）

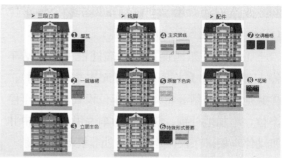

图 5.4.7 更新后建筑南立面效果示意图（左）、建筑立面要素处理示意图（右）

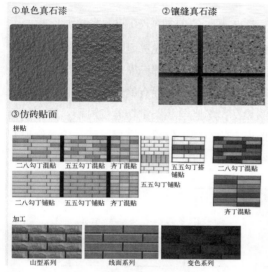

图 5.4.8 建筑外墙更新材料选择示意图

外墙材料选择（图 5.4.8）：

墙裙：真石漆的材质主要以天然石材粉碎颗粒做成,真石漆一般分单彩或者多彩（也叫多色,不同于多彩石）。

墙身：外墙乳胶漆,仅有清洁作用,好的乳胶漆几年后仍能如新。无弹性,无防开裂作用。常用于旧建筑更新（旧建筑的沉降已经完成）。建议选用浅色作为墙体主体颜色。

坡顶改造：坡屋顶构件：①更换瓦片,使用合成树脂瓦；②运用防水防腐材料和加固工艺；③选择与小区色调一致的颜色,保留居民记忆。

平屋顶防水处理（图 5.4.9）：①完善屋面分水；②完善结构层,加固防水层；③使用优质的防水涂料。

3. 楼栋口整治美化

更新前存在的问题：楼栋口缺少识别性和归属感；入口区域缺少维护,安全感弱。

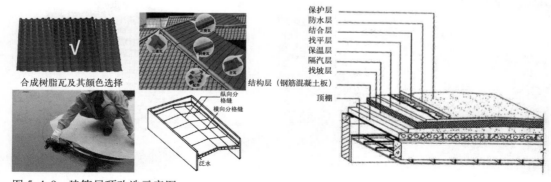

图 5.4.9 建筑屋顶改造示意图

更新方法：①增加楼栋口标识，适当增加格栅。②重新粉刷楼栋口。③在入口适当扩展出有顶棚的灰空间范围，增加围护。④增加入户灯，辅助以有创意的入户墙绘（图5.4.10）

图5.4.10 楼栋口更新前状态（左）、更新后效果（右）

4. 建筑内部楼道整治美化

疏通安全通道、楼道特色塑造：

存在问题：楼道黑暗单调，缺少识别性和归属感。

更新措施：①修补楼道内的破损地面；②楼梯灯修缮；③修缮并增加双侧扶手。④增加休憩可收座椅；⑤增加楼层号及门牌号标识性；⑥有条件的楼道，增加楼梯转弯座椅（图5.4.11）。

图5.4.11 楼道更新意向图

楼道设备设施（图5.4.12）：

存在问题：电信箱破旧，线路混乱。

更新措施：①修缮底层公共防盗门；②修缮公共走廊防盗窗；③统一整理电线、电箱；④综合整治管道。

5. 管道设施更新

管道维修和更新（图5.4.13、图5.4.14）：

存在问题：下水、明沟需要疏通；建筑外墙管道过多，损坏频繁。

图 5.4.12 楼道设备设施更新意向图

不锈钢定制篦子   混凝土定制篦子

图 5.4.13 下水、污水管道现状（左）、更新示意图（右）

图 5.4.14 现状建筑外墙管道过多（左）、更新示意图（右）

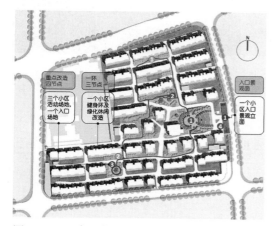

图 5.4.15 中心花园和健身环道规划图

更新措施：①下水整治，定制过滤篦子；②污水管道整体修缮；③阳台漏水管污水合并（常用阳台合并管材料有不锈钢类：304、306；铜管类：全铜、黄铜；复合管类：钢塑复合、铝塑复合、铜塑复合等；碳钢类：热镀锌、冷镀锌材料等；塑料管类）。

6. 中心花园和健身环道的规划改造

更新重点是入口大门改造、核心场地改造、北侧文化墙地块改造、南侧中心树场地改造、环道周边绿化改造、环道侧休闲场地改造（图 5.4.15）。

（1）"一环"健身环道（图5.4.16）

更新措施：①一般场地铺砖，方便居民健身；②核心场地内的健身步道用铺砖区分；③围绕步道周边的宅间绿地形成休憩空间和不同的绿化主题。

图5.4.16　健身环道更新规划效果图

（2）"一面"：入口大门景观面（图5.4.17）

入口大门更新措施：①增设大门棚架，分隔进出通道；②形成绿化隔离岛，限制入口停车和进出交错；③重新粉刷形成整体色调；④整治绿化（图5.4.18）。

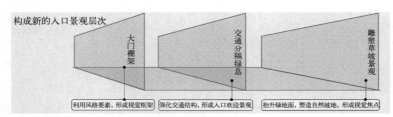

图5.4.17　入口大门景观层次示意图

图5.4.18　入口更新效果图（左）、交通岛改造效果图（右）

（3）"三节点"之中心活动场地（图5.4.19、图5.4.20）

中心活动场地更新措施：①抬升草坡，丰富景观面；②靠近道路形成活动场地；③草坡上增加休闲石凳；④围绕草坪增加两排樱树，形成樱花道；⑤增加雕塑一座；⑥调整下沉场地地平，利用四周卵石道渗水；⑦下沉广场重新铺面，划分地面空间；⑧树池重新贴面；⑨重新粉刷形成整体色调；⑩无障碍坡道；⑪增加廊架两侧座椅。

图 5.4.19 中心活动场地更新效果图

图 5.4.20 中心活动场地更新效果图（左）、廊架两侧座椅（右）

（4）"三节点"之北部文化墙场地（图 5.4.21）

北部文化墙场地更新措施：①保留文化墙，拆除现有破旧座椅，增加文化铁艺；②平整场地，铺设地面红砖；③增加生态沟，便于排水；④移植树木，形成完整平台；⑤增加坡道及无障碍设施；⑥保留亭子原有结构和场地平台；⑦减少树池尺寸和高度，修剪植被，增加视觉开放性；⑧增加坡道及无障碍设施；⑨增加雨棚板；⑩增加交叉口小广场；⑪增加种植园；⑫健身步道和活动场地动静分离设置。

图 5.4.21 北部文化墙场地更新效果图

（5）"三节点"之南侧大树及健身场地（图 5.4.22、图 5.4.23）

南侧大树及健身场地更新措施：①保留大树，形成生态卵石沟；②缩小树池半径，增加木质座椅；③种植灌木和花盆栽，形成新的绿化层次；④地面平整，重新铺装；⑤整理健身器材排布；⑥树池边铺设木质座椅；⑦增加小区景观照明。

图 5.4.22　南侧大树及健身场地更新效果图

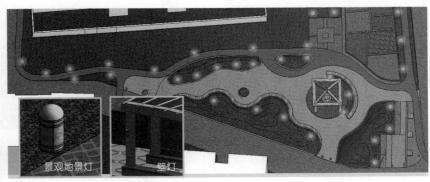

图 5.4.23　景观照明更新设计平面图

7. 绿化品种调整

更新前存在问题：绿化单一，景观层次模糊。

绿化品种更新调整措施：①对现有植被群落进行补充，形成组团造景，并营造出三季有花四季有景的效果；②在保证整体绿量不变的情况下，按照功能需求对场地内植被进行梳理；③对植物群落进行再营造，运用一些特色植物如竹子、多年生花卉，营造场地文化氛围（图 5.4.24）。

图 5.4.24　永和三村更新前绿化状况（左）、绿化品种调整意向图（右）

8. 建筑垃圾堆放点设置

更新前存在的问题：现状建筑垃圾占用绿化，没有集中的建筑垃圾临时收集、堆放处。

设置原则：①选址：在小区的主要干道一侧，与住宅楼隔离或有一定的距离；项目内规定小区内的临时垃圾堆放点应起码服务周边100m范围内的住户。②尺寸：满足工程车辆（铲土车等）的作业要求。③材料：围护结构使用混凝土浇筑或砖砌筑覆面方式，按照其车位及倒车清运的要求进行垃圾堆放点前植草砖场地的设计。④标识：统一垃圾堆放点的标识（图5.4.25、图5.4.26）。

图5.4.25 建筑垃圾堆放点布局示意图　　图5.4.26 建筑垃圾收集点标准化示意图

（本节资料来源于上海同济城市规划设计研究院《上海市静安区彭浦镇美丽家园升级版——永和三村（征询意见稿）》）

第五节 "共建共享"生态社区建设——德国柏林公主花园

一、案例背景

早在20世纪80年代初，欧洲很多国家就开始了社会整合城市计划（The Socially Integrative City，简称SIC）。德国柏林"邻里管理"（Neighborhood Management，简称NM）项目是SIC最重要的体现和实践。在1999~2009年这10年间，柏林3000多个"邻里管理"项目充分体现了柏林社区微更新类型的多样性，该项目注重对社区"内部公共空间的挖潜"，进行场所再造。主要更新对象是可挖潜的闲置公共空间或建筑，包括无人问津的绿地、闲置地、可开发和提升的废弃建筑等，鼓励居民使用闲置公共空间或建筑的更新导向促进了柏林社区微更新功能类型的多元化。其中，社区菜园是最受欢迎的社区闲置公共空间再利用的功能之一。社区菜园成了城市共享和公共文化生活的代表性功能，原为社区闲置的公共空间通过使用用途的转变，被作为临时的实验场地，为社区活动、邻里交往提供了空间。

二、案例区位

公主花园(Prinzessinnen Garden)位于柏林克罗伊茨贝格(Kreuzberg)莫里茨广场(Moritzplatz),该地块占地 6000m²,已荒废了半个多世纪。公主花园最初是由德国夫妇 Marco Clausen 和 Robert Shaw 创建的一个非营利组织,是一个没有"私人财产"的概念的公共农园。由于莫里茨广场是公共财产,从 2009 年夏季开始,他们通过柏林房地产基金租借了一块废弃的广场地块(图 5.5.1、图 5.5.2),创建了非营利性有限公司——"绿色牧民"(Nomadic Green)。该公司通过连续项目的产生,实现教育和文化活动之间的微平衡,每个季节有着多达 1000 名志愿者在每周四和周六的园艺日支持农园,并长期保持 20~30 个工作人员定期照顾花园,提供教育和参与活动的组织,该农园是德国自下而上的社区微更新项目的典范。

三、改造方法

1. 农耕环境

"移动菜园"即将作物全部种植在回收的框篮、纸箱、牛奶盒、塑料箱等器皿中,运用可移动种植的方式,通过移动器皿,蔬菜也可以在密封的表面上种植,避免了土壤污染(图 5.5.3),有利于节约资源,也方便工作人员与体验者照料,同时便于城市展览的搬运。

公主花园天然养蜂并培养有机的品质蜂蜜,同时帮助完成农园中蔬菜与花朵的授粉工作,改善园内的微气候,让整个花园形成相对独立的生态系统(图 5.5.4)。

花园内的种植者来自食品部门,土壤和种子均具有有机认证,种植物尽最大可

图 5.5.1 公主花园区位图

图 5.5.2 公主花园 2009~2016 年改造前后的对比
(图片来源:https://prinzessinnengarten.net)

图 5.5.3 德国柏林公主花园"移动菜园"
(图片来源:https://prinzessinnengarten.net)

图 5.5.4 德国柏林公主花园取蜜场景
（图片来源：《城市农耕，荒芜处绿洲》吴佳燕）

图 5.5.5 德国柏林公主花园林下休憩空间
（图片来源：https://google.cn）

能避免化学物质，拒绝使用含有添加剂的肥料和杀虫剂。生产和收获都在社区中进行，省去了交通运输环节，形成环保的种植环境。

2. 休闲服务

花园内有一家餐厅、一片林下休憩空间、一座木屋商店和一处露天的绿植摊位。餐厅由集装箱改造，提供简单的餐食，食材直接从花园里采摘。林下空地是游客休憩、用餐、聚会的空间（图 5.5.5）。木屋商店是花园的创意小商店，可以看到有关农场的漫画书。绿植摊位售卖蔬果秧苗培育的盆栽。

3. 共享参与

公主花园不收门票，可以自由出入。花园所在社区聚集着来自各国的移民，周边的市民可以自带蔬果种子在这里种植，工作人员及游客可以帮忙料理，来到花园的其他人也可以分享收获时节的成果。蔬果可以直接从花园中采摘，只要付出相应的劳动即可（图 5.5.6）。

花园的工作人员会根据季节与作物生长进度，在展板上写明待做的农耕任务，游客在农艺师的指导下参与浇水、堆肥、配土、

图 5.5.6 德国柏林公主花居民享受劳动成果
（图片来源：https://prinzessinnengarten.net）

育苗等步骤，既可以学习必要的农艺知识，也体验了农耕的辛劳与乐趣。养蜂爱好者可以学习养蜂取蜜的知识，观看放蜂采蜜的场景，还可以自己取蜂蜜。

4. 自然教育

公主花园定期组织农艺讲座，邀请农艺专家或者有经验的工作人员为大家讲解农耕知识，分享种菜养蜂的经验与心得，乃至失败的教训（图5.5.7）。

图5.5.7 德国柏林公主花园农艺讲座、田园长宴、学生参与农耕活动
（图片来源：https://prinzessinnengarten.net）

公主花园与柏林多所中小学保持着长期的合作关系，学校定期组织学生到这里亲近自然，参与农耕，听这里的农艺师讲解植物与种植的知识。

公主花园可以容纳80人左右，定期举办园艺交流会、小型"田园音乐会"或"田园长桌宴"，居民与游客劳动之余各展才艺，共享健康食物，以农会友，收获劳动成果，交流劳动经验。

公主花园附近的居民或来访游客可带子女共同体验农耕生活，花园既是学习自然科学知识的健康校园又是自然生态的亲子乐园。

5. 共享经营

公主花园不接受直接资助。除了租赁、人事和材料成本以及基础设施的开发和持续的运营成本，其他都是通过餐饮业和园艺业的收入，参观和讲座以及植物和农作物的销售筹集。

（1）公主花园多元的业务模式，为这座私人经营的"共享农庄"提供了持续盈利的渠道。得益于"共享"的人气，花园中的餐厅、商店、蔬果盆栽摊位常年有着稳定的收入，为菜园的运营提供资金支持（图5.5.8）

（2）公主花园丰盈的产出所剩的结余拿到当地集市展销售卖获得部分收入。

（3）公主花园与柏林市多所中小学保持着长期的合作关系，花园的园艺团队为学校和其他机构建造了40多个大型和小型厨房花园，通过各种学习机会和讲习班为学生们提供自然教育、农耕教育课程，同时帮助花园筹集资金。

（4）公主花园中的作物种植箱便于移动，可以提供城市中会展布置的服务。

（5）公主花园创始人应邀为德国乃至其他国家的企业或者政府设计城市农耕方案，提供城市农耕财务咨询服务，或者担任执行顾问；创始人还常常参加世界各地的城市规划研讨会或者城市农耕交流会，分享关于城市农耕的经验与心得（图5.5.9）。

图 5.5.8　德国柏林公主花园商店营业场景
（图片来源：《城市农耕，荒芜处绿洲》吴佳燕）

图 5.5.9　农园创始人与参与者交流
（图片来源：https://prinzessinnengarten.net）

（6）公主花园建立了分支花园，建立国家和欧洲网络的伙伴关系，并与柏林内外的文化机构进行了深入合作。

四、案例总结

公主花园通过营造生态和可持续地利用城市空间，使社区成为一个更加绿色的居住环境，并让参与者成为在使用城市环境中拥有发言权的公民，参与者在实践上得到更多的参与感、体验感与收获感。公主花园作为社区项目开发，侧重于当地粮食生产，通过实践活动解决诸如邻里关系、生物多样性、健康饮食、循环利用、环境正义、气候变化和粮食主权等问题。这种"城市农耕与地方赋权"的模式，将园艺与社会、政治和经济实践交织在一起，促进参与者对人与自然之间相互依存关系的了解，并有助于增强社区地方感。

1. 充分利用闲置土地

公主花园利用社区的废弃地块，结合当地特色自主经营，重新利用并活化该地块，使其成为邻里交流的学习与体验空间和社区的公共焦点。对老旧社区的闲置的废弃地或灰空间[②]的再利用，可以将社区中未充分利用、闲置、功能不明确、使用率效率低的空间物尽其用，整合重组、重塑转换为服务于居民日常生活的公共空间，提高社区的环境质量、创造活动场地以提升社区活力，提高土地利用率，实现资源的最大化利用，获取额外的效益。

2. 充分体现生态理念

公主花园专注于当地食品生产、利用回收的器皿种植果蔬、天然养殖蜜蜂，同时改善农园微气候等方式，以社区花园作为社区绿色空间，以公众参与为主要力量，强调人与自然、人与人的有机互动，可以培养居民可持续发展及生态意识，发挥居民的主观能动性参与绿化建设，节约后期维护成本，增加传播花粉昆虫种类和数量，维持城市生物多样性。

3. "共建、共享、共治"的参与模式

公主花园通过居民自愿共同清理场地、搭建场地、种植蔬果，共同享受农耕收获、环境提质、经验教育，共同治理花园运作。"共建"是"共享"的前提，"共享"是"共建"的目的。"共建、共享"能够使得居民对自己的社区更加了解，更有参与感、获得感和自豪感，提高居民参与社区更新的主动性。而"共治"体现民主性，权力的下放不仅能让居民在社区中找到归属感，还可以提升居民参与管理社区的积极性和社区公共空间的影响力。

4. 自然教育和参与机会

公主花园中的参与人员并非专业的技术人员，而更多的是居民、业余爱好者和志愿者，其主要目的是使农园成为学习的场所。这种非正式学习的形式，给予了不同类别、不同层次的群体参与的机会，使他们聚集在一起，通过实践经验和知识交流而获得知识。自然教育的方法让体验者在生态自然体系下，在劳动中接受教育，释放潜在能量，为各年龄阶层尤其是少年儿童提供环境教育机会，可以提高参与者自立、自强、自信、自理等综合素养，让参与者更加积极主动地参与到社区建设中来。

第六节　城市触媒与社区复兴——美国纽约曼哈顿高线公园

一、项目区位及改造背景

高线公园是位于纽约曼哈顿切尔西区的一条线型空中花园（图 5.6.1），由一条废弃的高架铁路改造而成，是一个将公园区域与社区、街道以及城市融为一体的公共空间（图 5.6.2）。高线公园的前身是一条长约 1.4 英里、高三十英尺的高架铁路，始建于 1930 年，其功能是连接哈德逊港口和切尔西区的肉类加工厂及仓库，主要负责运送奶制品、水果和其他农产品，是纽约工业区的交通生命线。[③]但是，随着 20 世纪 50 年代州际运输的需求增长和货车运输业的发展，州内高线铁路的运输量逐年下降。1980 年，高线铁路全线荒废并面临拆除的境遇。

二、项目改造前状况及存在的问题

1. 改造前状况

高线原本是一个高架货运铁路专线，线路始于曼哈顿肉类加工区，一路向北经过切尔西街区，终于宾州车站的"地狱厨房"地区（图 5.6.3）。20 世纪 80 年代中期，一群居住在高线之下的居民，认为高架铁路已经失去原有的运输功能，其存在对社区的公共景观产生了极

图 5.6.1　高线公园区位图
（图片来源：https://www.gooood.cn/high-line-park-section2.htm）

图 5.6.2　高线公园鸟瞰图
（图片来源：https://www.gooood.cn/high-line-park-section2.htm）

图 5.6.3 运营时期的高架铁路
（图片来源：http://www.thehighline.org/about/high-line-history）

图 5.6.4 20 世纪 90 年代废弃的高架铁路
（图片来源：http://www.thehighline.org/about/high-line-history）

大的破坏。高线经过的切尔西社区在 18 世纪中期至 19 世纪一直是肉类加工厂和农产品仓库的聚集地。20 世纪末，随着画廊等艺术产业向租金低廉的切尔西区转移，这里的一些废弃工业厂房、农产品仓库和工人住宅被改造成画廊和博物馆。在租金优势下，切尔西区成为高档艺术街区，周边区域的土地利用价值随之升高，促进了高线公园的改造。切尔西区的配套商业和轻工业主要分布在该区域的北部，南部主要是汽车产业，如汽车修理、汽车储存和停放等。

2. 存在的问题

（1）20 世纪末，随着艺术产业向切尔西区转移，切尔西区成为新兴的艺术社区。政府和社区居民希望通过这次契机，促进社区的功能融合，实现社区的可持续性更新。

（2）周边的社区居民要求政府拆除高线，希望通过高线的拆除来提高社区景观质量和日常交通出行的便利性。高线占地狭长，对两侧城市空间分割明显，阻碍两侧交通联系。同时，高线下的空间十分荒凉，杂草丛生，环境十分破败，对社区的公共景观造成了极大的破坏。

（3）废弃高线的存在对城市公共空间和社会资源造成了极大的浪费。常年无人管理的废弃铁路易形成城市消极空间，使得高线铁路周边的社区沦为城市中藏污纳垢的一角，成为社会最底层居民的生活场所。高线铁路的过度荒凉会造成整个区域的破败与犯罪率的上升（图 5.6.4）。

三、高线公园更新改造的规划构思

1999 年，高线附近的居民约书亚·戴维和罗伯特·哈蒙德，发起并成立了非营利组织"高线之友"（FHL），倡导对高线进行更新改造，使之成为城市公共开放空间。2003 年，"高线之友"开始向全世界征集高线公园的设计方案,收到了 36 个国家 720 支团队的方案。可以说,高线公园的更新改造引起了全世界范围内的巨大关注。

2005 年,纽约市议会正式批准设立西切尔西特区,并通过了其改造提案。提案中明确了将高线铁路改造为城市带状公园的方案,希望以高线的改造为触媒,带动城市和周边社区的整体更新。在西切尔西特区的改造提案中,提出将该特区由原来的轻工业区,改造为商业 - 居住混合使用街区,并加强本已兴旺的艺术画廊产业。④高线公园的更新改造总共分三期进行:一期为最南端的三分之一段,从甘斯沃尔特街延至西二十街,长约 0.5 英里,于 2009 年完工并对外开放;二期为中段,从西二十街到西三十街,长约 0.5 英里,于 2011 年完工并对外开放;剩下的三分之一段铁路环绕着哈德逊铁路站场,位于西三十街和西三十四街之间,于 2011 年完工并对外开放(图 5.6.5)。

图 5.6.5 高线公园
(图片来源:https://www.gooood.cn/high-line-park-section2.htm)

高线公园的独特之处在于它将适应性的再利用、景观都市主义、高端房地产和全球旅游业融合成一个相对适度的城市改造。设计师使用"农业 + 建筑"(Agri-Tecture)策略,将公园变成了一个融合了野生植被、耕种空间和社交功能的场所。沿线一系列特色鲜明的空间进一步强调了项目区域的独特性,如灌木丛、阶梯式座席 + 草坪、"林地立交桥" + 观景台、野花种植区、径向长椅和缺口区域(图 5.6.6)。

图 5.6.6 高线公园的地面铺装
(图片来源:https://www.gooood.cn/section-2-of-the-high-line-by-james-corner-field-operations.htm)

四、高线公园更新改造的社会效应

高线公园并非世界首例将废弃铁路线改造为城市公园的案例，但其影响力却远远高于在此之前建造的巴黎绿荫步道，为城市更新、工业遗产保护提供了新的范本。布鲁克林学院的社会学教授莎伦·佐金认为，高线公园之所以能带动世界范围内废弃铁路改造的浪潮，是因为同时满足了现代城市更新的两个基本需求：复兴19世纪的工业遗产、满足城市社会和经济发展的需要。纽约的高线公园是全球公认的公共空间设计和城市复兴非常成功的案例。

1. 提升城市的公共景观和文化形象

纽约高线公园将各街区联系起来，为城市绿化树立了新的标杆。它提供了一种审视城市的新视角，是创新设计和可持续设计的代表作，对其他城市的景观设计具有启示性意义。它向人们证明景观能对城市生活的质量带来巨大改变。

2005年纽约市对高架周边地区进行了重新分区，在鼓励开发的同时保留社区特色、已有的艺术画廊和高架铁路。新区和高线公园的组合使这里成为纽约市增长最快、最有活力的社区。这座神奇的线型公园已成为肉品市场区和西切尔西地区的标志。2015年惠特尼美国艺术博物馆新馆对外开放，成为高线公园南段的主要文化中心（图5.6.7）。游客们既可以在这里欣赏纽约市的独特风景，也能同时体验艺术、表演和社交的乐趣。

2. 带动周边区域的经济发展

废弃铁轨改造为城市公共空间需要与周边用地性质紧密结合，高线公园的成功正是因为其规划设计考虑了铁轨位于寸土寸金的纽约曼哈顿，人口密度高，商业潜力大，公园绿地的建设将提升两侧建筑的经济效益。同时，两侧原本的废弃工业厂房改造为创意艺术聚集地，成功带动了这一区域的社会和经济发展（图5.6.8）。

随着高线公园的规划和完工，越来越多的开发企业涌入西切尔西特区，一期、二期周边的开发类项目已经超过20个，投资项目包括中高端住宅楼、零售业、餐馆及酒店等。同时，高线公园的成功改造为附近居民提供了优质的运动、娱乐和社交活动场所（图5.6.9），使周边原本就区位极佳的住宅价格飙升，受到高收入人群的青睐。紧邻公园的房屋价格上涨迅猛，目前已经成为富人聚集区。

图5.6.7 紧邻高线公园南段的惠特尼美国艺术博物馆新馆
（图片来源：https://www.sohu.com/a/134067728_695336）

图5.6.8 高线公园及周边的新旧建筑

图5.6.9 高线公园为市民提供户外活动空间
（图片来源：https://www.gooood.cn/high-line-park-section2.htm）

3. 降低周边社区的犯罪率

高线公园被纽约时报评为纽约最安全的公园。自2009年开放以来，高线公园的犯罪率一直远低于美国的其他城市公园，原因归结于以下三点：

（1）高线公园呈长条形，两侧分布有大量高层住宅（图5.6.10），公园的大部分区域都能被在室内或者阳台的居民看到。这种时刻被注视的感觉给了犯罪分子很大精神压力，有效地减少了公园犯罪率。⑤

图5.6.10　高线公园两侧的建筑

（图片来源：https://www.gooood.cn/high-line-park-section2.htm）

（2）相比于普通的城市公园，高线公园借着其高于地面30英尺的高度优势，增加了嫌疑犯的逃跑难度。比起可以轻易翻越的低矮围墙及栏杆，高线公园需要使用电梯或者楼梯才能逃跑，其地理优势更有利于公园的管理和控制。

（3）严格的管理规定是确保高线公园安全的一个重要原因（图5.6.11）。高线公园有禁止饮酒后进入的规定，除此之外，警察会在公园内不间断巡逻以确保安全。同时，公园规定晚上10点前必须清场闭园，减少了嫌犯趁天黑作案的机会。

4. 促进社区更新的多方参与

高线公园及周边社区的改造促进了多方参与机制在社区更新项目中的实践。1999年，约书亚·戴维和罗伯特·哈蒙德发起并成立了以社区为基础的非营利组织"高线之友"，致力于高线公园的保护与周边社区的更新。他们经调研后发现，高线公园的改造具

图5.6.11　高线公园里的公示牌

备经济上的可行性：将高线改造为公共空间后增加的税收高于社区更新的建设费用。因此，高线之友建议政府在高线铁路开展场地更新运动，通过对原有铁路的修缮维护，结合周边场地进行再利用，将路轨平台改造成为供市民使用的公共平台。在社会组织和社区居民的努力下，纽约市长通过了高线及周边社区的改造提议，从财政预算里拿出4300万美元来支持这个项目。同时，一些著名的摄影师、建筑师、作家、时装设计师和演员等纽约市有影响力的人物通过演讲、募捐和展览等活动积极促进更新项目的开展和实施。

在高线公园及周边社区的更新改造中，政府、社会组织和社区居民的多方参与贯穿项目前期、项目建设中期和项目后期的全过程。在项目前期，也就是高架铁路废弃期间，高线之友和社区居民的积极保护对于高架铁路避免被完全拆除起着相当重要的作用。在项目建设时期，多方力量的合作参与使公共利益可以得到均衡，为后面具体展开的涉及高线公园周边区域的城市规划控制能够得到相关业主的理解和支持打下基础。⑥在项目后期，"高线之友"积极参与社区的后期运营，开展公共艺术活动、学校教育科普活动、私人活动等文化教育活动，

图 5.6.12　作为城市"绿色屋顶"的高线公园

使得社区居民能够有意识地参与到社区营造当中，促进社区的可持续性更新。

5. 促进社区更新的可持续性

作为宏伟的城市改造项目，高线工程的核心是"保护"和"再利用"。同时作为政治、生态、历史、社会和经济可持续项目，高线具有十分重要的意义。政治上，高线是检验社区行动力的试金石；生态上，高线是位于城市中央的 6 英亩绿色屋顶（图 5.6.12）；历史上，高线作为改造项目将废弃铁道变为新公共空间；社会性上，高线是地方社区也是世界级公园，家庭、游客和社区民众在此会面和交流；经济上，作为企业参与的项目，高线展示了公共空间促进税收、招商和刺激当地经济增长的能力。

高线公园的二期工程将半英里的基础设施区域改造成草地，降低了热岛效应并创造了意义非凡的生态环境。绿色屋顶及开放的拼接路面增强了持水性、排水性和通风效果，减少了灌溉需求。此外还大量回收利用废弃木材、钢材和来自当地的混凝土骨料等。公园采用节能的 LED 照明系统；各类免费教育项目向社区民众开放。

五、纽约高线公园更新带来的启示

1. 文脉传承的重要性

在高线废弃之前，高架铁路曾是沿线社区的"生命线"，是这个地区最重要的空间要素和地域特征。高线一旦拆除，不仅会破坏该地区的文化脉络和时空肌理，也会降低社区居民的归属感和安全感，造成社区居民的外迁，加剧切尔西社区的衰败。纽约高线公园的改造则避免了"大拆大建"式更新的弊端，以一种巧妙的方式继承了社区原有的文化脉络和历史肌理，保留了这个地区最重要的空间象征，并以此为媒介，带动了整个社区的复兴，实现社区物质环境和人文环境的双重复兴。

2. "变废为宝"的思路转变

纽约高线公园及周边社区更新改造的一大创新之处在于其"变废为宝"的思路转变。废弃高线曾经是城市的消极空间，将其改造为城市公共空间的想法其实是一种将城市废弃景观进行要素整合和重新塑造的过程。高线公园及周边社区的改造将视野从小尺度的公共场地设计中延伸出来，转向更大范围内的社区整体更新，其改造方针包括城市规划层面的控制、生态与艺术的介入、多方组织的参与和多学科的合作等。

进入 21 世纪，我国经历了一个快速城镇化的过程。随着产业转型升级的加快和劳动力、土地等要素成本的上升，东部发达地区那些处于产业链中低端、盈利能力较弱的劳动密集型产业正加快向中西部地区转移。因此，一些城市会遗留许多工业厂房和铁路等城市废弃景观，这些废弃景观会在未来很长一段时间内成为城市存量发展的阻碍。高线公园及周边社区的改造为当前我国的城市废弃景观改造和社区更新改造提供了一种新的解决思路。

3. 多方参与的重要性

社区更新的实践越来越强调政府、私营部门和社区等多方利益相关者的共同参与，政府、私营部门、志愿部门、社区部门和社区居民之间的协调参与过程被认为是社区更新成功的基础。在高线面临拆除危机时，正因为高线之友等社会组织的努力，高线的改造价值才被政府和更多的社区居民发现，更新改造项目得以顺利实施。在项目建设时期，多方力量的合作参与使公共利益可以得到均衡，多方相关利益者的参与可以为社区更新和保护项目寻找实践性的、基于当地的、长期的解决方案。在项目后期，政府、社会组织和居民积极参与社区的后期运营，"高线之友"还开展了公共艺术活动、学校教育科普活动、私人活动等文化教育活动，提高了社区居民参与社区运营维护的热情，对于社区的良性发展十分重要。

六、小结

自 20 世纪 90 年代开始，这些街区的建筑都开始经历某种程度的中产阶级化，而高线公园的改造加速了这一过程。通过将轨道改造和铁路走廊沿线开发的空间所有权带来的收益相结合，高线公园在成为公园的同时，也是一个真正的房地产计划。高线公园的独特之处在于它将适应性的再利用、景观都市主义、高端房地产和全球旅游业融合成一个相对适度的城市改造。高线公园的建成不仅为市民提供了丰富的户外活动空间，也为市民创造了更多的就业机会，为城市创造了更高的经济效益。同时，作为绝佳的"更新触媒"，高线公园带动了社区政治、经济、文化和景观的整体更新。

注释：

① 广州市规划与自然资源局公示资料《荔湾区恩宁路地块》。

② "灰空间"，也称"泛空间"。最早是由日本建筑师黑川纪章提出。其本意是指建筑与其外部环境之间的过渡空间，以达到室内外融和的目的，比如建筑入口的柱廊、檐下等，也可理解为建筑群周边的广场、绿地等。

③ JOEL Strenfeld.Walking the High Line[M].New York：Steidl，2012.

④ 丁碧莹. 城市更新项目解析——纽约高线公园成功改造及影响 [J]. 智能城市，2019，5（15）：34-35.

⑤ Jane Jacobs.The Death and Life of Great American Cities[M].New York：Random House，1961.

⑥ 李涛. 从废弃的高架铁路到纽约市民的公共大阳台 [D]. 南京林业大学，2011.

参考文献

[1] 赵蔚，赵民．从居住区规划到社区规划 [J]．城市规划汇刊，2002，(6)：68−71．

[2] 王强．从社区规划到社区更新 [A] // 中国城市规划学会，贵阳市人民政府．新常态：传承与变革——2015 中国城市规划年会论文集（06 城市设计与详细规划）。中国城市规划学会，贵阳市人民政府：中国城市规划学会，2015：9．

[3] 赵民．"社区营造"与城市规划的"社区指向"研究 [J]．规划师，2013，29（9）：5−10．

[4] 成钢．美国社区规划师的由来、工作职业与工作内容解析 [J]．规划师，2013，29（9）：22−25．

[5] 杨辰．法国社区规划的历时性解读——国家权力与地方民主建构的视角 [J]．规划师，2013，29（9）26−30．

[6] 千禾社区基金会．9 月，去探访日本社区营造的前世今生．2018−07−02．http：//wemedia.ifeng.com/67745475/wemedia.shtml

[7] 赵蔚．社区规划的制度基础及社区规划师角色探讨 [J]．规划师，2013，29（9）：17−21．

[8] 许志坚，宋宝麒．民众参与城市空间改造之机制——以台北市推动"地区环境改造计划"与"社区规划师制度"为例 [J]．城市发展研究，2003，10（1）：16−20．

[9] 刘思思，徐磊青．社区规划师推进下的社区更新及工作框架 [J]．上海城市规划，2018（04）：28−36．

[10] 刘佳燕．城市更新、社会空间转型与社区发展：以北京旧城为案例 [A] // 周俭主编．社区·空间·治理——2015 年同济大学城市与社会国际论坛会议论文集，2015：34−48．

[11] 程大林，张京祥．城市更新：超越物质规划的行动与思考 [J]．城市规划，2004，28（2）：70−73．

[12] 王国恩．社区发展与城市居住区建设 [J]．规划师，2002，9．

[13] 吴良镛．北京旧城与菊儿胡同 [M]．北京：中国建筑工业出版社，1994．

[14] 何靖东．基于汽车共享的城市社区更新 [D]．华东师范大学，2018．

[15] 方可．当代北京旧城更新 [M]．北京：中国建筑工业出版社，2000．

[16] 百度百科．可持续发展理论．

[17] 百度百科．人居环境．

[18] 吴良镛．人居环境科学的探索 [J]．规划师论坛，2001，第 6 期．

[19] 朱大鹏．基于舒适度评价的百万庄社区更新研究 [D]．北京建筑大学，2018．

[20] 王彦辉等 . 社区建设的"第三条道路"[J]. 华中建筑，2001（6）：9−11.

[21] （英）安东尼·吉登斯 . 第三条道路——社会民主主义的复兴 [M]. 郑戈译 . 北京大学出版社，2000.

[22] 李燕玲 . 基于社会空间结构下城市社会区域演化与空间结构研究 [D]. 西安外国语大学，2011.

[23] 王兴中 . 中国城市生活空间结构研究 [M]. 北京：科学出版社，2004.

[24] GEN. What is an Ecovillage? [DB/OL]. http://gen-europe.org/ ecovillages/about-ecovillages/index.htm.

[25] 赵清 . 生态社区理论研究综述 [J]. 生态经济，2013（07）：29−32.

[26] 刘辰阳 . 走向社区发展——国外社区更新的经验与启示 [A] // 中国城市规划学会，杭州市人民政府 . 共享与品质——2018 中国城市规划年会论文集（02 城市更新）. 中国城市规划学会，杭州市人民政府：中国城市规划学会，2018：7.

[27] 庞国彧 . 非政府组织介入城市社区规划的模式研究 [D]. 浙江大学，2017.

[28] 曾芬 . 厦门莲秀社区更新的规划策略研究 [D]. 华侨大学，2013.

[29] 路郑冉，戴铜，孙伟斌 . 论城市社区空间形态营造 [J]. 华中建筑，2014，32（11）：171−173.

[30] 谭文勇，阎波，许剑峰 . 从罗德·哈克尼的社区建筑看新农村住屋建设 [J]. 新建筑，2009（03）：30−33.

[31] 陈伟东,张大维 . 中国城市社区公共服务设施配置现状与规划实施研究 [J]. 人文地理,2007（05）：29−33.

[32] 苏振芳 . 探讨新的城市经济模式——社区经济的发展 [J]. 商讯，2019（09）：186.

[33] 百度百科 . 社区治理 .

[34] 李和平，肖洪未，黄瓴 . 山地传统社区空间环境的整治更新策略——以重庆嘉陵桥西村为例 [J]. 建筑学报，2015，1（2）：84−89.

[35] 米雪 . 基于多重复合更新机制构建的社区更新探究——以"社区 + 市井生活"为理念的重庆渝中十八梯社区更新 [A] // 中国城市规划学会，东莞市人民政府 . 持续发展 理性规划——2017 中国城市规划年会论文集（02 城市更新）. 中国城市规划学会，东莞市人民政府：中国城市规划学会，2017：16.

[36] 王英 . 顶层设计 + 微观决策——存量发展视角下的社区更新路径探索 [J]. 人类居住,2017（04）：55−59.

[37] 陈雪伟 . 社区"双修"——从局部改造到整体更新——基于老年宜居环境建设的老旧社区更新改造策略探讨 [J]. 城市建设理论研究（电子版），2017（31）：15−16.

[38] 邓壹心 . 健康城市视角下的社区更新研究——以重庆市渝中区学田湾社区为例 [A] // 中国城市规划学会，杭州市人民政府 . 共享与品质——2018 中国城市规划年会论文集（02 城市更新）. 中国城市规划学会，杭州市人民政府：中国城市规划学会，2018：9.

[39] 杜娟 . 基于健康城市理念的旧居住区更新 [D]. 东南大学，2006.

[40] 向慧 . 从邻里单位到新邻里单位——武汉市青山区钢花新村社区更新的理论探索与规划实践 [A] // 中国城市规划学会、东莞市人民政府 . 持续发展 理性规划——2017 中国城市规划年会论

文集（20 住房建设规划）. 中国城市规划学会，东莞市人民政府：中国城市规划学会，2017：9.

[41] 王一 . 健康城市导向下的社区规划 [J]. 规划师，2015（10）：101-105.

[42] 刘阳 . 基于文化资本的社区更新研究 [D]. 重庆大学，2016.

[43] 魏志贺 . 城市微更新理论研究现状与展望 [J]. 低温建筑技术，2018，40（02）：161-164.

[44] 董雷，孙宝芸 . 城市更新中历史街区的功能置换 [J]. 沈阳建筑大学学报（社会科学版），2007（02）：138-142.

[45] 北京佳康时代医疗器械有限公司 . 社区养老服务设施建设模式之"功能置换"模式 .http：// www.chnkf.com/Article/sqylfwssjs.html

[46] 为步行释放更多空间（新时代新步伐）. 人民日报 . finance.sina.com.cn/roll/2019-05-21/ doc-ihvhiqay0148767.shtml

[47] 楼海文 . 城市社区道路交往空间研究 [D]. 上海交通大学，2013.

[48] 杨广文 . 交通大辞典 [M]. 上海交通大学出版社，2005.

[49] 朱丽芳 . 人车共存道路——迈向人性化的道路规划设计 [J]. 规划师，2002（11）：20-22.

[50] 上海市 15 分钟社区生活圈规划导则 .

[51] 马紫蕊，石莹，王欣，等 . 基于共建共享理念的社区更新方法研究——以珠海特区金湾社会创新谷为例 [C]//2018 中国城市规划年会 .

[52] 黄瓴 . 见微知著，人本更新 [J]. 城市规划，2018，v.42；No.372（03）：106.

[53] 杨晰峰 . 上海推进 15 分钟生活圈规划建设的实践探索 [J]. 上海城市规划，2019（04）：124-129.

[54] 于文波，郑颖华，胡笳天 . 城市建成社区养老服务设施配建模式研究——以杭州市为例 [J]. 浙江工业大学学报（社会科学版），2016，15（3）：253-258.

[55] 朱仁伟，颜斌，戴霄 . 人本理念下区镇合一地区交通规划实践——济宁经开区为例 [C]//2018 中国城市规划年会 .

[56] 刘星 . 基于社区发展的社区更新框架研究 [C]// 中国城市规划学会 . 城市时代，协同规划——2013 中国城市规划年会论文集（07- 居住区规划与房地产）. 中国城市规划学会：中国城市规划学会，2013：294-303.

[57] 赵民，赵蔚 . 社区发展规划——理论与实践 [M]. 北京：中国建筑工业出版社，2003.

[58] 刘佳燕 . 社区更新：沟通、共识到共同行动 [J]. 建筑创作，2018（02）：34-37.

[59] 刘佳燕 . 社区规划：一种新的规划范式 [J]. 城乡建设，2019（12）：79.

[60] 李士娟 . 基于城市新移民社区资源需求视角下的居住社区更新研究 [D]. 西安外国语大学，2014.

[61] 百度百科，城市更新 .

[62] 邓丰，王芳，李振宇 . 柏林，国际建筑展览之都 [J]. 时代建筑，2004（03）：74-79.

[63] 肖作鹏，柴彦威，张艳 . 国内外生活圈规划研究与规划实践进展述评 [J]. 规划师，2014（10）93-94.

[64] 杨碧玉 . 我省全面推进老旧小区改造提升工作 [EB/OL]. 江西日报 .http：//www.jiangxi. gov.cn/art/2019/8/25/art_393_726414.html，2019-08-25.

[65] 董玛力，陈田，王丽艳 . 西方城市更新发展历程和政策演变 [J]. 人文地理，2009（05）：48-52.

[66] 黄瓴,周萌.文化复兴背景下的城市社区更新策略研究[J].西部人居环境学刊,2018,33(04)：1—7.

[67] 欧阳建涛.中国城市住宅寿命周期研究[D].西安建筑科技大学,2007.

[68] 张雪.城市既有住区更新改造策略研究[D].西安建筑科技大学,2013.

[69] GB 50368—2005.住宅建筑规范[S].北京：中国建筑工业出版社,2012.

[70] 中央财政城镇保障性安居工程专项资金管理办法.

[71] 杨毅.旧建筑再利用的设计逻辑与设计方法探析[D].重庆大学,2009.

[72] 刘先觉.现代建筑理论[M].北京：中国建筑工业出版社,2003.

[73] 张杰.步行机器人弹性驱动器动力学及驱动特性研究[D].哈尔滨工程大学,2011.

[74] 白歌.旧城改造后大杂院如何实现微更新再生长. http://house.people.com.cn/ n1/2018/0208/c164220-29814047.html.

[75] 大城市的小确幸,"微更新"需要你的声音! https://www.sohu.com/a/141397864_656518

[76] GB50180-93.城市居住区规划设计规范[S].北京：中国建筑工业出版社,2002.

[77] "中国社会管理评价体系"课题组,俞可平.中国社会治理评价指标体系[J].中国治理评论, 2012（02）：2—29.

[78] 栗惠民,莫壮才.国外城乡统筹发展理论与实践探索[J].海南金融,2011（06）：14—17.

[79] DBJ/T50-2009.社区公共服务设施配置标准[S].

[80] 珍妮特·V·登哈特,罗伯特·B·登哈特.新公共服务[M].北京：中国人民大学出版社,2010.

[81] 杨丹华.西方社区治理中的公民参与——从登哈特新公共服务理论实践谈起[J].陕西行政学院, 2009.23（2）.

[82] 马雪雯.重庆市渝中区七星岗街道公共服务设施规划优化策略研究[D].重庆大学,2017.

[83] 宋正娜,陈雯,等.公共服务设施空间可达性及其度量方法[J].地理学进展,2010,（10）：1217— 1224.

[84] Teitz M.B.. Toward a theory of public facility location.Papers of the Regional Science Association, 1968（21）：35—51.

[85] 国务院关于积极推进"互联网+"行动的指导意见.

[86] 张敏.苏州工业园区邻里中心规划设计探析[D].苏州大学,2009.

[87] 杨坦.武汉市里分社区景观改造设计研究[D].湖北美术学院,2019.

[88] 孔繁杰,汤巧香.浅析构建海绵社区的意义[J].住宅科技,2016,36（03）：10—13.

[89] 张梦娜.重庆市旧社区环境景观适老化设计研究[J].美与时代（城市版）,2019（08）：41—42.

[90] 雷诚,李锦.基于健康促进的支持性步行环境设计研究——以苏州环古城河步道改造设计为例[J]. 中国园林,2019,35（12）：63—67.

[91] 赵春丽,杨滨章.步行空间设计与步行交通方式的选择——扬·盖尔城市公共空间设计理论探析 （1）[J].中国园林,2012,28（06）：39—42.

[92] 刘晖,杨翠霞.社区的公共艺术构成要素解析[J].美术大观,2016（07）：150.

[93] 王硕.基于智能社区景观环境的多感官体验研究[J].福州大学厦门工艺美术学院学报,2017 （04）：48—51.

[94] 谭茜. 城市老旧社区外部公共空间无障碍环境优化实践——以深圳市某老旧小区为例 [J]. 建筑与文化, 2019 (03)：161-163.

[95] 唐飞勇. 基于园艺疗法的居住区康复花园植物景观营造 [D]. 中南林业科技大学, 2016.

[96] 樊威亚. 公共艺术在社区的角色 [J]. 美术学报, 2014 (02)：92-95.

[97] 宋键. 公共艺术介入社区景观营造的实践与探索 [D]. 中央美术学院, 2018.

[98] 王东浩. 分析城市公共艺术设计的传承与创新 [J]. 美与时代（城市版）, 2019 (06)：60-61.

[99] 宗鑫. 老旧社区公共艺术的创意表达与社区营造 [D]. 合肥工业大学, 2018.

[100] 刘悦来, 范浩阳, 魏闽, 尹科娈, 严建雯. 从可食景观到活力社区——四叶草堂上海社区花园系列实践 [J]. 景观设计学, 2017, 5 (03)：72-83.

[101] 刘悦来, 许俊丽, 尹科娈. 高密度城市社区公共空间参与式营造——以社区花园为例 [J]. 风景园林, 2019, 26 (06)：13-17.

[102] 王铁, 柏晓芸. 浅谈国内社区景观设计 [J]. 大众文艺, 2018 (15)：85-86.

[103] 周鸿珊, 李熙璟. 旧城区社区改造中公共空间景观环境的优化设计——以湖南省长沙县星沙街道龙潭社区为例 [J]. 湖南包装, 2019, 34 (01)：102-105+145.

[104] 黄振亚, 王慧, 苏义鼎. 基于老龄化社会的社区景观空间设计原则探索 [J]. 大众文艺, 2018 (01)：97-98.

[105] 王平妤. 重庆市老旧居住社区景观改造设计探析 [J]. 现代园艺, 2018 (18)：83-84.

[106] 王智勇, 李纯, 杨体星, 杨柳, 刘法堂. 武汉青山老旧社区品质提升的规划对策 [J]. 规划师, 2017, 33 (11)：24-29.

[107] 刘海龙, 孙媛. 从大地艺术到景观都市主义——以纽约高线公园规划设计为例 [J]. 园林, 2013 (10)：26-31.

[108] 张宇琦. 基于慢城理念的养老社区景观规划设计探究 [J]. 中国园艺文摘, 2016, 32 (12)：148-150.

[109] 王佳. 城市生态社区的景观建设 [J]. 南阳师范学院学报, 2019, 18 (05)：68-70.

[110] 金兆奇, 刘勇. 国际视野下的社区公共艺术比较研究 [J]. 公共艺术, 2017 (03)：24-29.

[111] 康舜来. 艺术打造多彩街区——上海四平路变电箱彩绘创作 [J]. 公共艺术, 2017 (03)：91-93.

[112] 杨建媛. 万科模式的居住区景观人性化设计研究 [D]. 浙江农林大学, 2015.

[113] 霍治民, 周阳. 立体绿化在城市景观中的应用研究 [J]. 绥化学院学报, 2019, 39 (06)：120-122.

[114] 肖新红. 自然与城市共生 [J]. 科技创新导报, 2012 (9)：111.

[115] 查尔斯·瓦尔德海姆. 景观都市主义 [M]. 北京：中国建筑工业出版社, 2011.

[116] mooool. 愚园路橙色电话亭 Orange Phone Booths / 100architects.

[117] mooool. 澳门路廊桥（胶州南中轴慢行步道系统 1 期）/ LDG 兰斯凯普.

[118] mooool. 西班牙班约莱斯老城区 Banyoles 景观改造设计 / Mias Arquitectes.

[119] mooool. 韩国光州的街道改造 I LOVE STREET GWANGJU FOLLY / MVRDV.

[120] mooool. 米德兰铁路广场 /PLACE Laboratory.

[121] Idea 灵感日报.新加坡交织大楼 The Interlace by OMA.

[122] 微信公众号 - 建筑联盟.墙面绿化的六种类型.

[123] 微信公众号 - 现代园林.屋顶花园.

[124] gooood.佳虹家园 J-Homesquare 浦东新区金桥镇佳虹社区入口绿地改造.

[125] 中华人民共和国环境保护法.

[126] GB/T 50337—2019.城市环境卫生设施规划标准.

[127] GB 50180—2018.城市居住区规划设计标准.

[128] CJJ/T 236—2015.垂直绿化工程技术规程.

[129] GB/T 34272—2017.小型游乐设施安全规范.

[130] GB 50340—2016.老年人建筑设计规范.

[131] GB 50763.无障碍设计规范.

[132] CJJ/T 294—2019.居住绿地设计标准.

[133] GB/50420—2007.城市绿地设计规范.2016 年版.

[134] JGJ 155—2013.种植屋面工程技术规程.

[135] GB 50345.屋面工程技术规范.

[136] 赵楠楠,刘玉亭,刘铮.新时期"共智共策共享"社区更新与治理模式——基于广州社区微更新实证 [J].城市发展研究,2019 (04):117-124.

[137] Davidoff P. (1965). ADVOCACY AND PLURALISM IN PLANNING. Journal of the American Institute of Planners, 31 (4), 331-338.

[138] 董兆瑞.北京:街区更新 胡同里的"春天藏不住".

[139] Innes J. E. (1998). Information in Communicative Planning. Journal of the American Planning Association, 64 (1), 52-63.

[140] 高沂琛,李王鸣.日本内生型社区更新体制及其形成机理——以东京谷中地区社区更新过程为例 [J].现代城市研究,2017 (05):31-37.

[141] Li X., Zhang F., Hui E. C., Lang W. (2020). Collaborative workshop and community participation:A new approach to urban regeneration in China. Cities, 102, 102743.

[142] Li Z., Li X., Wang L. (2014). Speculative urbanism and the making of university towns in China:A case of Guangzhou University Town. Habitat International, 44, 422-431.

[143] 胥明明.沟通式规划研究综述及其在中国的适应性思考 [J].国际城市规划,2017, 32 (3):100-105.

[144] 饶惟.基于"多元共治"的旧城更新规划机制研究——以厦门市为例 [D].华侨大学,2015.

[145] 廖梦玲.合作治理视角下广州市老旧社区微改造的互动机制研究 [D].华南理工大学,2018.

[146] 百度百科.自由裁量权.

[147] 唐瑜慧.我国老旧社区更新改造中公众参与困境与出路——基于日本社区培育运动的实践经验

及启示 [A]∥中国城市规划学会，东莞市人民政府．持续发展　理性规划——2017中国城市规划年会论文集（14规划实施与管理）．中国城市规划学会，东莞市人民政府：中国城市规划学会，2017：10.

[148] 童妙．社区营造模式下戴家巷社区更新研究 [D]．重庆大学，2016.

[149] 蔡立行．从鹿港到三峡：台湾老街保护社区营造特点与作用研究 [D]．浙江大学，2018.

[150] 贾梦圆．　老旧社区可持续更新策略研究——新加坡的经验及启示 [A]∥中国城市规划学会，沈阳市人民政府．规划60年：成就与挑战——2016中国城市规划年会论文集(17住房建设规划)．中国城市规划学会，沈阳市人民政府：中国城市规划学会，2016：10.

[151] 王强．从社区规划到社区更新 [A]∥（中国城市规划学会），贵阳市人民政府．新常态：传承与变革——2015中国城市规划年会论文集（06城市设计与详细规划）．中国城市规划学会，贵阳市人民政府：中国城市规划学会，2015：9.

[152] 马紫蕊．　基于共建共享理念的社区更新方法研究——以珠海特区金湾社会创新谷为例 [A]∥中国城市规划学会，杭州市人民政府．共享与品质——2018中国城市规划年会论文集（02城市更新）．中国城市规划学会，杭州市人民政府：中国城市规划学会，2018：14.

[153] 宫芮．"微更新"视角下的社区公共空间设计研究 [D]．华东师范大学，2019.

[154] 杨倩楠．广州市恩宁路永庆坊可持续住区更新评估 [D]．华南理工大学，2018.